"十三五"国家重点出版物出版规划项目

火炸药理论与技术丛书

# 火炸药燃烧与爆轰物理学

代淑兰　编著

国防工业出版社

·北京·

# 内 容 简 介

本书为"十三五"国家重点出版物出版规划项目、国家出版基金项目"火炸药理论与技术丛书"分册。全书从反应流体动力学理论出发对火炸药的能量释放过程的本质属性与变化规律进行描述,系统介绍了火炸药燃烧爆轰流动系统基础理论;从带有化学反应的燃烧爆炸流动系统出发,对预混气燃烧、气体爆轰冲击、火药燃烧、炸药爆轰的化学反应流动进行系统阐述,对理解燃烧爆轰理论必须掌握的有关热力学、化学动力学、反应流体动力学和气体分子输运性质等方面的知识做了比较实用的概述。

本书可作为高等院校火炸药、弹药工程、特种能源等相关专业的教材或参考书,也可作为火炸药及相关领域科研人员的参考读物。

**图书在版编目(CIP)数据**

火炸药燃烧与爆轰物理学/代淑兰编著. —北京:
国防工业出版社,2020.8
(火炸药理论与技术丛书)
ISBN 978-7-118-12227-5

Ⅰ.①火… Ⅱ.①代 Ⅲ.①火药-燃烧化学 ②爆炸气体动力学 Ⅳ.①TQ56 ②O381

中国版本图书馆 CIP 数据核字(2020)第 192215 号

※

国防工业出版社出版发行
(北京市海淀区紫竹院南路 23 号 邮政编码 100048)
北京龙世杰印刷有限公司印刷
新华书店经售

\*

开本 710×1000 1/16 印张 20¼ 字数 400 千字
2020 年 9 月第 1 版第 1 次印刷 印数 1—2 000 册 定价 108.00 元

**(本书如有印装错误,我社负责调换)**

国防书店:(010)88540777 书店传真:(010)88540776
发行业务:(010)88540717 发行传真:(010)88540762

# 火炸药理论与技术丛书
# 学术指导委员会

**主　任**　王泽山

**副主任**　杨　宾

**委　员**（按姓氏笔画排序）
　　　　　王晓峰　刘大斌　肖忠良　罗运军
　　　　　赵凤起　赵其林　胡双启　谭惠民

# 火炸药理论与技术丛书
## 编委会

**主　任**　肖忠良

**副主任**　罗运军　王连军

**编　委**（按姓氏笔画排序）
　　　　　代淑兰　何卫东　沈瑞琪　陈树森
　　　　　周　霖　胡双启　黄振亚　葛　震

# 总序

国防与安全为国家生存之基。国防现代化是国家发展与强大的保障。火炸药始于中国,它催生了世界热兵器时代的到来。火炸药作为武器发射、推进、毁伤等的动力和能源,是各类武器装备共同需求的技术和产品,在现在和可预见的未来,仍然不可替代。火炸药科学技术已成为我国国防建设的基础学科和武器装备发展的关键技术之一。同时,火炸药又是军民通用产品(工业炸药及民用爆破器材等),直接服务于国民经济建设和发展。

经过几十年的不懈努力,我国已形成火炸药研发、工业生产、人才培养等方面较完备的体系。当前,世界新军事变革的发展及我国国防和军队建设的全面推进,都对我国火炸药行业提出了更高的要求。近年来,国家对火炸药行业予以高度关注和大力支持,许多科研成果成功应用,产生了许多新技术和新知识,大大促进了火炸药行业的创新与发展。

国防工业出版社组织国内火炸药领域有关专家编写"火炸药理论与技术丛书",就是在总结和梳理科研成果形成的新知识、新方法,对原有的知识体系进行更新和加强,这很有必要也很及时。

本丛书按照火炸药能源材料的本质属性与共性特点,从能量状态、能量释放过程与控制方法、制备加工工艺、性能表征与评价、安全技术、环境治理等方面,对知识体系进行了新的构建,使其更具有知识新颖性、技术先进性、体系完整性和发展可持续性。丛书的出版对火炸药领域新一代人才培养很有意义,对火炸药领域的专业技术人员具有重要的参考价值。

---

张维民,原国防科学技术工业委员会副主任。

# 前言

火炸药作为武器发射、推进、毁伤的动力和能源,是武器装备不可替代的技术和产品。火炸药通过燃烧爆轰化学反应释放能量,是一种物理和化学的综合高速变化过程,这两种过程紧密相关,相互影响,相互制约。从物理观点看燃烧爆轰过程总伴随着物质的流动,可能是均相流也可能是多相流,可能是层流也可能是湍流。同时,燃烧爆轰过程大都会产生多种物质的不均匀场,特别是对于火炸药的燃烧爆轰,由于组分多样,多种反应产物形成不均匀的物质场,因而伴随着不同物质间的混合、扩散和相变,由于多种反应热效应的不同,还产生了不均匀的温度场,形成温度梯度,因而还伴随着能量的传递。目前有关凝聚相体系燃烧爆轰过程的研究由于实验相对复杂,并且缺乏反应机理的合适描述,成为国防科研领域的难点之一。许多研究团队在凝聚相体系的燃烧爆轰机理方面开展了卓有成效的研究工作,其研究的动力主要来源于燃烧爆轰过程可将火炸药所储存的能量通过不同的技术手段转换为可供实际使用的能量,深入理解掌握火炸药的燃烧爆轰控制规律,使火炸药在不同应用领域发挥其最大效能。

《火炸药燃烧与爆轰物理学》从反应流体动力学理论出发对火炸药的能量释放过程的本质属性与变化规律进行描述,系统介绍了火炸药燃烧与爆轰流动系统基础理论。火炸药燃烧爆轰涉及化学反应动力学(燃烧、起爆、爆轰),流体力学(层流流动、湍流流动、层流燃烧、湍流燃烧、多相混合),传热学,热力学等。本书力求比较系统地反映国内外火炸药燃烧爆轰物理基础理论知识,对数学公式尽量避免繁琐的推导。通过对其本质属性与变化规律进行描述与表达,着重介绍火炸药燃烧爆轰的基本概念、基本方法、基本物理学理论。第 1 章阐述了燃烧爆轰的基本概念以及热力学反应动力学基础;第 2 章概述了带有化学反应的燃烧爆轰流动系统的基本守恒方程组;第 3 章从预混气体化学反应流动方面研究系统着火与燃烧理论;第 4 章讨论冲击波和爆轰波的流体动力学理论;第 5 章和第 6 章分别描述了火药燃烧理论和炸药的爆轰理论;第 7 章阐述了化学反应流体动力学方程组的数值解法与算例。在本书的编写中参阅了一系列国内外学者的研究文献，书中许多内容大都散见于列举的参考文献之中。马中亮、贺增弟、何利明参与了本书的编写和校对工作，但参加本书编写的作者是一支相对年轻的团队，实践经验和理论功底都有相当大的欠缺和不足，加之火炸药燃烧爆轰基础理论研究难度大，因此本书不可避免会出现错误和不足，望读者批评指正。

# 目录

## 第1章 绪 论 /001

### 1.1 燃烧爆轰基本概念 /001
1.1.1 火炸药化学变化形式 /002
1.1.2 火药燃烧 /003
1.1.3 炸药爆轰 /004
1.1.4 燃烧与爆轰的特点 /005

### 1.2 燃烧爆轰的化学动力学基础 /005
1.2.1 化学反应速率 /005
1.2.2 基元反应模型 /006
1.2.3 热化学定律 /007

### 1.3 燃烧爆轰的热力学基础 /012
1.3.1 热力学第一定律 /012
1.3.2 热力学第二定律 /014

### 1.4 燃烧爆轰的研究内容和研究方法 /016

参考文献 /018

## 第2章 燃烧爆轰的物理学基础 /020

### 2.1 流动过程与流动特性 /020

### 2.2 组分基本关系式 /022
2.2.1 多组分系统的基本关系式 /022
2.2.2 多组分系统热力学关系式 /023

### 2.3 输运定律 /024
2.3.1 牛顿黏性定律 /025
2.3.2 热量的传递 /025
2.3.3 菲克扩散定律 /026

2.3.4　输运过程的分子特性　　　　　　　　　　　　/ 028
　　　2.3.5　无量纲综合准数　　　　　　　　　　　　　　/ 030
　2.4　守恒方程　　　　　　　　　　　　　　　　　　　　/ 031
　　　2.4.1　连续方程　　　　　　　　　　　　　　　　　/ 032
　　　2.4.2　扩散方程　　　　　　　　　　　　　　　　　/ 033
　　　2.4.3　动量方程　　　　　　　　　　　　　　　　　/ 034
　　　2.4.4　能量方程　　　　　　　　　　　　　　　　　/ 037
　　　2.4.5　三维守恒方程组　　　　　　　　　　　　　　/ 040
　2.5　多组分有反应流动中相似准则　　　　　　　　　　　/ 042
　参考文献　　　　　　　　　　　　　　　　　　　　　　/ 043

## 第3章　预混气体着火与燃烧　　　　　　　　　　　　　　/ 044

　3.1　反应系统中的临界现象　　　　　　　　　　　　　　/ 044
　　　3.1.1　概述　　　　　　　　　　　　　　　　　　　/ 044
　　　3.1.2　着火条件　　　　　　　　　　　　　　　　　/ 045
　　　3.1.3　非稳态分析法　　　　　　　　　　　　　　　/ 046
　　　3.1.4　着火感应期　　　　　　　　　　　　　　　　/ 050
　　　3.1.5　稳态分析法　　　　　　　　　　　　　　　　/ 051
　3.2　层流燃烧与湍流燃烧　　　　　　　　　　　　　　　/ 053
　　　3.2.1　层流火焰的内部结构及传播机理　　　　　　　/ 053
　　　3.2.2　层流火焰传播方程　　　　　　　　　　　　　/ 055
　　　3.2.3　湍流燃烧及湍流火焰的物理描述　　　　　　　/ 059
　　　3.2.4　非均匀湍流场的数学模型及雷诺应力的处理方法　/ 062
　3.3　扩散燃烧　　　　　　　　　　　　　　　　　　　　/ 067
　3.4　挥发性炸药的燃烧理论　　　　　　　　　　　　　　/ 069
　3.5　燃烧-爆轰转变及滞后爆轰转变现象　　　　　　　　/ 070
　参考文献　　　　　　　　　　　　　　　　　　　　　　/ 071

## 第4章　气相爆轰理论　　　　　　　　　　　　　　　　　/ 072

　4.1　冲击波理论　　　　　　　　　　　　　　　　　　　/ 072
　　　4.1.1　冲击波　　　　　　　　　　　　　　　　　　/ 072
　　　4.1.2　平面正冲击波关系式　　　　　　　　　　　　/ 073
　　　4.1.3　空气中的平面正冲击波　　　　　　　　　　　/ 075
　　　4.1.4　冲击波 Hugoniot 曲线及冲击波的性质　　　　/ 077

4.1.5　运动冲击波的正反射　　　　　　　　　　　/ 082
　　　4.1.6　运动冲击波的斜反射　　　　　　　　　　　/ 087
　4.2　爆轰波理论　　　　　　　　　　　　　　　　　　/ 090
　　　4.2.1　定常爆轰波 C-J 理论　　　　　　　　　　　/ 092
　　　4.2.2　爆轰波的 Z-N-D 模型　　　　　　　　　　/ 101
　4.3　爆轰产物的运动　　　　　　　　　　　　　　　　/ 107
　　　4.3.1　一维非定常等熵流动方程组　　　　　　　　/ 107
　　　4.3.2　爆轰产物的一维飞散流动　　　　　　　　　/ 109
　　　4.3.3　爆轰波阵面后的一维流动　　　　　　　　　/ 111
　　　4.3.4　有限长度药柱爆轰产物的一维流动　　　　　/ 115
　　　4.3.5　装药中间引爆时爆轰产物的一维流动　　　　/ 118
参考文献　　　　　　　　　　　　　　　　　　　　　　　/ 124

# 第 5 章　火药的燃烧　　　　　　　　　　　　　　　　　/ 125

　5.1　火药的点火类型与机理　　　　　　　　　　　　　/ 125
　　　5.1.1　点火现象和点火准则　　　　　　　　　　　/ 125
　　　5.1.2　点火理论模型　　　　　　　　　　　　　　/ 127
　　　5.1.3　点火理论及模型的比较　　　　　　　　　　/ 130
　　　5.1.4　发射装药的点火和传火　　　　　　　　　　/ 132
　　　5.1.5　固体推进剂的点火　　　　　　　　　　　　/ 137
　5.2　火焰和燃烧产物的传播　　　　　　　　　　　　　/ 140
　　　5.2.1　点火药燃烧产物沿药床的传播　　　　　　　/ 140
　　　5.2.2　静止情况下火焰沿药面的传播　　　　　　　/ 142
　5.3　火药燃烧波结构与特性　　　　　　　　　　　　　/ 144
　　　5.3.1　均质火药的燃烧波结构　　　　　　　　　　/ 144
　　　5.3.2　均质火药燃烧理论模型　　　　　　　　　　/ 147
　　　5.3.3　双基推进剂燃烧理论　　　　　　　　　　　/ 152
　5.4　复合推进剂的燃烧　　　　　　　　　　　　　　　/ 161
　　　5.4.1　高氯酸铵复合火药　　　　　　　　　　　　/ 162
　　　5.4.2　复合推进剂燃烧理论　　　　　　　　　　　/ 163
　　　5.4.3　硝胺复合推进剂燃烧理论　　　　　　　　　/ 174
　5.5　平台火药的燃烧理论　　　　　　　　　　　　　　/ 175
　　　5.5.1　燃烧中发生的物理化学过程　　　　　　　　/ 175
　　　5.5.2　平台火药燃烧的物理-数学模型　　　　　　　/ 180

- 5.6 液体推进剂的燃烧理论 / 181
- 5.7 发射药的燃烧 / 184
  - 5.7.1 发射过程理论模型 / 185
  - 5.7.2 发射药能量释放控制 / 187
- 5.8 火药燃烧速度的控制方法 / 195
  - 5.8.1 火药燃速压力指数的控制 / 195
  - 5.8.2 火药燃烧温度系数的控制 / 197
- **参考文献** / 199

# 第6章 凝聚炸药爆轰 / 200

- 6.1 凝聚炸药爆轰反应机理 / 200
- 6.2 爆轰参数的计算 / 202
  - 6.2.1 爆轰方程组 / 202
  - 6.2.2 爆轰产物状态方程 / 203
  - 6.2.3 爆轰参数近似计算 / 208
- 6.3 装药对爆轰传播的影响 / 223
  - 6.3.1 装药直径对爆轰传播的影响 / 223
  - 6.3.2 装药密度与爆轰参数的关系 / 229
- **参考文献** / 233

# 第7章 化学反应流方程组的数值解法 / 235

- 7.1 数值计算方法 / 236
  - 7.1.1 数值网格生成 / 238
  - 7.1.2 微分方程离散 / 238
  - 7.1.3 代数方程的求解 / 240
- 7.2 计算网格的生成 / 241
  - 7.2.1 网格生成技术简介 / 241
  - 7.2.2 网格生成技术基本方法 / 242
- 7.3 有限体积算法 / 247
  - 7.3.1 有限体积算法基本思路和做法 / 248
  - 7.3.2 TVD 格式 / 251
  - 7.3.3 HLLC 格式 / 262
  - 7.3.4 有限体积算法的精度和守恒性分析 / 265

## 7.4 化学反应流数值计算 / 266
### 7.4.1 化学反应源项的计算 / 266
### 7.4.2 压力偏导数的推导及处理 / 269
### 7.4.3 温度的迭代计算 / 270
### 7.4.4 扩散项的计算 / 270
### 7.4.5 边界条件的处理 / 271

## 7.5 算例分析 / 273
### 7.5.1 等容、等压化学平衡 / 273
### 7.5.2 C-J爆轰温度、压力和速度的计算 / 274
### 7.5.3 超声速扩散火焰 / 275
### 7.5.4 驻定斜爆轰波数值计算 / 276
### 7.5.5 膛口流场数值模拟 / 287

# 参考文献 / 311

# 01 第1章 绪 论

## 1.1 燃烧爆轰基本概念

火炸药是一种特殊能源，是火药和炸药及相关能源系统的统称。火炸药是处于亚稳定状态的一类物质体系，该体系在外界能量的刺激与引发作用下，在封闭体系内，无须外界其他物质的参与，以燃烧或爆轰的方式，通过体系内元素的重新排列而释放能量，并实现对外做功。

能独立地进行化学反应并输出能量是火炸药的重要特征，也是判断某些物质是否归属于火炸药的依据。有些物质虽具有火炸药的一些功能，但不具有火炸药材料的组成和结构，如石油、煤、木材等，它们能进行化学反应并释放能量，但它们的化学反应需要外界供氧；有些物质不需要外界物质参与反应也可以提供能量，如驱动活塞运动的水蒸气、能产生核裂变的铀-235等，但它们并没有发生化学反应，所以这些物质均不能归类于火炸药。

火炸药的能量释放是有规律的，是可以控制和可被人们所利用的。它们是"药"，是被实际使用过或正在被使用的材料。而像硝基二苯胺、氯酸钾和赤磷的混合物等，它们独立进行的化学反应有能量输出，但其能量规律性释放问题可能会被解决并得到应用。这类"含能"的、但现在还不能作为能量材料利用的材料不是火炸药，但它们是含能材料。

火炸药通过燃烧或爆轰反应进行能量转换，有如下特点：

(1) 它们是分子中有含能基团的化合物，或含有该化合物的混合物，或含有氧化剂、可燃物的混合物。这些含能基团可能是 $C-NO_2$、$=N-NO_2$、$-O-NO_2$、$-ClO_4$、$-NF_2$、$-N_3$、$-N=N-$ 等。

(2) 它们的化学反应可以在隔绝大气的条件下进行。

(3) 它们的化学反应能在瞬间输出巨大的能量。

火炸药的燃烧爆轰是集氧化剂和燃料于一体的特殊物质的化学反应，其反应过程还伴随着生成大量的气体并释放大量热量。火炸药的燃烧爆轰过程都要经过热分解、预混合、扩散等中间阶段才能转变成燃烧爆轰的最终产物。由于火药是多组分的混合物，燃烧过程存在着更为复杂的传热、传质和动量传递的物理过程以及激烈的化学反应过程。火药与炸药在本质上是同一类物质体系，但能量释放方式不同，火药以燃烧的方式释放能量，进一步通过热机将热能转化为运动动能，可称为发射、推进能源。按照使用对象的不同，火药划分为推进剂和发射药，两者之间的区别在于能量释放的压力环境不同，前者为 $10^0$ MPa 数量级，后者在 $10^2$ MPa 数量级。发射药用于枪炮，经底火点燃瞬间进行燃烧，将化学能转变成热能，同时产生大量高温气体在膛内形成高压，发射药燃气推动弹丸运动，到达膛口位置时弹丸被高速射出，达到发射弹丸的目的。其中膛压与初速是发射药内弹道性能的两个重要参数。推进剂用于火箭、导弹发动机装药，经点火装置点燃后规律燃烧，将化学能转变成热能，同时生成大量高温气体，从发动机尾部的喷管高速喷出膨胀做功，产生反作用推力使火箭、导弹产生一定的飞行速度。通常用比冲、密度比冲来衡量推进剂能量的大小。

炸药以爆轰的方式释放能量，进一步通过激波对物理对象产生破坏作用，可称之为毁伤能源。炸药用于战斗部装药，由引爆装置引爆，实现有效地毁伤，爆热、密度和爆速是衡量炸药能量大小的重要参数。

随着兵器科学技术的发展，又派生出几种特种药剂，如传爆药、底排药、烟火药等。传爆药本质上为炸药，同样以爆轰的方式释放能量，其作用是将雷管的弱爆轰波放大从而进一步引爆炸药，可称为中继能源。底排药本质上为火药，同样以燃烧的方式释放能量，其作用是燃烧产生的气体补偿由于弹丸高速飞行而形成的底部局部负压，从而降低阻力，可称为补偿能源。气体发生剂通过燃烧方式，产生指定组分的气体并填充容器，在本质上属于火药。烟火药通过燃烧的方式产生烟、焰等特征信号，是火炸药的特殊效应。

### 1.1.1 火炸药化学变化形式

火炸药化学变化的形式：热分解、燃烧与爆轰。

#### 1. 热分解

热分解是一种缓慢的化学变化。其特点是化学变化在整个火炸药中展开，反应速度随着温度的增加而呈指数增加。当通风散热条件不好时，很容易使火炸药温度自动升高，进而促成火炸药自动催化反应而导致燃烧或爆炸事故。

#### 2. 燃烧

火炸药燃烧的特点：①反应在火炸药的局部区域(反应区)内进行；②通过

热传导、辐射和对流及燃烧气态产物的扩散作用传递能量；③传播速度为几毫米每秒至数百米每秒，远低于声速；④燃烧波的传播方向与燃烧气态产物移动方向相反；⑤在波阵面处的压力相对较低，为 $10^2$ MPa 量级；⑥燃烧波受外界环境条件的影响较大。

### 3. 爆轰

炸药爆轰是以爆轰波的形式沿爆炸物自行高速传播的。爆轰波的传播速度为数千米每秒至 $10^4$ m/s，大于在火炸药中的声速，且爆轰的传播速度恒定。

### 4. 三种反应间的关系

$$\text{热分解} \xleftrightarrow{\text{放热量>散热量}} \text{燃烧} \xleftrightarrow{\text{燃速加快}} \text{爆轰}$$

## 1.1.2 火药燃烧

一般的燃烧是激烈的氧化还原反应，释放出大量的热和气体，同时伴有火焰和发光现象。燃烧存在的条件是必须有燃烧三要素：①有可燃物；②有助燃物；③有能导致着火的能源。需要说明的是，具备以上三要素并不一定引起燃烧，还要考虑可燃物与助燃物的比例（浓度）、点火源的强度（温度）等。

火药燃烧首先要"着火"，即火药的一部分由于外界能源的作用，温度升高到发火点以上而被点燃；接着火焰沿着火药表面传播，即引燃，同时火焰向着火药体内部传播，即燃烧。在空气中由于燃烧产物与空气中的氧发生补充燃烧，火焰在表面的传播速度要大于向内部的传播速度。引燃和燃烧在本质上是相同的。无论是着火还是燃烧，都是多阶段而且连续的物理化学变化过程，既有凝聚相的反应，又有气相的反应，还有凝聚相与气相的相互作用（如催化作用、热反馈等），而且燃烧机制和燃烧区结构随外界条件而变化。

固体火炸药的燃烧过程由一系列同时发生的多个过程组成，在相对窄小的空间区域，伴随着物质的强烈放热和汽化。燃烧过程包括不同相的转换、凝聚相和气相的化学反应、凝聚相的扩散以及质量和热的传递等过程。由化学反应释放的热，主要作为固体火炸药燃烧的驱动力，燃烧波传播的速率由燃烧区内化学反应的动力学和热传递确定。从数学的观点来看，燃烧波的传播可由一系列热和质量传递方程以及热源与物质源结合起来进行描述，其问题的本质是热或物质源条件具有极强的非线性。这些源条件与温度呈指数关系，决定了火炸药燃烧的特殊行为。

大部分均相火炸药的燃烧过程，是从初始的固态转变成液态直至最终的气态。因此这些火炸药的燃烧模型具有典型简单物理模型的特征，包括一维线性传热、扩散和化学反应。气相中出现的组分在凝聚相中经历着复杂过程，一些物质很可能发生晶型改变，并伴随着热胀冷缩引起的破碎过程，这些过程必定影响火炸药燃烧过程的动态特性。对广泛应用的高氯酸铵（AP）、环三次甲基三硝胺（简称黑索今，RDX）和环四亚甲基四硝胺（简称奥克托今，HMX）等材料，它们较多呈现的是液相化学反应，但较弱的固相化学反应确实存在。根据火炸药的热燃烧机理，控制燃烧速度的各阶段是各阶段提供给凝聚相燃烧所需热量的区域，如在相变过程中，向表面的传热是正消耗。因此对现实中一些重要火炸药的燃烧模拟，一定要描述其液相区所发生的详细反应过程。目前有关凝聚相体系燃烧过程的研究相对较少，主要由于该燃烧过程包含一些复杂的物理和化学过程。尽管如此，仍有许多研究团队在凝聚相体系的燃烧机理方面开展了卓有成效的研究工作，其研究的动力主要来源于燃烧过程可将火炸药所储存的能量通过不同的技术手段转换为可供实际使用的能量，而这一过程具有很强的现实意义。从整个凝聚相材料体系来看，真正对人类有用的火炸药主要是在燃烧过程中可产生并释放大量气体和热，同时可在惰性介质中持续燃烧的一类材料，如固体推进剂、炸药和烟火药等。深入理解掌握火炸药的燃烧控制规律，是在不同应用领域发挥其最大效能的先决条件。

### 1.1.3 炸药爆轰

广义地讲，爆轰是指一种极为迅速的物理或化学能量释放过程，在此过程中，系统内在的势能、动能或形成的能量瞬间转变为机械功、光和热乃至高能粒子的辐射。这里的"瞬间"还揭示了一个问题，即在周围介质中发生急剧的压力突跃的传播，这种压力突跃正是爆轰能产生破坏作用的直接原因。

炸药爆轰机理：当炸药分子被外界能量活化时，分子运动速度增大，分子之间的碰撞增强，致使炸药分子破裂，释放出活性基团，它们之间相互发生化学反应，以热能形式释放出其内部所含的化学能，并借助迅速膨胀的气体产物，把能量传递给周围介质做功。

炸药爆轰的三个阶段：第一阶段，物质受到外界激发发生高速化学反应，释放出大量热能并生成大量气体；第二阶段，热能加热气体产物，以一定的形式（定容、绝热）转化为压缩能；第三阶段，强压缩能急剧绝热膨胀对外做功，使周围物质变形、移动或破坏（图 1-1-1）。

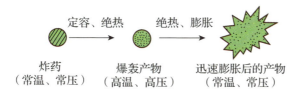

图 1-1-1 炸药爆轰过程图

炸药的组成特点：①炸药是能发生自身燃烧和爆炸反应的物质；②炸药具有相对稳定的物质系统；③炸药的能量全部存储于分子结构中，也就是说炸药的分子要具有爆炸结构；④炸药是具有高能量密度的物质。

### 1.1.4 燃烧与爆轰的特点

由燃烧和爆轰的概念可知，两者都是发热发光的氧化反应，都要通过两个过程进行。燃烧和爆轰现象的相同点：含有化学反应；含有物质流动过程（传播过程）；产生放热及热传递效应；产生破坏效应（结构毁伤）。

当然，爆轰反应与燃烧反应也有区别，主要有以下四点：①燃烧靠热传导来传递能量和激起化学反应，受环境条件影响较大，而爆轰反应则依靠压缩冲击波的作用来传递能量和激起化学反应，基本不受环境条件的影响；②爆轰反应比燃烧反应更为激烈，单位时间放出的热量与形成的温度也更高；③燃烧时产物的运动方向与反应区的传播方向相反，而爆轰时产物运动方向则与反应区的传播方向相同，因此，燃烧产生的压力较低，而爆轰则可产生很高的压力；④燃烧速度是亚声速的，而爆轰速度是超声速的。

## 1.2 燃烧爆轰的化学动力学基础

### 1.2.1 化学反应速率

由于燃烧爆轰是包括物理变化和化学变化的综合过程，因此在研究燃烧爆轰速率时必然会涉及物理现象变化速率（如传热速率、扩散速率）和化学反应速率。在实际的火炸药燃烧爆轰现象中，这两种过程是紧密相关、相互影响、相互制约的。但是在分析燃烧爆轰现象时，为了把问题讨论得更清楚，经常先分别研究物理变化过程和化学变化过程，然后再针对具体工程对象研究它们之间的相互影响、相互关系。

实践证明，虽然许多参数（诸如反应物的成分、浓度、压力和温度）不同，但所有化学反应都是在一定速率下进行的。某些化学反应进行得非常快，一瞬间就发生了剧烈的化学变化,如氢和氧产生的爆轰反应。火炸药燃烧爆轰研究的化学反应大都是快速反应,重点是研究化学系统产生快速化学反应的条件和如何控制这些条件。还有些化学反应进行得很慢,在相当长的时间内甚至觉察不到物质有化学变化,如火炸药的常温热分解反应。对这些缓慢的化学反应,往往只有借助化学分析方法才能发现反应进行着。当温度提高时,多数化学反应的速率加快。化学动力学是化学学科中的一个组成部分,它定量地研究化学反应进行的速率及其影响因素,并用反应机理来解释由实验得出的动力学定律。其内容包括对反应速率进行实验研究和理论分析两个方面,用理论解释实验结果并预测进一步实验有可能得到的结果。

化学系统中单位时间反应物或生成物浓度的变化量称为化学反应速率。反应速率的单位是 $\text{mol}/(\text{m}^3 \cdot \text{s})$。所有的化学反应都有一定的速率,速率的大小与系统的条件有关,如化学成分的浓度、温度、压力、催化剂或阻化剂的存在以及辐射效应等。

不论多复杂的单步化学反应都可以表示为

$$\sum_{i=1}^{N} \nu'_i M_i \rightarrow \sum_{i=1}^{N} \nu''_i M_i \qquad (1-2-1)$$

式中:$\nu'_i$ 为反应物的计量系数;$\nu''_i$ 为生成物的计量系数;$M$ 为任意的一个化学组分;$N$ 为有关的化学组分总数。如果化学组分 $M_i$ 不以反应物的形式出现,则 $\nu'_i = 0$;如果不以产物的形式出现,则 $\nu''_i = 0$。

被大量实验证实的质量作用定律指出:一种化学组分消失的速率与参加反应的各化学组分浓度幂函数的乘积成正比,其中幂函数的方次就是各自的化学计量系数。因此化学反应速率表示为

$$r = k \prod_{i=1}^{N} (C_{M_i})^{\nu'_i} \qquad (1-2-2)$$

式中:$k$ 为比例常数,称作比反应速率常数;$C_{M_i}$ 为反应物浓度。对于一个给定的化学反应,$k$ 值与 $C_{M_i}$ 无关,仅是温度的函数。一般来说,$k$ 表示为

$$k = BT^n \exp\left(-\frac{E_a}{RT}\right) \qquad (1-2-3)$$

式中:$BT^n$ 为碰撞频率,指数项为一个玻耳兹曼因子,它表示有多少比例的碰撞;$E_a$ 为反应活化能;$T$ 为温度;$B$、$a$、$E_a$ 的值与基元反应的特性有关。对于给定的化学反应,这些参数既不是浓度的函数,也不是温度的函数。

### 1.2.2 基元反应模型

描述化学反应的模型主要有:① 单步化学反应模型,即考虑简单、单步、

正向的不可逆反应；②简化模型，将化学反应分为反应诱导和反应热释放两个阶段，考虑了化学反应动态平衡；③ 基元反应模型，考虑化学反应的详细机理。

根据质量作用定律可知，在一定温度下，基元反应在任何瞬间的反应速率与该瞬间参与反应的反应物浓度幂的乘积成正比。对于具有 $N_R$ 个基元反应的某反应当量表达式为

$$\sum_{i=1}^{N_R} \nu'_{ij} M_j \Leftrightarrow \sum_{i=1}^{N_R} \nu''_{ij} M_j, i = 1, 2, \cdots, N_R \quad (1-2-4)$$

式中：$\nu'_{ij}$、$\nu''_{ij}$ 分别为第 $i$ 个基元反应中第 $j$ 个组分反应物和生成物的当量反应系数；$M_j$ 为反应系统中的第 $j$ 种组分的分子量。

化学反应速率可以由 Arrhenius 公式给出：$K_{fi} = A_i T^{\eta_i} \exp\left(-\dfrac{E_i}{R_u T}\right)$。其中，$A_i T^{\eta_i}$ 为碰撞频率，指数项为一个玻耳兹曼因子，它表示有多少比例的碰撞；$E_i$ 为活化能；$R_u$ 为通用气体常数；$T$ 为温度。$A_i$、$\eta_i$ 和 $E_i$ 的值与基元反应的特性有关。相应的逆反应速率常数表达式为 $K_{bi} = K_{fi}/K_c$ 或 $K_{bi} = A_i T^{\eta_i} \exp\left(-\dfrac{E_i^b}{R_u T}\right)$，其中，$K_c$ 为第 $i$ 个基元反应的平衡常数。

某组分 $j$ 通过反应，其质量变化率 $\dot{w}_{jr} = \dfrac{\mathrm{d}\rho_j}{\mathrm{d}t}\bigg|_r$（下标 $r$ 表示第 $r$ 个化学反应造成的密度改变）。

$$\dot{w}_{jr} = (\nu''_j - \nu'_j)\left[K_f \prod_{l=1}^{N}\left(\dfrac{\rho_l}{M_l}\right)^{\nu'_l} - K_b \prod_{l=1}^{N}\left(\dfrac{\rho_l}{M_l}\right)^{\nu''_l}\right] \cdot M_j \quad (1-2-5)$$

式中：$\nu'_j$ 为第 $j$ 个组分作为反应物的当量反应系数；$\nu''_j$ 为第 $j$ 个组分作为生成物的当量反应系数；$M_j$、$M_l$ 为反应系统中第 $j$、$l$ 种组分的分子量；$K_f$、$K_b$ 分别为正逆反应速率常数；$N$ 为反应个数；$\rho_l$ 为第 $l$ 个反应的密度改变。

当一个反应系统中有 $N_R$ 个反应共同完成时，组分 $j$ 的质量生成速率 $\dot{w}_j$ 应为各个反应中组分 $j$ 质量生成速率 $\dot{w}_{jr}$ 之和，即

$$\dot{w}_j = \sum_{j=1}^{N_R} \dot{w}_{jr} \quad (1-2-6)$$

### 1.2.3 热化学定律

化学反应常常伴有能量的释放或吸收，火炸药燃烧爆轰反应更不例外，其是放热反应。化学反应的热效应数据对火炸药的利用是很重要的。

## 1. 化合物的生成焓和标准生成焓

任何化合物都可看成是单质合成的。如果在室温(298K)和 1 个大气压下,由最稳定的单质合成某种化合物,反应中焓的增量即定义为化合物的生成焓。

$$h = e + pV \tag{1-2-7}$$

式中:$h$ 为化合物的焓;$e$ 为内能;$p$ 为压力;$V$ 为体积。焓的单位为 J;比焓的单位为 J/kg。

热力学状态变化会引起系统焓的变化,焓值的变化只与系统初态、终态有关,与系统变化过程无关,即

$$\Delta h_{1-a-2} = \Delta h_{1-b-2} = \int_1^2 \mathrm{d}h = h_2 - h_1$$

$$\oint \mathrm{d}h = 0$$

式中:下标 $1-a-2$、$1-b-2$ 表示由状态 1 到状态 2 的不同途径;$h_1$、$h_2$ 分别为状态 1、2 的焓值。

焓是物质进出开口系统时带入或带出的热力学能与推动功之和,是随物质一起转移的能量。焓是一种宏观存在的状态参数。

## 2. 熵

熵的概念是在热力学研究理想热机的循环过程引出来的,它已成为判定一个过程能否自动进行以及进行方向和限度的一种判据。熵的定义式为

$$\mathrm{d}s = \frac{\delta Q_{\mathrm{rev}}}{T} \quad \text{或} \quad \mathrm{d}s = \frac{\delta q_{\mathrm{rev}}}{T} \tag{1-2-8}$$

式中:$\delta Q_{\mathrm{rev}}$、$\delta q_{\mathrm{rev}}$ 分别为系统总能量变化和单位能量变化;$T$ 为系统温度;下标"rev"表示热力学过程可逆。

热力学系统熵值也可由热力学状态参数压力 $p$、体积 $V$、温度 $T$ 的函数来表示,即

$$s = f(p, V) = f(p, T) = f(T, V) \tag{1-2-9}$$

热力学状态变化会引起系统熵的变化,熵值的变化只与系统初态、终态有关,与系统变化过程无关,即

$$\Delta s_{1-a-2} = \Delta s_{1-b-2} = \int_1^2 \mathrm{d}s = s_2 - s_1$$

式中:下标 $1-a-2$、$1-b-2$ 表示由状态 1 到状态 2 的不同途径;$s_1$、$s_2$ 分别为系统状态 1、2 的熵值。

对于多组分理想气体反应过程：

$$ds = \sum w_i ds_i$$

$$ds_i = c_{p,i}\frac{dT}{T} - R_{g,i}\frac{dp_i}{p}$$

$$\Rightarrow ds = \sum w_i c_{p,i}\frac{dT}{T} - \sum w_i R_{g,i}\frac{dp_i}{p} \quad (1-2-10)$$

式中：$w_i$ 为组分 $i$ 的摩尔浓度；$s_i$ 为组分 $i$ 的熵；$p_i$ 为组分 $i$ 的分压；$c_{p,i}$ 为组分 $i$ 的比定压热容；$R_{g,i}$ 为组分 $i$ 的气体常数；$p$、$T$ 为系统的压力和温度。

同理可知：

$$ds_m = \sum x_i c_{p,m,i}\frac{dT}{T} - \sum x_i R\frac{dp_i}{p} \quad (1-2-11)$$

式中：$x_i$ 为组分 $i$ 的摩尔浓度，$s_m$ 为组分 $i$ 的熵；$p_i$ 为组分 $i$ 的分压；$c_{p,m,i}$ 为组分 $i$ 的比定压热容；$R$ 为气体常数；$p$、$T$ 为系统的压力和温度。

### 3. 热化学定律

1840 年盖斯（Hess）在大量实验基础上指出，反应的热效应只与起始状态和终了状态有关，与变化的途径无关，这就是盖斯定律，也称热效应总值一定定律。盖斯定律适用于恒压或恒容过程。恒压热效应与焓相对应，恒容热效应与内能相对应；而焓与内能都是状态函数，只与始态和终态有关，而与反应所经过的途径无关。所以说盖斯定律是热力学第一定律的必然结果。

盖斯定律的作用在于，当一个化学反应的热效应不是被准确测定或根本不可能测定时，利用盖斯定律能很容易确定下来。

$$C(s) + O_2(g) \rightarrow CO_2(g), \quad \Delta h^0_{C298} = -392.88 \text{kJ/mol}$$

$$CO(g) + \frac{1}{2}O_2(g) \rightarrow CO_2(g), \quad \Delta h^0_{CO298} = -282.84 \text{kJ/mol}$$

两式相减，有

$$C(s) + \frac{1}{2}O_2(g) \rightarrow CO(g), \quad \Delta h^0_{f298} = -110.04 \text{kJ/mol}$$

由此可以看出，热化学方程式可以像代数方程式那样进行运算，从一些容易测定的反应数据求出一些难以测定的反应数据。为了计算化学反应的热效应，可以借助某些辅助反应，至于反应是否按照中间途径进行，可不必考虑。但是由于每一个实验数据都有一定的误差，所以应尽量避免引入不必要的辅助反应。

#### 4. 热力学平衡与自由能

火炸药绝热燃烧系统反应放出的热量全部用于提高燃烧产物的温度，这个温度就是绝热火焰温度 $T_f$。通常应用标准反应热来进行 $T_f$ 的计算。为了便于计算，绝热火焰温度也以 298K 为起点，则有

$$\Delta H_{R298}^0 = - \sum_{s=p} \int_{298}^{T_f} M_s c_{ps} dT \quad (1-2-12)$$

式中：$\Delta H_R$ 为标准条件下反应物形成生成物时吸收或释放的热量，称为反应热；$M_s$、$M_j$ 分别为生成物和反应物的物质的量；标准反应热可按 $\Delta H_{R298}^0 = \sum_{s=p} M_s \Delta h_{f,298s}^0 - \sum_{j=R} M_j \Delta h_{f,298j}^0$ 计算，$\Delta h_{f,298s}^0$、$\Delta h_{f,298j}^0$ 分别为生成物和反应物的标准生成热。

化学反应系统的热力学平衡条件可从热力学第一、第二定律得到，即

$$\delta q = du + p dv$$

$$ds = \frac{\delta q}{T}$$

在等温等压条件下，由上式可得

$$d(u + pv - Ts)_{T,p} = 0 \quad (1-2-13)$$

因为 $h = u + pv$，则吉布斯（Gibbs）自由能为

$$g \equiv u + pv - Ts = h - Ts \quad (1-2-14)$$

上述两式结合，可求得等温等压条件下热力学平衡条件为

$$(dg)_{T,p} = 0 \quad (1-2-15)$$

推导自由能与压力的关系，对上式微分得

$$dg = dh - Tds - sdT = du + pdv + vdp - Tds - sdT$$

由 $\delta q = du + pdv$ 和 $ds = \frac{\delta q}{T}$ 可得

$$Tds = du + pdv \quad (1-2-16)$$

简化后得

$$dg = vdp - sdT \quad (1-2-17)$$

对于理想气体，由于吉布斯自由能是压力、温度的函数，即 $g = f(p, T)$，则有

$$dg = \frac{\partial g}{\partial p}\bigg|_T dp + \frac{\partial g}{\partial T}\bigg|_p dT \qquad (1-2-18)$$

比较式(1-2-17)和式(1-2-18),得

$$\frac{\partial g}{\partial p}\bigg|_T = v \qquad (1-2-19)$$

对于 1mol 理想气体,$v = \dfrac{RT}{p}$,代入上式并积分,可得到 Gibbs 自由能随压力的变化关系,即

$$\Delta g_T^p - \Delta g_T^0 = RT\int_{p_0}^{p} \frac{dp}{p} = RT\ln\frac{p}{p_0} \qquad (1-2-20)$$

对某一反应系统来说,标准反应自由能也可以和标准反应热相类似地定义为

$$\Delta G_{R298}^0 = \sum_{s=p} M_s \Delta g_{f,298s}^0 - \sum_{j=R} M_j \Delta g_{f,298j}^0 \qquad (1-2-21)$$

式中:$\Delta g_{f,298s}^0$、$\Delta g_{f,298j}^0$ 分别为生成物和反应物的标准自由能。标准自由能定义为:在标准状态下,稳定单质生成 1mol 化合物的自由能。稳定单质的标准生成自由能等于 0,标准自由能的单位为 kJ/mol。

反应系统的标准反应自由能的单位为 kJ,$\Delta G_{R298}^0$ 的"正"值表示必须向系统输入功;"负"值表示反应能自发地进行,并在过程中向周围环境做净功。反应处于化学平衡状态时,反应自由能为"0"。

### 5. 绝热火焰温度

假定在一孤立系统中,气体混合物发生了燃烧反应,并有放热现象。若该混合物(从规定的初始温度和压力下)经绝热等压过程达到化学平衡,该系统最终达到的温度称为绝热火焰温度,以 $T_f$ 表示。该温度取决于初始温度、压力和反应混合物的成分。

由于系统是绝热的,因此反应物经过燃烧反应生成平衡产物的过程中,反应所释放的热量都用于提高系统内部气体混合物的温度。以 $\Delta H_R$ 表示反应物中的总焓,$\Delta H_P$ 表示平衡条件下产物的总焓。由于混合物燃烧反应过程是绝热的,故有

$$\Delta H_R = \Delta H_P$$

燃烧产物在最终态时的总焓是各组分的生成焓和加上燃烧产物从标准状态达到最终状态时焓的增加量,即

$$\Delta H_P = \sum_P M_i \Delta h_{fi} + \sum_P \int_{298}^{T_f} M_i c_{pi} \, dT \qquad (1-2-22)$$

而反应物的总焓应为全部反应物的生成焓之和,即

$$\Delta H_R = \sum_R M_j \Delta h_{fj} \qquad (1-2-23)$$

式(1-2-22)与式(1-2-23)联立,有

$$\sum_P \int_{298}^{T_f} M_i c_{pi} \, dT = \sum_R M_j \Delta h_{fj} - \sum_P M_i \Delta h_{fi} \qquad (1-2-24)$$

式(1-2-24)的右边为已知的反应热,但符号取反。根据式(1-2-24),若能知道最终产物的成分,则未知数只有一个 $T_f$,由于最终产物的成分又取决于所求的绝热火焰温度 $T_f$,这样在系统中存在两个相互依赖的未知量,即平衡成分和最终温度 $T_f$。对 $T_f$ 的计算可概括为如下步骤:

(1)假定一个 $T_f^{(0)}$ 值,用上述方法求得平衡组分;

(2)根据反应物及生成物(燃烧产物)的生成热,计算出在标准温度和给定总压力下反应放出的热量;

(3)根据式(1-2-24)计算出 $T_f^{(1)}$,若 $T_f^{(1)} \neq T_f^{(0)}$,则重新假定 $T_f^{(0)}$ 值,并重复该计算程序,直至假定的 $T_f^{(0)}$ 与计算出的 $T_f$ 值达到所要求的精度为止。

在高温条件下,计算燃烧产物的组分和燃烧温度时,还必须考虑离解问题,采用反应程度法,则会产生较大误差。因此在这种条件下,进行热力学计算就采用最小自由能法,即在达到平衡状态时,体系中组分的自由能之和达到最小值。用最小自由能法计算燃烧产物的组分和燃烧温度参数已编成多种计算程序,这里不再赘述。

## 1.3 燃烧爆轰的热力学基础

### 1.3.1 热力学第一定律

19世纪三四十年代,Mayer、Helmholtz 和 Joule 发现并确定了能量转换与守恒定律。能量转换与守恒定律指出:一切物质都具有能量;能量既不可能创造,也不能消灭,它只能在一定的条件下从一种形式转变为另一种形式;而在转换中,能量的总量恒定不变。迄今为止,没有一个人提出一个不符合这条自然规律的事实,相反,在天文、地理、生物、化学、电磁光、宏观、微观等各领域都遵循这条规律。热力学是研究能量及其特性的科学,它必然要遵循这条规律。

热力学第一定律是能量守恒与转换定律在热力学中的应用，它确定了热力学过程中各种能量在数量上的相互关系。在热力学的范围内，主要考虑热能与机械能之间的相互转换与守恒，因此热力学第一定律可表述为：热可以变为功，功也可以变为热，在相互转变时，能的总量是不变的。

热力学第一定律的能量方程式就是系统变化过程中的能量平衡方程式，任何系统、任何过程均可根据以下原则建立能量方程式，即

进入系统的能量 − 离开系统的能量 = 系统中储存能量的增加

热力学第一定律为

$$Q = E_2 - E_1 - A \qquad (1-3-1)$$

式中：$Q$ 为系统能量变化；$E_2$ 为进入系统的能量；$E_1$ 为离开系统的能量；$A$ 为系统对外界所做的功。

外界对系统所传递的热量，一部分使系统的内能增加，一部分用于系统对外做功。显然，热力学第一定律就是包括热量在内的能量守恒和转换定律。热力学第一定律也可以写为

$$\delta Q = dE + \delta A \qquad (1-3-2)$$

式中：$\delta Q$ 为单位质量工质吸收或放出的热量；$dE$ 为单位质量工质的内能增加量；$\delta A$ 为单位质量工质对外界所做的功。

能量是物质运动的度量，物质运动有各种不同的形态，相应的就有各种不同的能量。系统储存的能量称为储存能，它有内部储存能与外部储存能之分。系统的内部储存能即为内能。内能是储存在系统内部的能量，它与系统内物质内部粒子的微观运动和粒子的空间位置有关，是下列各种能量的总和：①分子热运动形成的内动能，它是温度的函数；②分子间相互作用形成的内位能，它是比体积和温度的函数（称为冷内能和弹性能）；③原子内各层电子做旋转运动的旋转能和电子所在电子层的位势能；④原子核内部所包含的核能及其他种类的能量等。内能不包括整个系统（物体）的运动能和位势能，现在还不能测定系统内能的绝对值，但可以测定在某一过程中系统内能的变化量。

在一般的过程中，系统内分子的电子能和核能通常是不易激发的，所以系统内能主要由分子热运动能和分子相互作用势能构成。其中分子热运动能主要与温度有关，也受密度的影响，而分子相互作用势能则表现为压强的高低，它主要与比容（密度）有关，因此内能为比容和温度的函数，即 $e = e(V, T)$，取微分后

$$\frac{de}{dT} = \left(\frac{\partial e}{\partial V}\right)_T dV + \left(\frac{\partial e}{\partial T}\right)_V dT \qquad (1-3-3)$$

式中：$\left(\dfrac{\partial e}{\partial V}\right)_T$ 为等温过程中内能随比容的变化率；$\left(\dfrac{\partial e}{\partial T}\right)_V$ 为等容过程中内能随温度的变化率。也就是说温度提高或降低一个微小量所吸收或放出的热量，将其定义为定容比热，用 $c_V$ 表示，即

$$\left(\dfrac{\partial e}{\partial T}\right)_V = c_V \tag{1-3-4}$$

对于理想气体，$\left(\dfrac{\partial e}{\partial V}\right)_T = 0$ 表明理想气体内能的变化与比容变化无关，只取决于温度。

$$de = c_V dT \tag{1-3-5}$$

### 1.3.2 热力学第二定律

由于人们分析问题的出发点不同，所以对于热力学第二定律有各种各样的观点，但无论有多少种不同的观点，它们都反映了客观事物的一个共同本质，即自然界的一切自发过程都有方向性。

克劳修斯（Clausius）的观点是不可能把热从低温物体传到高温物体而不引起其他变化。开尔文（Kelvins）的观点是不可能从单一热源取热，使之完全变为有用功，而不引起其他变化。"克氏"是从传热的角度出发，"开氏"则是从功热转换的角度出发。

在任何一种与外界无能量交换的隔离系统中所发生的过程若是可逆的过程（即绝热的可逆过程），则熵值始终保持不变；一旦发生了不可逆过程，系统的熵值就要增大，即

$$ds = \dfrac{dq}{T} \geqslant 0 \tag{1-3-6}$$

一切不可逆过程中，总有不可逆的机械功转化为热，从而使得 $\dfrac{dq}{T} > 0$，因而隔离系统中发生的不可逆过程总是使系统的熵值增大。

由于隔离系统中的可逆过程（即绝热的可逆过程）具有熵保持不变的特性。因此，对于绝热可逆过程，有热力学第一定律和第二定律用于其解析表达式，即

$$dq = de + p dV \tag{1-3-7}$$
$$T ds = de + p dV \tag{1-3-8}$$

对于绝热不可逆过程，有

$$Tds > de + pdV \quad (1-3-9)$$

$$Tds > dh - Vdp \quad (1-3-10)$$

当气体与外界交换能量时,气体状态就要发生变化。气体由初始状态变化到终了状态,其间所经历的过渡方式称为状态变化过程。下面讨论气体等容过程、等压过程、等温过程和等熵过程及其特点。

对于等容过程,气体的体积保持不变,显然在等容过程中有 $dV = 0$,则

$$dq = de + pdV = de = c_V dT \quad (1-3-11)$$

式(1-3-11)表明了等容过程中系统吸收的热量用来提高内能。对于理想气体,因为 $pV = RT$,得到

$$\frac{p}{T} = 常数 \quad (1-3-12)$$

即系统的压力随温度的升高成比例增加,如图1-3-1所示。

对于等压过程,气体的压力保持不变,过程中 $dp = 0$,则有

$$dq = de + pdV = (dh - pdV - Vdp) + pdV = dh = c_p dT \quad (1-3-13)$$

将式(1-3-5)代入式(1-3-13)得到

$$(c_p - c_V)dT = pdV \quad (1-3-14)$$

或

$$\frac{dV}{dT} = 常数 \quad (1-3-15)$$

在等压过程中,系统的体积和温度成正比,如图1-3-1所示。

系统温度保持不变时称为等温过程,有

$$dq = c_V dT + pdV = pdV \quad (1-3-16)$$

等温过程中系统吸收的热量全部转化为对外做功。有气体状态方程:

$$pV = RT = 常数 \quad (1-3-17)$$

等温过程中,$p$ 与 $V$ 成反比,如图1-3-1所示。

与外界无能量交换的状态变化过程为绝热过程,可逆的绝热过程为等熵过程,在等熵过程中,有

$$de = -pdV \quad (1-3-18)$$

等熵过程中系统内能的减少量全部转化为外功。对于理想气体,等熵过程遵循以下公式:

$$pV^{\gamma} = 常数 \tag{1-3-19}$$

即等熵过程中，$V$ 随 $p$ 增加而减小，但和等温过程相比减小得慢，如图 1-3-1 所示。

以上过程可用多方过程概括起来。对于多方过程，有

$$pV^{k} = 常数 \tag{1-3-20}$$

式中：$k$ 为多方指数。$k$ 值不同代表不同过程。当 $k=0$ 时，$p=$ 常数，即等压过程；$k=1$ 时，$pV=$ 常数，即等温过程；$k=\dfrac{c_p}{c_V}=\gamma$ 时，$pV^{\gamma}=$ 常数，即等熵过程；$k=\infty$ 时，$V=$ 常数，即等容过程。

多方过程在 $p$-$V$ 图和 $T$-$s$ 图上表示从定容线出发，$n$ 由 $-\infty \to 0 \to \infty$，沿顺时针方向递增，如图 1-3-1 和图 1-3-2 所示。

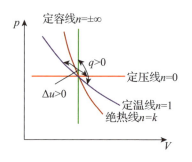

图 1-3-1　多方过程 $p$-$V$ 图

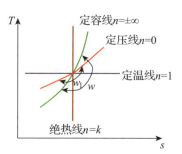

图 1-3-2　多方过程 $T$-$s$ 图

## 1.4　燃烧爆轰的研究内容和研究方法

燃烧和爆轰过程从化学角度看是氧化剂和燃料的分子间进行了剧烈的快速化学反应，原来的分子结构被破坏，原子的外层电子重新组合，经过一系列中间产物的变化，最后生成最终产物。在这一过程中，物质总的热能是降低的，降低的能量大都以热能和光能的形式释放出来。从物理角度看燃烧爆轰过程总伴随着物质的流动，可能是均相流也可能是多相流，可能是层流也可能是湍流。同时，燃烧爆轰过程大都是多种物质的不均匀场，特别是对于火炸药的燃烧爆轰，由于组分的多样性、多种分解产物、多种反应产物，形成不均匀的物质场，因而伴随着不同物质间的混合、扩散和相变；由于多种反应热效应的不同，还产生不均匀的温度场，形成温度梯度，因而还伴随着能量的传递。所以，燃烧和爆轰是一种物理和化学的综合高速变化过程。采用化学反应流来研究燃烧爆轰问题，即将化学反应、放热耦合和流体动力学过程一起综合考虑，

涉及理论模型、数值计算等内容，给火炸药燃烧爆轰研究带来了新的挑战和机遇。

火炸药燃烧与爆轰研究涉及的主要学科有化学反应动力学(燃烧、起爆、爆轰)，流体力学(层流流动、湍流流动、层流燃烧、湍流燃烧、多相混合)，传热学，热力学等。燃烧与爆轰研究理论性强，涉及面广，内容丰富。

火炸药燃烧爆轰理论研究是根据一定的试验现象，经过分析对特定的反应过程提出某些看法，即首先建立物理模型；然后为便于数学处理，再作一些假设，忽略一些次要因素，进行数学处理和推导，建立数学模型。但由于火炸药反应的复杂性，所作的假设和忽略的"次要"因素，往往难以与实际反应过程吻合，这样所提出的理论指导意义有限。因此目前研究火炸药燃烧爆轰最重要的方法还是试验研究方法。大体上可分为以下3类。

(1)基本现象研究。利用试验手段，将综合现象转化为其他条件恒定、单一条件变化的燃烧爆轰问题，这种方法有利于分析各种条件对燃烧爆轰的影响。但这种研究方法只有理论价值，与实际情况差距较大，只用于基础性研究。

(2)综合性研究。在实际情况下对各种情况的燃烧爆轰规律进行研究，包括模型装置和中间装置的研究。这种研究很有实用价值，所得各种规律可以直接指导工程实践，但由于试验情况复杂，这种研究很难剖析机理，不易得到较深入的理论认识。

(3)介于两者之间的研究。

对于火炸药反应机理的试验研究方法，也可分为3类。

①测定火炸药组分的物理化学特性。例如：测定线性分解速率、经过适当配制的氧化组分的分解率等。这些试验测得的数据可用于反应模型中，从而对反应机理进行研究。

②建立接近于真实情况且便于分析的反应模型。例如：研究气流中氧化剂小球的反应；建立双组元反应系统(固体组元和气体组元)。火炸药组分之间气相反应的研究可使研究者查明气相过程的重要性；而研究气态氧化气流中金属颗粒的燃烧则简化了金属燃烧现象分析。这些简化的试验为研究基本反应过程指明了方向，并重点指出了火焰结构对燃速的影响。火焰与固体表面之间的相互作用是异质反应机理的一个重要组成部分。

③真实火炸药反应的研究。这类方法是以直接或间接的观察与测定为基础的。直接方法包括通过显微摄影方法来考察反应区域和燃烧表面，目的是能看出火焰几何形状和固体外表形状的演变细节，辅助的非摄影测量方法也包括在其中。间接方法则是用一个与反应现象有关联的可测参数(例如火药燃速)作为

比较的依据,根据这个参数对其他参数的依赖关系即可得出有关反应机理的某些结论。

近年来快速发展的试验技术,如激光技术、时间分辨光谱技术等各种现代测试手段的出现,为燃烧爆轰反应的试验研究提供了有力的工具,对燃烧火焰结构可进行非接触测量,可测量温度分布场、气态产物的组成与分布场等。这些都有利于对复杂的反应现象进行深入的研究。另外,由于电子计算机的应用,反应模型的数值计算方法也有了迅速的发展,形成了仿真计算学科。

## 参考文献

[1] 王伯羲,冯增国,杨荣杰.火药燃烧理论[M].北京:北京理工大学出版社,1997.

[2] 黄寅生.炸药理论[M].北京:北京理工大学出版社,2016.

[3] 张宝坪.爆轰物理学[M].北京:兵器工业出版社,2006.

[4] 严传俊,范玮.燃烧学[M].西安:西北工业大学出版社,2008.

[5] 威廉斯 F A.燃烧理论[M].北京:科学出版社,1976.

[6] 范宝春.极度燃烧[M].北京:国防工业出版社,2018.

[7] Tim C L.非稳态燃烧室物理学[M].北京:国防工业出版社,2017.

[8] 刘彦,吴艳青,黄风雷.爆炸物理学基础[M].北京:北京理工大学出版社,2018.

[9] 孙承玮.爆炸物理学[M].北京:科学出版社,2011.

[10] 胡双启.燃烧与爆炸[M].北京:北京理工大学出版社,2015.

[11] 刘君,周松柏,徐春光.超声速流动中燃烧现象的数值模拟方法及应用[M].长沙:国防科技大学出版社,2008.

[12] 王振国,孙明波.超声速端流流动、燃烧的建模与大涡模拟[M].北京:科学出版社,2013.

[13] 田立楠.物性手册查用基础[M].武汉:湖北科学技术出版社,1985.

[14] 童钧耕,吴孟余,王平阳.高等工程热力学[M].北京:科学出版社,2006.

[15] 周起魁,任务正.火药物理化学性能[M].北京:国防工业出版社,1983.

[16] 赵坚行.燃烧的数值模拟[M].北京:科学出版社,2002.

[17] 周力行.燃烧理论和化学流体力学[M].北京:科学出版社,1986.

[18] 陈义良,张孝春,孙慈,等.燃烧原理[M].北京:航空工业出版社,1992.

[19] 余永刚,薛晓春.发射药燃烧学[M].北京:北京航空航天大学出版社,2016.

[20] 马辉.可重复使用航天器高温非平衡流场流动特性和物理特性的研究[D].北京:中科院力学研究所,2001.

[21] 任登凤.驻定斜爆轰波形态分析与数值模拟[D].南京:南京理工大学,2003.

[22] 刘宏灿.反应流场中的化学热、动力学计算与应用[D].南京:南京理工大学,2004.
[23] 张福祥.火箭燃气射流动力学[M].哈尔滨:哈尔滨工程大学出版社,2004.
[24] 童景山,李敬.流体热物理性质的计算[M].北京:清华大学出版社,1982.
[25] 水鸿寿.一维流体力学差分方法[M].北京:国防工业出版社,1998.
[26] 苗瑞生.发射气体动力学[M].北京:国防工业出版社,2006.
[27] 金志明.枪炮内弹道学[M].北京:北京理工大学出版社,2004.
[28] 张国伟,韩勇,苟瑞君.爆炸作用原理[M].北京:国防工业出版社,2006.
[29] 曲作家,张振铎,孙思诚,等.燃烧理论基础[M].北京:国防工业出版社,1989.
[30] 傅维标,卫景斌.燃烧物理学基础[M].北京:机械工业出版社,1984.
[31] 岑可法,姚强,骆仲泱,等.高等燃烧学[M].杭州:浙江大学出版社,2003.
[32] 张德良.计算流体力学教程[M].北京:高等教育出版社,2010.
[33] 范宝春.两相系统的燃烧、爆炸和爆轰[M].北京:国防工业出版社,1998.
[34] 周霖.爆炸化学基础[M].北京:北京理工大学出版社,2005.
[35] 赵凤起,徐司雨,李猛,等.改性双基推进剂性能计算模拟[M].北京:国防工业出版社,2015.

# 第 2 章 燃烧爆轰的物理学基础

火炸药燃烧爆轰过程中包含了火焰、爆轰等复杂现象，化学反应、放热和流体动力学同时发生且紧密耦合在燃烧爆轰现象中，流动现象比单纯的流体流动现象问题更复杂，集中表现在以下几个方面。

(1) 流体流动状态差别很大，可能有层流、湍流和过渡流，而且它们可以同时出现在同一燃烧过程之中。

(2) 流体介质是多组分的，可以由燃料、氧化剂、燃烧产物和惰性物质多种组分组成。

(3) 流动伴有化学反应，化学反应使介质中各组分的质和量都在不断发生变化。

(4) 流动现象可能是多相的，不仅可能有喷射过程和雾化过程，还可能有相的变化。

(5) 流体介质及其物理特性都存在非均匀分布，因此除了宏观流动外，还伴有分子热运动或涡团脉动所引起的质量、动量或能量的输运现象。

由此可见，燃烧爆轰中的流动问题涉及现代流体力学许多复杂的领域，要求研究者具有较广博的流体力学知识基础。本章主要介绍多组分化学反应方程，这些方程描述了状态变量的热力学关系，如压力、密度及熵之间的相互关系，同时也描述了相关的物理定律，如与密度和速度有关的质量守恒定律，与速度和压力有关的动量方程，与内能、动能、做功和传热有关的能量方程。

## 2.1 流动过程与流动特性

在各种化学反应中，包括有燃烧爆轰的装置中，反应经常发生在极不均匀流场处，也就是有巨大的横向速度梯度或强烈的横向动量、热量及质量交换的自由湍流剪切流中，有时甚至是在有旋转或有迴流的流动中，这多半是由于反应的不同组分有极不相同的初始速度(包括方向和大小)所造成的。

层流是一种有规则的流动状态,湍流是一种无规则的流动状态。在湍流中的各种量随时间和空间的变化而随机变化,但这些量的统计平均值的变化是有规则的。两种状态的区分为雷诺数 $Re = \dfrac{U\eta}{\nu}$。

湍流包括:所流过的固壁的摩擦作用为固壁湍流;具有不同速度的流体层之间的相互作用为自由湍流。湍流尺度包括长度尺度和时间尺度,取决于所研究体系的尺寸和流体的特征速度。湍流强度(湍流脉动动能)是因为湍流的脉动具有拟周期性,可以看作具有不同脉动频率的运动的叠加。湍流尺度和湍流强度是描述湍流的主要特征参量。

黏性(viscocity)是指流体内部发生相对运动而引起的内部相互作用。流体在静止时虽不能承受切应力,但在运动时,对相邻两层流体间的相对运动,即相对滑动速度却是有抵抗力的,这种抵抗力称为黏性应力。流体所具有的这种抵抗两层流体间相对滑动速度的性质,称为黏性。

黏性大小取决于流体的性质,并显著地随温度而变化。实验表明,黏性应力的大小与黏性及相对速度成正比。当流体的黏性较小(如空气和水的黏性都很小),运动的相对速度也不大时,所产生的黏性应力可忽略不计。此时,可以近似地把流体看成是无黏性的,称为无黏流体(inviscid fluid),也称为理想流体(perfect fluid)。对于有黏性的流体称为黏性流体(viscous fluid)。理想流体对于切向变形没有任何抗拒能力。需要强调的是,真正的理想流体在客观实际中是不存在的,它只是实际流体在某种条件下的一种近似模型。

根据密度是否为常数,流体分为可压(compressible)与不可压(incompressible)两大类。当密度为常数时,流体为不可压流体,否则为可压流体。空气一般视为可压流体,水是不可压流体。有些可压流体在特定的流动条件下,可以按不可压流体对待。在可压流体的连续方程中含有密度($\rho$),因而可把压力($p$)视为连续方程中的独立变量进行求解,再根据状态方程求出压力。不可压流体的压力场是通过连续方程间接规定的。由于没有直接求解压力的方程,不可压流体的流动方程的求解比较困难。

根据流体流动的物理量(如速度、压力、温度等)是否随时间变化,将流动分为定常(steady)与非定常(unsteady)两大类。当流动的物理量 $\varphi$ 不随时间变化,即 $\dfrac{\partial \varphi}{\partial t} = 0$ 时为定常流动;当流动的物理量随时间变化,即 $\dfrac{\partial \varphi}{\partial t} \neq 0$ 则为非定常流动。定常流动也称为恒定流动或稳态流动;非定常流动也称为非恒定流动或非稳态流动或瞬态(transient)流动。许多流体机械在起动或关机时的流体流动一般是非定常流动,而正常运转时可看作定常流动。

## 2.2 组分基本关系式

20世纪以来，随着数值计算软、硬件的发展，化学反应燃烧数值模拟的理论、方法、技术及应用得以蓬勃发展。复杂化学反应流从连续介质力学的观点来研究反应流体的流动过程，由于实际流动中存在着激波、黏性和高温等现象，这些过程中都存在着化学反应和传热传质的多组分流动，组分的热力学性质和输运性质不仅是压力和温度的函数，还是温度的强烈非线性函数（高温情况下），因此反应流体力学所面临的物理上问题也远比常规流体力学复杂得多。从数学上看，处理这类问题需要求解强烈非线性偏微分方程组，经典的解析方法很难发挥作用，高精度、高分辨率的数值计算在这一方面显示出越来越突出的作用。

### 2.2.1 多组分系统的基本关系式

单位体积中所含 $i$ 组分的物理量：质量浓度 $\rho_i$；分子量 $M_i$ 和分压 $p_i$；摩尔浓度 $n_i = \dfrac{\rho_i}{M_i}$（单位体积中 $i$ 组分的摩尔数）；质量分数 $Y_i = \dfrac{\rho_i}{\rho}$（$i$ 组分的质量浓度除以混合物的总质量浓度）；摩尔分数 $X_i = \dfrac{n_i}{n}$（$i$ 组分的摩尔数除以混合物的总摩尔数），根据分压定理，还可以得到 $X_i = \dfrac{p_i}{p}$。

单位体积内多组元气体微元总质量浓度应当是各组分的质量浓度之和，总摩尔浓度是各组分的摩尔浓度之和，压力是各组分的分压之和，即

$$\rho = \sum_{i=1}^{N} \rho_i, \quad n = \sum_{i=1}^{N} n_i, \quad p = \sum_{i=1}^{N} p_i \qquad (2-2-1)$$

在大多数化学反应过程中，认为各组分气体及其混合物均服从理想气体状态方程，因此可得

$$p_i = \rho_i \frac{R_u}{M_i} T = n_i R_u T, \quad p = \rho \frac{R_u}{M} T = n R_u T \qquad (2-2-2)$$

而且还存在如下关系，即

$$R = \frac{R_u}{M} = \sum_{i=1}^{N} Y_i R_i = \sum_{i=1}^{N} Y_i \frac{R_u}{M_i} \qquad (2-2-3)$$

$$\rho = \sum_{i=1}^{N} \rho_i = \sum_{i=1}^{N} n_i M_i = n M \qquad (2-2-4)$$

$$p = \sum_{i=1}^{N} p_i = \sum_{i=1}^{N} \rho_i R_i T = \rho R_u T \sum_{i=1}^{N} \frac{Y_i}{M_i} \qquad (2-2-5)$$

式中：$R_u$ 为普适气体常数。混合气体平均分子量 $M$ 与各组分分子量 $M_i$ 之间的相互关系为

$$M = \sum_{i=1}^{N} X_i M_i \quad \text{或} \quad M = \left( \sum_{i=1}^{N} \frac{Y_i}{M_i} \right)^{-1} \qquad (2-2-6)$$

摩尔分数 $X_i$ 与质量分数 $Y_i$ 之间的关系式为

$$X_i = \frac{Y_i / M_i}{\sum_{j=1}^{N} (Y_j / M_j)} \qquad (2-2-7)$$

### 2.2.2 多组分系统热力学关系式

多组分反应系统中，热力学性质和输运性质，如 $h$、$c_p$ 等不仅是压力和温度的函数，也是组分的函数，有时还是强烈非线性函数（高温情况下），即

$$h_i = \Delta h_i^0 + \int_{T_0}^{T} c_{pi} \mathrm{d}T \qquad (2-2-8)$$

式中：$\Delta h_i^0$ 为组分 $i$ 的标准生成焓，参考温度 $T_0$ 一般选为 298.15K。

$i$ 组分的定压比热 $c_{pi}$ 和生成焓 $h_i$ 由式(2-2-9)和式(2-2-10)计算，其中的常数 $A_i$ 参见文献[9]。

$$c_{pi} = \frac{R_u}{M_i}(A_1 + A_2 T + A_3 T^2 + A_4 T^3 + A_5 T^4) \qquad (2-2-9)$$

$$h_i = \frac{R_u T}{M_i} \left( A_1 + \frac{A_2}{2}T + \frac{A_3}{3}T^2 + \frac{A_4}{4}T^3 + \frac{A_5}{5}T^4 + \frac{A_6}{T} \right) \qquad (2-2-10)$$

由 $c_{pi}$ 和 $h_i$ 求 $i$ 组分的定容比热和内能为

$$c_{Vi}(T) = c_{pi}(T) - \frac{R_u}{M_i} \qquad (2-2-11)$$

$$e_i(T) = h_i(T) - \frac{R_u}{M_i}T \qquad (2-2-12)$$

混合气体的热力学参数为

$$c_p = \sum_{i=1}^{N} Y_i c_{pi} \qquad (2-2-13)$$

$$c_V = \sum_{i=1}^{N} Y_i c_{Vi} \qquad (2-2-14)$$

$$\gamma = \frac{c_p}{c_V} \qquad (2-2-15)$$

$$h(T) = \sum_{i=1}^{N} Y_i h_i \qquad (2-2-16)$$

$$e(T) = \sum_{i=1}^{N} Y_i e_i \qquad (2-2-17)$$

## 2.3 输运定律

燃烧爆轰过程包含多种组分的复杂化学反应，同时伴随着传热量、传质量、传动量的复杂的流动过程，因而燃烧爆轰问题是多组分反应流体的问题。对火炸药而言，化学反应是在较高压力下快速进行的，通过一定条件下的化学反应将化学能转化为气体的动能，通过做功发射弹丸或推动火箭，其化学反应问题更为复杂。然而不管一个反应过程多么复杂，它涉及的无外乎是多组分化学反应问题、流体力学问题、传热传质以及各组分的性能，可以从质量守恒、动量守恒和能量守恒定律出发，建立基本的连续方程、动量方程和能量方程进行研究，这些方程称为化学反应流基本方程。

燃烧爆轰现象中的流动问题大都是非均匀问题，即流体介质的某些宏观量，如流速、温度、组分等，在研究的空间存在着非均匀分布，从而引起了输运现象。如空间存在着速度分布产生了动量交换，温度梯度引起了热量交换，组分浓度引起了质量交换。层流中输运是由分子热运动引起的，当某些分子因为热运动从一个区域到达流场的另一个区域，这些分子就把它们原来所在区域的宏观性质输运到新的区域。因此层流输运除了与标志宏观不均匀性的某些宏观量梯度有关以外，主要还取决于流体介质本身的物质特性。流体介质所表现出来的各种输运特性是该介质的重要物质特征量。湍流中担负输运任务的不仅是分子，更重要的是表示湍流场特征的微小涡团。这些涡团从宏观看是小的，但从微观看，则比分子大得多，其中包含大量分子，仍然服从分子的统计规律。这些小涡团在湍流中无规则地脉动，不断把湍流流场中某一区域的宏观性质传输到流场的另一区域，因此湍流输运比层流强烈得多。湍流中这些微小涡团的尺寸和脉动程度完全取决于流场的特性，因此湍流输运特性主要不是取决于介质特性，而是取决于流场特性。总之，湍流输运比层流输运更复杂，影响因素既多又不稳定。

在燃烧爆轰工程应用中，往往不只存在单一的输运现象，很可能同时存在几种输运现象。这几种输运现象有时又不是以独立并存的形式出现，而是相互作用产生复杂的交叉输运问题，这样的问题是很复杂的。在解决燃烧爆轰问题时，为了合理地简化，本节只讨论独立并存的各种输运现象。由于所遇到的问题大多数是各向同性的，下面也只讨论各向同性流动的输运现象。

### 2.3.1 牛顿黏性定律

两块无限宽和无限长不能透过的平板，相互平行，间距为 $\delta$，板间充满等温的由左向右运动的流体。坐标及位置如图 2-3-1 所示。

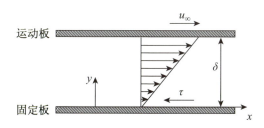

图 2-3-1 牛顿黏性定律

如果下板固定，上板随流体一起流动，流体流速从上至下逐渐减为 0，流体之间的剪切力为

$$\tau = -\mu \frac{\partial u}{\partial y} \tag{2-3-1}$$

此式就称为牛顿黏性定律。式中：$\mu$ 为动力黏性系数；$\frac{\partial u}{\partial y}$ 为速度梯度；负号表示作用力作用在降低速度的方向上。

因为 $\mu = \rho \nu$（$\rho$ 为流体密度，$\nu$ 为运动黏性系数），$\rho$ 为常数时，牛顿黏性定律也可写为

$$\tau = -\nu \rho \frac{\partial u}{\partial y} = -\nu \frac{\partial(\rho u)}{\partial y} \tag{2-3-2}$$

因为 $\rho u$ 为单位体积的动量，所以式(2-3-2)反映了剪切力与动量梯度的关系，负号表示动量传递方向与动量梯度相反。

一般气体的黏度与温度的平方根成正比（$\mu \propto \sqrt{T}$），液体黏度随温度升高而降低，有些流体黏度则和剪切速度有关。

### 2.3.2 热量的传递

导热传热是由于温差的存在使得热量由高温部分传递到低温部分，或者由温度较高的物质传递到与之接触的温度较低的另一物质的过程。

傅里叶(Fourier)定律是在不均匀的温度场中，由于导热形成的某地点的热流密度正比于该时刻同地点的温度梯度，即

$$\dot{q}'' = -\lambda \frac{\partial T}{\partial y} \tag{2-3-3}$$

式中：$\dot{q}''$ 为单位面积上单位时间内的热流量；$\lambda$ 为导热系数；$\frac{\partial T}{\partial y}$ 为温度梯度，负号表示热流方向与温度增加方向相反。

因为 $\lambda = \alpha \rho c_p$，$\alpha$ 为扩散系数，$c_p$ 为定压比热。当 $\rho$、$c_p$ 为常数时，傅里叶导热定律又可以写为

$$\dot{q}'' = -\alpha \frac{\partial (\rho c_p T)}{\partial y} \tag{2-3-4}$$

根据傅里叶导热定律(2-3-4)，导热系数 $\lambda$ 在数值上等于单位温度梯度引起的物体内部的热流密度。导热系数是物质的固有属性，气体导热系数 $\lambda$ 是由于分子的热运动和相互碰撞时所发生的能量传递，一般情况下与压力无关，温度升高，导热系数增大。液体导热系数是依靠晶格的振动，系数 $A$ 与晶格振动在液体中的传播速度成正比，与液体的性质无关，但与温度有关，$Ac_p$ = 常数。

对流传热是流体各部分之间发生相对位移时所发生的热量传递过程，即

$$\dot{q}'' = h \cdot (T_2 - T_1) \tag{2-3-5}$$

式中：$h$ 称为传热系数；$T_2$、$T_1$ 分别为流体不同部分的温度。$h$ 不是一个物性参数，流体各部分的各种因素都将影响传热系数的大小。

辐射传热是物体表面直接向外界发射可见光和不可见光，黑体在空间传递热量的过程，即

$$Q = C_n \cdot \left[ \left( \frac{T_2}{100} \right)^4 - \left( \frac{T_1}{100} \right)^4 \right] \cdot F \tag{2-3-6}$$

式中：$Q$ 为辐射传热的热通量；$T_1$、$T_2$ 分别为物体表面的温度；$C_n$ 为辐射换热表面的几何形状系数；$F$ 为辐射表面面积。

### 2.3.3 菲克扩散定律

假设两平行的可渗析的平板间充满了等温且静止的流体 B，另一种流体 A 由下通过下板向上扩散，从上板渗出，扩散的速度要小到不能干扰流体 B 的状态，流体 A 的浓度分布下大上小，下板处浓度为 $\rho_{AW}$，上板处为 $\rho_{A\infty}$，根据菲克扩散定律，A 在单位时间内由下向上通过单位面积扩散的质量 $J_A$ 为

$$J_A = -D_{AB}\frac{\partial \rho_A}{\partial y} \qquad (2-3-7)$$

式中：$\frac{\partial \rho_A}{\partial y}$ 为流体 A 的浓度梯度；$D_{AB}$ 为流体 A 在流体 B 中的扩散系数。扩散系数 $D_{AB}$ 从定义上是单位浓度梯度下的分子扩散通量，$D_{AB}$ 取决于 A、B 组分的物性、体系的状态和混合物的浓度。对于低密度气体，组分浓度对 $D_{AB}$ 的影响可忽略不计。

$$J_A = -D_{AB}\frac{\partial C_A}{\partial y} \qquad (2-3-8)$$

式中：$\frac{\partial C_A}{\partial y}$ 为 y 方向上物质的量浓度梯度。

当流体为多组分的混合体系时，常常把考虑的组分 s 作为 A，其余的所有组分作为 B，则

$$J_s = -D_s\frac{\partial \rho_s}{\partial y} \qquad (2-3-9)$$

如果流体可看作理想气体，则扩散定律可表示成分压梯度或质量百分浓度的形式，即

$$J_s = -D_s\frac{m_s}{RT}\frac{\partial p_s}{\partial y} \qquad (2-3-10)$$

式中：$m_s$、$p_s$ 分别为组分 s 的分子量和分压。

在多元混合流体中，如果存在不同位置组分浓度的变化，体系内会发生旨在减少浓度不均匀性的过程，组分将由高浓度位置向低浓度位置扩散，这一过程称为质量传递。质量传递机理如同动量传递和热量传递一样有两种，即分子扩散传递和涡旋扩散传递。对不同的流体运动过程，传质可以是分子扩散的方式，也可以是分子扩散和涡旋扩散结合的方式。对于具体的流动过程，在不同的空间位置，可能有不同的扩散方式。

综上，式(2-3-2)、式(2-3-4)和式(2-3-9)为质量、热量和动量输运关系式：

$$\begin{cases} \tau = -\nu\dfrac{\partial(\rho u)}{\partial y} \\ \dot{q}'' = -\alpha\dfrac{\partial(\rho c_p T)}{\partial y} \\ J_s = -D_s\dfrac{\partial \rho_s}{\partial y} \end{cases}$$

### 2.3.4 输运过程的分子特性

事实上,输运过程的发生都是分子热运动造成的结果。动量传递过程中,在流体做宏观定向流动的同时存在着分子本身无规则的热运动。当定向运动速度大的流层的分子运动到流速小的流层中时,低速流层中的动量就增加了,相当于快速流层给低速流层以阻力,而低速流层中的分子因热运动进入快速流层中时就降低了快速流层中的动量,相当于给快速流层以黏滞力。传热过程则是因为热运动使平均动能高的分子进入低温区,平均动能低的分子进入高温区,宏观上就是热量从高温区向低温区传递。

对于扩散过程,其发生的原因可以是多方面的,如各处的分子数密度不同、温度不同或气体中各气层流动速度不同等。就分子数密度不同而言,即使在静止和温度均匀分布的体系中,因为分子的热运动,密度大区域的分子通过任何面的分子数一定比密度低的区域的分子反向通过该面的分子数大,这样就实现了分子的定向迁移。为了更深刻地理解输运过程的特质,并从理论上估算输运系数值,下面从分子运动论出发推演特性系数的理论表达式。

为了简化起见,假设体系是单原子非极性分子稀薄气体,分子是刚性球体,彼此间进行弹性碰撞,不考虑外场相互间的引力和分子内部结构,只有当分子碰撞时才发生斥力作用。设单位体积中分子数密度为 $n$,则只有 $n/6$ 的微粒沿着 $\pm x$、$\pm y$、$\pm z$ 方向运动,现考虑位于 $y = -l$,$0$,$+l$ 的 3 个平面($l$ 为分子平均自由程),分子以速度 $v$ 进行热运动,设 $\varphi$ 为气体的某种特性(动量、热量或质量),且在三平面上处处为常数,沿着 $-y$ 方向离开 $y = +l$ 平面的分子在受到碰撞前把数值 $\varphi_+$ 带到 $y = 0$ 面,同理沿 $+y$ 方向离开 $y = -l$ 平面的分子将 $\varphi_-$ 的特性值带至 $y = 0$ 面,因为平均只有 $1/6$ 的微粒在任一方向运动,所以在 $y$ 方向的净通量为

$$\phi_+ = \phi_0 + l \frac{\partial \phi}{\partial y}$$

$$\phi_- = \phi_0 - l \frac{\partial \phi}{\partial y}$$

$$G = \frac{v(\phi_- - \phi_+)}{6} = -\frac{vl}{3} \frac{\partial \phi}{\partial y} \qquad (2-3-11)$$

若 $\phi = nmu$,$G = \tau$,则

$$\tau = -\frac{vlnm}{3} \frac{\partial u}{\partial y} \qquad (2-3-12)$$

若 $\phi = nc_V^* T$,$G = q$,则

$$q = -\frac{v\ln c_V^*}{3}\frac{\partial T}{\partial y} \qquad (2-3-13)$$

若 $\phi = nm\rho$,$G = J$,则

$$J_s = -\frac{vl}{3}\frac{\partial \rho_s}{\partial y} \qquad (2-3-14)$$

将以上三式与式(2-3-2)、式(2-3-4)及式(2-3-9)相比较可得

$$\mu = \frac{1}{3}v\ln m \qquad (2-3-15)$$

$$\lambda = \frac{1}{3}v\ln c_V^* \qquad (2-3-16)$$

$$D_s = \frac{1}{3}vl \qquad (2-3-17)$$

式中:分子平均自由程 $l$ 为

$$l = \frac{v}{Z} \qquad (2-3-18)$$

分子碰撞频率为

$$Z = \sqrt{2}\pi d^2 nv^2 \qquad (2-3-19)$$

式(2-3-19)代入式(2-3-18)得

$$l = \frac{1}{\sqrt{2}\pi nd^2 v} \qquad (2-3-20)$$

式中:$d$ 为分子直径;$\pi$ 为常数。式(2-3-20)代入式(2-3-15)、式(2-3-16)及式(2-3-17)得

$$\mu = \frac{1}{3\sqrt{2}\pi}\frac{vm}{d^2} \qquad (2-3-21)$$

$$\lambda = \frac{1}{3\sqrt{2}\pi}\frac{vmc_V^*}{d^2} \qquad (2-3-22)$$

$$D_s = \frac{1}{3\sqrt{2}\pi}\frac{v}{nd^2} \qquad (2-3-23)$$

式(2-3-21)、式(2-3-22)和式(2-3-23)说明输运系数与气体分子运动速度成正比,与分子直径的平方成反比,而且 $\mu$、$\lambda$ 与分子数密度无关,也就是与压力无关,但 $D_s$ 随压力上升而迅速减小。因为分子的运动速度按麦克斯

韦定律分布，且气体分子不是刚性球体，分子间也存在着引力和斥力的作用，考虑到这些因素，可得到修正后的各输运系数公式，即

$$\mu = 2.67 \times 10^{-5} \frac{\sqrt{TM}}{d^2} \Omega_\mu \qquad (2-3-24)$$

$$\lambda = 1.99 \times 10^{-4} \frac{\sqrt{\frac{T}{M}}}{d^2} \Omega_\mu \qquad (2-3-25)$$

$$D_s = 2.628 \times 10^{-3} \frac{\sqrt{\frac{T^3}{M}}}{\rho d^2} \Omega_D \qquad (2-3-26)$$

式(2-3-24)和式(2-3-25)的黏性和导热系数也适用于非极性多原子稀薄气体，式(2-3-26)中的 $D_s$ 只适用于非极性单原子气体的自身扩散，即扩散的分子与其他分子在直径、分子量等各方面是相同或相近的情况。对多原子气体和两种不同气体分子的二元扩散等情况要用另外的公式，这里不再详述。

### 2.3.5 无量纲综合准数

表2-3-1为各种输运现象的对应关系表。

表2-3-1 各种输运现象的对应关系表

| 宏观原因 | 非均匀流速 | 非均匀温度 | 非均匀组分 |
| --- | --- | --- | --- |
| 输运强度量 | 动量密度 $\rho u$ | 能量密度 $c_p \rho T$ | 质量密度 $C_s$ |
| 宏观结果 | 黏性 | 传热 | 扩散 |
| 输运系数 | 运动黏性系数 $\nu$ | 热扩散系数 $\alpha$ | 扩散系数 $D$ |
| 输运通量 | 表面剪切应力 $\tau$ | 热流量密度 $q$ | 质量流量密度 $J_s$ |
| 输运定律 | 牛顿黏性定律 | 传热定律 | 菲克扩散定律 |

表2-3-1中各输运系数间有一定的关系，从而组成了下列一些无量纲准数，这些准数在燃烧问题的处理中经常要用到。

普朗特准数(Prandtl number)

$$Pr = \frac{\nu}{\alpha} = \frac{\mu c_p}{\lambda} \qquad (2-3-27)$$

它表征流体的动量输运对热量输运过程的影响，主要为温度的函数。

施密特准数(Schmidt number)

$$Sc = \frac{\nu}{D} = \frac{\mu}{\rho D} \qquad (2-3-28)$$

它表征流体的动量输运对质量输运过程的影响。

路易斯准数(Lewis number)

$$Le = \frac{\alpha}{D} = \frac{\lambda}{\rho c_p D} = \frac{Sc}{Pr} \qquad (2-3-29)$$

它是流体热扩散系数和扩散系数的无量比值,此参数应用于对流传热、传质过程中。

$Pr$、$Sc$、$Le$ 均与温度、组分、压力有关,它们的值都常为1左右,燃烧计算中常假设为1。

此外,输运过程中还常用下列准数。

雷诺准数(Reynolds number)

$$Re = \frac{v\rho l}{\mu} \qquad (2-3-30)$$

式中:$l$ 为系统的特征尺寸。雷诺数表征流体流动的类型,它取不同的值时,流体可分别处于层流、紊流或过渡流状态。从量纲分析得知,$Re$ 实际上为惯性力与黏性力之比。

努塞尔准数(Nusselt mumber)

$$Nu = \frac{\alpha l}{\lambda} = \frac{\dfrac{1}{\lambda}}{\dfrac{1}{\alpha l}} \qquad (2-3-31)$$

它为导热热阻与对流热阻之比,在对流传热中表征边界层对传热过程的影响。因为边界层以传导方式传热,所以此准数也表征热系数对传热过程的影响。

## 2.4 守恒方程

守恒方程加上必要的初始条件和边界条件是解决连续流体力学问题的基本方法,燃烧问题也常利用基于输运定律建立起来的守恒方程解出有关的特征量。但是有关燃烧的守恒方程比经典流体力学问题复杂。比如,守恒方程中增加了各个组分的扩散方程,在能量和扩散方程中增加了化学反应的物质源项和热源项,因而在求解上更为困难。

守恒方程形式多种多样,要根据具体问题采用方便的形式,下面采用直角坐标系统,其他形式可参阅文献[6]。

### 2.4.1 连续方程

选择多元混合气流体的一个体积微元 $\Delta V$ 如图 2-4-1 所示，$a$、$c$、$e$ 表示微元流入表面，$b$、$d$、$f$ 表示流体流出面，流入流出面的表面积为 $S$，$u$、$v$、$w$ 分别是气体 $x$、$y$、$z$ 方向上的运动速度，流体密度为 $\rho$。假设质量流量、流体密度都是坐标 $x$、$y$、$z$ 的连续函数，讨论在 $\Delta t$ 时刻微元体中的质量平衡。

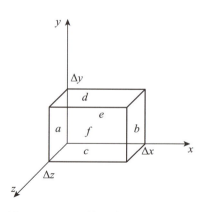

图 2-4-1 流体中选择的微元体

从 $x=0$ 处的 $a$ 面流入的质量为 $M_0 = \rho u S$，

从 $x=\Delta x$ 的 $b$ 面流出的质量 $M_{\Delta x} = \rho u S + \frac{\partial \rho u}{\partial x}\Delta x S$，

则滞留于微元体中的质量为 $M_0 - M_{\Delta x} = -\frac{\partial \rho u}{\partial x}\Delta x S$。

微元体中积聚的质量实际上是密度变化引起的，即

$$\frac{\partial m}{\partial t} = \frac{\partial \rho}{\partial t}\Delta V \qquad (2-4-1)$$

达成平衡时有

$$\frac{\partial \rho}{\partial t}\Delta V = \frac{\partial \rho}{\partial t}\Delta x S = -\frac{\partial \rho u}{\partial x}\Delta x S$$

$$\frac{\partial \rho}{\partial t} + \frac{\partial \rho u}{\partial x} = 0 \qquad (2-4-2)$$

同理，二维可压缩瞬态流动过程中，连续方程为

$$\frac{\partial \rho}{\partial t} + \frac{\partial \rho u}{\partial x} + \frac{\partial \rho v}{\partial y} = 0 \qquad (2-4-3)$$

三维可压缩瞬态流动过程中，连续方程为

$$\frac{\partial \rho}{\partial t} + \frac{\partial \rho u}{\partial x} + \frac{\partial \rho v}{\partial y} + \frac{\partial \rho w}{\partial z} = 0 \qquad (2-4-4)$$

稳态过程中，密度不随时间发生变化，连续方程式(2-4-2)、式(2-4-3)和式(2-4-4)简化为

$$\frac{\partial \rho u}{\partial x} = 0 \qquad (2-4-5)$$

$$\frac{\partial \rho u}{\partial x} + \frac{\partial \rho v}{\partial y} = 0 \qquad (2-4-6)$$

$$\frac{\partial \rho u}{\partial x} + \frac{\partial \rho v}{\partial y} + \frac{\partial \rho w}{\partial z} = 0 \qquad (2-4-7)$$

不可压缩稳定过程中,密度不发生变化,连续方程式(2-4-5)、式(2-4-6)和式(2-4-7)简化为

$$\frac{\partial u}{\partial x} = 0 \qquad (2-4-8)$$

$$\frac{\partial u}{\partial x} + \frac{\partial v}{\partial y} = 0 \qquad (2-4-9)$$

$$\frac{\partial u}{\partial x} + \frac{\partial v}{\partial y} + \frac{\partial w}{\partial z} = 0 \qquad (2-4-10)$$

### 2.4.2 扩散方程

扩散方程也为多元混合体系中的单组分质量守恒方程。假设有一多组分混合流体流经微元体,如图 2-4-1 所示,考虑 s 组分的质量平衡。

从 $x=0$ 处的 $a$ 面流入的 s 组分质量为

$$M_{s0} = \rho u S f_s$$

从 $x=\Delta x$ 的 $b$ 面流出的 s 组分质量为

$$M_{s\Delta x} = \rho u S f_s + \frac{\partial \rho u f_s}{\partial x} \Delta x S$$

则滞留于微元体中的 s 组分质量为

$$M_{s0} - M_{s\Delta x} = -\frac{\partial \rho u f_s}{\partial x} \Delta x S$$

s 组分从 $x=0$ 处的 $a$ 面扩散进去的质量为

$$-\rho D_s \frac{\partial f_s}{\partial x} S$$

从 $x=\Delta x$ 的 $b$ 面扩散出去的 s 组分质量为

$$-\rho D_s \frac{\partial f_s}{\partial x} S + \frac{\partial}{\partial x}\left(-\rho D_s \frac{\partial f_s}{\partial x}\right) \Delta x S$$

则因 $x$ 方向扩散滞留在微元体中的 s 组分的质量为

$$-\rho D_s \frac{\partial f_s}{\partial x} S - \left[-\rho D_s \frac{\partial f_s}{\partial x} S + \frac{\partial}{\partial x}\left(-\rho D_s \frac{\partial f_s}{\partial x}\right) \Delta x S\right] = \frac{\partial}{\partial x}\left(\rho D_s \frac{\partial f_s}{\partial x}\right) \Delta x S$$

因化学反应造成的 s 组分在微元体中质量变化为 $\omega_s \Delta V$。

微元体中 s 组分质量总变化为

$$\frac{\partial m_s}{\partial t} = \frac{\partial (\rho f_s)}{\partial t} \Delta V \quad (2-4-11)$$

达成平衡时有

$$\frac{\partial (\rho f_s)}{\partial t} \Delta V = \frac{\partial (\rho f_s)}{\partial t} \Delta x S = -\frac{\partial \rho u f_s}{\partial x} \Delta x S + \frac{\partial}{\partial x}\left(\rho D_s \frac{\partial f_s}{\partial x}\right) \Delta x S - \omega_s \Delta V$$

$$\frac{\partial (\rho f_s)}{\partial t} + \frac{\partial \rho u f_s}{\partial x} = \frac{\partial}{\partial x}\left(\rho D_s \frac{\partial f_s}{\partial x}\right) - \omega_s \quad (2-4-12)$$

同理，二维过程中扩散方程为

$$\frac{\partial (\rho f_s)}{\partial t} + \frac{\partial \rho u f_s}{\partial x} + \frac{\partial \rho u f_s}{\partial y} = \frac{\partial}{\partial x}\left(\rho D_s \frac{\partial f_s}{\partial x}\right) + \frac{\partial}{\partial y}\left(\rho D_s \frac{\partial f_s}{\partial y}\right) - \omega_s \quad (2-4-13)$$

三维过程中扩散方程为

$$\frac{\partial (\rho f_s)}{\partial t} + \frac{\partial \rho u f_s}{\partial x} + \frac{\partial \rho u f_s}{\partial y} + \frac{\partial \rho u f_s}{\partial z} = \rho D_s \frac{\partial^2 f_s}{\partial x^2} + \rho D_s \frac{\partial^2 f_s}{\partial y^2} + \rho D_s \frac{\partial^2 f_s}{\partial z^2} - \omega_s$$

$$(2-4-14)$$

一维稳态过程中，密度不随时间发生变化，式(2-4-12)简化为

$$\frac{\partial \rho u f_s}{\partial x} = \frac{\partial}{\partial x}\left(\rho D_s \frac{\partial f_s}{\partial x}\right) - \omega_s \quad (2-4-15)$$

同理，二维稳态过程中，式(2-4-13)简化为

$$\frac{\partial \rho u f_s}{\partial x} + \frac{\partial \rho u f_s}{\partial y} = \frac{\partial}{\partial x}\left(\rho D_s \frac{\partial f_s}{\partial x}\right) + \frac{\partial}{\partial y}\left(\rho D_s \frac{\partial f_s}{\partial y}\right) - \omega_s \quad (2-4-16)$$

三维稳态过程中，式(2-4-14)简化为

$$\frac{\partial \rho u f_s}{\partial x} + \frac{\partial \rho u f_s}{\partial y} + \frac{\partial \rho u f_s}{\partial z} = \rho D_s \frac{\partial^2 f_s}{\partial x^2} + \rho D_s \frac{\partial^2 f_s}{\partial y^2} + \rho D_s \frac{\partial^2 f_s}{\partial z^2} - \omega_s$$

$$(2-4-17)$$

### 2.4.3 动量方程

动量守恒方程，即运动方程。它的基础是牛顿运动学第二定律，即微元体动量的变化率等于作用在微元体上的外力的矢量和。而作用于微元体上的力可以分为两类：一类是体积力，比如重力、电磁力等；另一类是表面力，比如压力、黏性力等。

表面力(亦称应力)中的压力是垂直于微元体的面元素的,而黏性力(亦称剪切力)是与面元素平行的。由于微元面具有方向,而作用于微元面上的力也具有方向,它们的方向在一般情况下是不相同的,因而不可能用矢量既表示面积力的大小和方向,又表示其作用的面的方向。这就要用应力张量来表示,或者说是用并矢来表示。它在各个面上的应力如图 2-4-2 所示(为了便于表示正方向,我们把图坐标作了转动)。那么作用于微元体所有面元素上的应力的和为

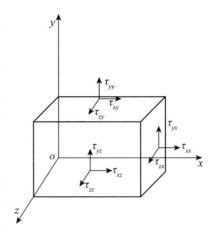

图 2-4-2 流体中微元体表面应力分析

$$\overset{*}{\tau} = \begin{bmatrix} \tau_{xx}ii + \tau_{xy}ij + \tau_{za}ik \\ + \tau_{yx}ji + \tau_{yy}jj + \tau_{ya}jk \\ + \tau_{xz}ik + \tau_{yz}jk + \tau_{zz}kk \end{bmatrix} \quad (2-4-18)$$

式中:$\overset{*}{\tau}$ 为总应力;$\tau$ 为各个分应力;$i$、$j$、$k$ 分别表示 $x$、$y$、$z$ 方向上的法向向量;各项中左边的单位向量是面元素的方向,右边的单位向量是应力分量的方向。按照连续方程的讨论方法,可以得到在 $x$、$y$、$z$ 方向上单位微元体所受的净表面力为

$$f_x = \frac{\partial \tau_{xx}}{\partial x} + \frac{\partial \tau_{xy}}{\partial y} + \frac{\partial \tau_{xz}}{\partial z} \quad (2-4-19)$$

$$f_y = \frac{\partial \tau_{yx}}{\partial x} + \frac{\partial \tau_{yy}}{\partial y} + \frac{\partial \tau_{yz}}{\partial z} \quad (2-4-20)$$

$$f_z = \frac{\partial \tau_{zx}}{\partial x} + \frac{\partial \tau_{zy}}{\partial y} + \frac{\partial \tau_{zz}}{\partial z} \quad (2-4-21)$$

而微元体所受体积力分别为

$$\begin{cases} x \text{ 方向}: \left( \sum_s \rho_s F_s \right)_x \\ y \text{ 方向}: \left( \sum_s \rho_s F_s \right)_y \\ z \text{ 方向}: \left( \sum_s \rho_s F_s \right)_z \end{cases} \quad (2-4-22)$$

另外,微元体的质量密度是 $\rho$。在 3 个方向的加速度分别为

$$\frac{\mathrm{D}u}{\mathrm{D}t} = \frac{\partial u}{\partial t} + u\frac{\partial u}{\partial x} + v\frac{\partial u}{\partial y} + w\frac{\partial u}{\partial z} \quad (2-4-23)$$

$$\frac{\mathrm{D}v}{\mathrm{D}t} = \frac{\partial v}{\partial t} + u\frac{\partial v}{\partial x} + v\frac{\partial v}{\partial y} + w\frac{\partial v}{\partial z} \qquad (2-4-24)$$

$$\frac{\mathrm{D}w}{\mathrm{D}t} = \frac{\partial w}{\partial t} + u\frac{\partial w}{\partial x} + v\frac{\partial w}{\partial y} + w\frac{\partial w}{\partial z} \qquad (2-4-25)$$

在推导动量方程最终形式时,引用黏性流体力学中应力和应变率的如下关系,即

$$\begin{cases} \tau_{xx} = -p - \frac{2}{3}\mu\left(\frac{\partial u}{\partial x} + \frac{\partial v}{\partial y} + \frac{\partial w}{\partial z}\right) + 2\mu\frac{\partial u}{\partial x} \\ \tau_{yy} = -p - \frac{2}{3}\mu\left(\frac{\partial u}{\partial x} + \frac{\partial v}{\partial y} + \frac{\partial w}{\partial z}\right) + 2\mu\frac{\partial v}{\partial y} \\ \tau_{zz} = -p - \frac{2}{3}\mu\left(\frac{\partial u}{\partial x} + \frac{\partial v}{\partial y} + \frac{\partial w}{\partial z}\right) + 2\mu\frac{\partial w}{\partial z} \\ \tau_{xy} = \tau_{yx} = \mu\left(\frac{\partial u}{\partial y} + \frac{\partial v}{\partial x}\right) \\ \tau_{yz} = \tau_{zy} = \mu\left(\frac{\partial v}{\partial z} + \frac{\partial w}{\partial y}\right) \\ \tau_{xz} = \tau_{zx} = \mu\left(\frac{\partial u}{\partial z} + \frac{\partial w}{\partial x}\right) \end{cases} \qquad (2-4-26)$$

式中:$\mu$ 为黏性系数。应用上述关系,可以得到 $x$、$y$、$z$ 三个方向的动量守恒方程分别为

$$\begin{aligned}\rho\frac{\mathrm{D}u}{\mathrm{D}t} &= \rho\left(\frac{\partial u}{\partial t} + u\frac{\partial u}{\partial x} + v\frac{\partial u}{\partial y} + w\frac{\partial u}{\partial z}\right) \\ &= -\frac{\partial p}{\partial x} + \frac{\partial}{\partial x}\left[2\mu\frac{\partial u}{\partial x} - \frac{2}{3}\mu\left(\frac{\partial u}{\partial x} + \frac{\partial v}{\partial y} + \frac{\partial w}{\partial z}\right)\right] + \frac{\partial}{\partial y}\left[\mu\left(\frac{\partial u}{\partial y} + \frac{\partial v}{\partial x}\right)\right] + \\ &\quad \frac{\partial}{\partial z}\left[\mu\left(\frac{\partial w}{\partial x} + \frac{\partial u}{\partial z}\right)\right] + \left(\sum_s \rho_s F_s\right)_x \end{aligned} \qquad (2-4-27)$$

$$\begin{aligned}\rho\frac{\mathrm{D}v}{\mathrm{D}t} &= \rho\left(\frac{\partial v}{\partial t} + u\frac{\partial v}{\partial x} + v\frac{\partial v}{\partial y} + w\frac{\partial v}{\partial z}\right) \\ &= -\frac{\partial p}{\partial y} + \frac{\partial}{\partial y}\left[2\mu\frac{\partial v}{\partial y} - \frac{2}{3}\mu\left(\frac{\partial u}{\partial x} + \frac{\partial v}{\partial y} + \frac{\partial w}{\partial z}\right)\right] + \frac{\partial}{\partial z}\left[\mu\left(\frac{\partial v}{\partial z} + \frac{\partial w}{\partial y}\right)\right] + \\ &\quad \frac{\partial}{\partial x}\left[\mu\left(\frac{\partial u}{\partial y} + \frac{\partial v}{\partial x}\right)\right] + \left(\sum_s \rho_s F_s\right)_y \end{aligned} \qquad (2-4-28)$$

$$\begin{aligned}\rho\frac{\mathrm{D}w}{\mathrm{D}t} &= \rho\left(\frac{\partial w}{\partial t} + u\frac{\partial w}{\partial x} + v\frac{\partial w}{\partial y} + w\frac{\partial w}{\partial z}\right) \\ &= -\frac{\partial p}{\partial z} + \frac{\partial}{\partial z}\left[2\mu\frac{\partial w}{\partial z} - \frac{2}{3}\mu\left(\frac{\partial u}{\partial x} + \frac{\partial v}{\partial y} + \frac{\partial w}{\partial z}\right)\right] + \frac{\partial}{\partial x}\left[\mu\left(\frac{\partial w}{\partial x} + \frac{\partial u}{\partial z}\right)\right] + \\ &\quad \frac{\partial}{\partial y}\left[\mu\left(\frac{\partial v}{\partial z} + \frac{\partial w}{\partial y}\right)\right] + \left(\sum_s \rho_s F_s\right)_z \end{aligned} \qquad (2-4-29)$$

式中：$\dfrac{D}{Dt} = \left(\dfrac{\partial}{\partial t} + u\dfrac{\partial}{\partial x} + v\dfrac{\partial}{\partial y} + w\dfrac{\partial}{\partial z}\right)$。

对于稳定流动，式(2-4-27)、式(2-4-28)和式(2-4-29)可简化为

$$\rho\dfrac{Du}{Dt} = \rho \boldsymbol{v}\cdot\nabla u = -\dfrac{\partial p}{\partial x} + \dfrac{\partial}{\partial x}\left[2\mu\dfrac{\partial u}{\partial x} - \dfrac{2}{3}\mu\nabla\cdot\boldsymbol{v}\right] + \dfrac{\partial}{\partial y}\left[\mu\left(\dfrac{\partial u}{\partial y} + \dfrac{\partial v}{\partial x}\right)\right] +$$
$$\dfrac{\partial}{\partial z}\left[\mu\left(\dfrac{\partial w}{\partial x} + \dfrac{\partial u}{\partial z}\right)\right] + \left(\sum_s \rho_s F_s\right)_x \quad (2-4-30)$$

$$\rho\dfrac{Dv}{Dt} = \rho \boldsymbol{v}\cdot\nabla v = -\dfrac{\partial p}{\partial y} + \dfrac{\partial}{\partial y}\left[2\mu\dfrac{\partial v}{\partial y} - \dfrac{2}{3}\mu\nabla\cdot\boldsymbol{v}\right] + \dfrac{\partial}{\partial z}\left[\mu\left(\dfrac{\partial v}{\partial z} + \dfrac{\partial w}{\partial y}\right)\right] +$$
$$\dfrac{\partial}{\partial x}\left[\mu\left(\dfrac{\partial v}{\partial x} + \dfrac{\partial u}{\partial y}\right)\right] + \left(\sum_s \rho_s F_s\right)_y \quad (2-4-31)$$

$$\rho\dfrac{Dw}{Dt} = \rho \boldsymbol{v}\cdot\nabla w = -\dfrac{\partial p}{\partial z} + \dfrac{\partial}{\partial z}\left[2\mu\dfrac{\partial w}{\partial z} - \dfrac{2}{3}\mu\nabla\cdot\boldsymbol{v}\right] + \dfrac{\partial}{\partial x}\left[\mu\left(\dfrac{\partial w}{\partial x} + \dfrac{\partial u}{\partial z}\right)\right] +$$
$$\dfrac{\partial}{\partial y}\left[\mu\left(\dfrac{\partial v}{\partial z} + \dfrac{\partial w}{\partial y}\right)\right] + \left(\sum_s \rho_s F_s\right)_z \quad (2-4-32)$$

### 2.4.4　能量方程

能量守恒方程的基础是热力学第一定律。即一个微元体能量的变化等于外界传给微元体的热量加上外界力对微元体做功之和，用公式表示为

$$dE = dQ + dW \quad (2-4-33)$$

如仍然取图 2-4-1 的微元体，其总能量变化为

$$\dfrac{D}{Dt}\left[\rho\left(e + \dfrac{u^2}{2} + \dfrac{v^2}{2} + \dfrac{w^2}{2}\right)\Delta x\Delta y\Delta z\right] =$$
$$\rho\Delta x\Delta y\Delta z\dfrac{D}{Dt}\left(e + \dfrac{u^2}{2} + \dfrac{v^2}{2} + \dfrac{w^2}{2}\right) + \left(e + \dfrac{u^2}{2} + \dfrac{v^2}{2} + \dfrac{w^2}{2}\right)\dfrac{D}{Dt}(\rho\Delta x\Delta y\Delta z)$$
$$(2-4-34)$$

式中：$e$ 为单位质量的内能；$u$、$v$、$w$ 分别为 3 个方向的分速度。由连续方程知道上式右端第 2 项为 0。因此微元体总能量变化为

$$\rho\Delta x\Delta y\Delta z\dfrac{D}{Dt}\left(e + \dfrac{u^2}{2} + \dfrac{v^2}{2} + \dfrac{w^2}{2}\right) \quad (2-4-35)$$

式中：内能 $e$、密度 $\rho$ 分别为混和气内能和密度，即 $\rho = \sum_s \rho_s, e = \sum_s e_s$。

外界对微元体传热主要方式为导热、扩散和辐射。$x$ 方向热流情况如图 2-4-3 所示，在 $x$ 方向净热流为

$$\left\{\left[-\frac{\partial}{\partial x}\left(\lambda \frac{\partial T}{\partial x}\right)\right]+\frac{\partial}{\partial x}\left[\sum_s (\rho_s h_s V_s)_x\right]+\frac{\partial}{\partial x}(q_{rx})\right\}\Delta x \Delta y \Delta z$$

(2-4-36)

式中：第1项为导热热流，第2项为扩散所产生的热量交换；$V_{sx}$ 是 s 组分扩散速度在 $x$ 方向分量；第3项为辐射换热量。同理也可以得到在 $y$ 和 $z$ 方向的换热关系

$$\left\{\left[-\frac{\partial}{\partial y}\left(\lambda \frac{\partial T}{\partial y}\right)\right]+\frac{\partial}{\partial y}\left[\sum_s (\rho_s h_s V_s)_y\right]+\frac{\partial}{\partial y}(q_{ry})\right\}\Delta x \Delta y \Delta z$$

(2-4-37)

$$\left\{\left[-\frac{\partial}{\partial z}\left(\lambda \frac{\partial T}{\partial z}\right)\right]+\frac{\partial}{\partial z}\left[\sum_s (\rho_s h_s V_s)_z\right]+\frac{\partial}{\partial x}(q_{rz})\right\}\Delta x \Delta y \Delta z$$

(2-4-38)

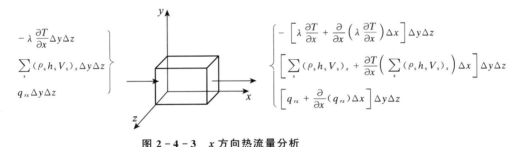

图 2-4-3 $x$ 方向热流量分析

外界力对微元体所做功包括两部分：一部分是体积力做的功，另一部分是表面力做的功。分述如下：

$x$ 方向体积力做功为

$$\left[u\left(\sum_s \rho_s \boldsymbol{F}_s\right)_x + \sum_s V_{sx}(\rho_s \boldsymbol{F}_s)_x\right]\Delta x \Delta y \Delta z \qquad (2-4-39)$$

式中：$\boldsymbol{F}_s$ 是 s 组分单位质量所受到的体积力。同理在 $y$、$z$ 方向体积力做功分量为

$$\left[u\left(\sum_s \rho_s \boldsymbol{F}_s\right)_y + \sum_s V_{sy}(\rho_s \boldsymbol{F}_s)_y\right]\Delta x \Delta y \Delta z \qquad (2-4-40)$$

$$\left[u\left(\sum_s \rho_s \boldsymbol{F}_s\right)_z + \sum_s V_{sz}(\rho_s \boldsymbol{F}_s)_z\right]\Delta x \Delta y \Delta z \qquad (2-4-41)$$

表面力做功如图 2-4-4 所示，3个方向分量分别为

$$\left[\frac{\partial}{\partial x}(u\tau_{xx})+\frac{\partial}{\partial y}(u\tau_{xy})+\frac{\partial}{\partial z}(u\tau_{xz})\right]\Delta x \Delta y \Delta z \qquad (2-4-42)$$

$$\left[\frac{\partial}{\partial x}(v\tau_{yx}) + \frac{\partial}{\partial y}(v\tau_{yy}) + \frac{\partial}{\partial z}(v\tau_{yz})\right]\Delta x \Delta y \Delta z \quad (2-4-43)$$

$$\left[\frac{\partial}{\partial x}(w\tau_{zx}) + \frac{\partial}{\partial y}(w\tau_{zy}) + \frac{\partial}{\partial z}(w\tau_{zz})\right]\Delta x \Delta y \Delta z \quad (2-4-44)$$

根据式（2-4-33），把以上各式相加就可以得到能量守恒方程。但是利用动量方程可以简化，把 3 个方向的动量方程分别乘以 $u$、$v$、$w$ 之后与得到的能量方程相减，就得到了下述简化能量方程式：

$$\rho \frac{\mathrm{D}e}{\mathrm{D}t} = -p\left(\frac{\partial u}{\partial x} + \frac{\partial v}{\partial y} + \frac{\partial w}{\partial z}\right) + \frac{\partial}{\partial x}\left(\lambda\frac{\partial T}{\partial x}\right) + \frac{\partial}{\partial y}\left(\lambda\frac{\partial T}{\partial y}\right) + \frac{\partial}{\partial z}\left(\lambda\frac{\partial T}{\partial z}\right) +$$
$$\left(\frac{\partial q_{rx}}{\partial x} + \frac{\partial q_{ry}}{\partial y} + \frac{\partial q_{rz}}{\partial z}\right) + \left[\sum_{s} V_{sx}(\rho_s \boldsymbol{F}_s)_x + \sum_{s} V_{sy}(\rho_s \boldsymbol{F}_s)_y + \sum_{s} V_{sz}(\rho_s \boldsymbol{F}_s)_z\right] +$$
$$\frac{\partial}{\partial x}\left(\sum_{s}(\rho_s h_s \boldsymbol{V}_s)_x\right) + \frac{\partial}{\partial y}\left(\sum_{s}(\rho_s h_s \boldsymbol{V}_s)_y\right) + \frac{\partial}{\partial z}\left(\sum_{s}(\rho_s h_s \boldsymbol{V}_s)_z\right) + \Phi$$
$$(2-4-45)$$

式（2-4-45）为内能形式的能量方程。其中，$\Phi$ 为耗散功，展开式为

$$\Phi = 2\mu\left[\left(\frac{\partial u}{\partial x}\right)^2 + \left(\frac{\partial v}{\partial y}\right)^2 + \left(\frac{\partial w}{\partial z}\right)^2\right] +$$
$$\mu\left[\left(\frac{\partial u}{\partial y} + \frac{\partial v}{\partial x}\right)^2 + \left(\frac{\partial v}{\partial z} + \frac{\partial w}{\partial y}\right)^2 + \left(\frac{\partial w}{\partial x} + \frac{\partial u}{\partial z}\right)^2\right] - \frac{2}{3}\mu\left(\frac{\partial u}{\partial x} + \frac{\partial v}{\partial y} + \frac{\partial w}{\partial z}\right)$$
$$(2-4-46)$$

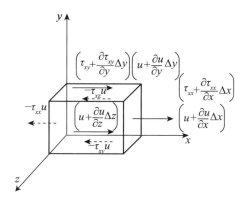

图 2-4-4　$x$ 方向上表面力做功分量

温度形式、焓形式的能量方程分别表示为

$$\frac{\mathrm{D}h}{\mathrm{D}t} - \frac{\mathrm{D}p}{\mathrm{D}t} = \nabla \cdot (\lambda \nabla T) - \nabla \cdot \left(\sum_{s} \rho_s h_s \boldsymbol{V}_s\right) + \Phi + \sum_{s} \rho_s \boldsymbol{F}_s \cdot \boldsymbol{V}_s \quad (2-4-47)$$

如果规定总焓为

$$H = h + \frac{v^2}{2} \qquad (2-4-48)$$

则有

$$\rho \frac{\mathrm{D}H}{\mathrm{D}t} = \frac{\mathrm{D}p}{\mathrm{D}t} + \rho \frac{\mathrm{D}}{\mathrm{D}t}\left(\frac{v^2}{2}\right) + \nabla \cdot (\lambda \nabla T) - \nabla \cdot \left(\sum_s \rho_s h_s \boldsymbol{V}_s\right) + \Phi + \sum_s \rho_s \boldsymbol{F}_s \cdot \boldsymbol{V}_s$$
$$(2-4-49)$$

$$\rho c_p \frac{\mathrm{D}T}{\mathrm{D}t} - \frac{\mathrm{D}p}{\mathrm{D}t} = \nabla \cdot (\lambda \nabla T) + \omega_s Q_s + \Phi + \sum_s \rho_s \boldsymbol{F}_s \cdot \boldsymbol{V}_s - \nabla \cdot \left(\sum_s \left(\int_{T_0}^T c_{ps}\mathrm{d}T\right)\rho_s \boldsymbol{V}_s\right)$$
$$(2-4-50)$$

### 2.4.5　三维守恒方程组

以上多组分流体三维守恒方程可以写成以下通用形式：

$$\frac{\partial \boldsymbol{U}}{\partial t} + \frac{\partial \boldsymbol{F}_x(\boldsymbol{U})}{\partial x} + \frac{\partial \boldsymbol{F}_y(\boldsymbol{U})}{\partial y} + \frac{\partial \boldsymbol{F}_z(\boldsymbol{U})}{\partial z} = \frac{\partial \boldsymbol{G}_x(\boldsymbol{U})}{\partial x} + \frac{\partial \boldsymbol{G}_y(\boldsymbol{U})}{\partial y} + \frac{\partial \boldsymbol{G}_z(\boldsymbol{U})}{\partial z} + \boldsymbol{W}(\boldsymbol{U})$$

$$\boldsymbol{U} = \begin{pmatrix} \rho_1 \\ \rho_2 \\ \vdots \\ \rho_N \\ \rho u \\ \rho v \\ \rho w \\ E \end{pmatrix}, \quad \boldsymbol{F}_x(\boldsymbol{U}) = \begin{pmatrix} \rho_1 u \\ \rho_2 u \\ \vdots \\ \rho_N u \\ \rho u^2 + p \\ \rho uv \\ \rho uw \\ (E+p)u \end{pmatrix}, \quad \boldsymbol{F}_y(\boldsymbol{U}) = \begin{pmatrix} \rho_1 v \\ \rho_2 v \\ \vdots \\ \rho_N v \\ \rho uv \\ \rho v^2 + p \\ \rho vw \\ (E+p)v \end{pmatrix}, \quad \boldsymbol{F}_z(\boldsymbol{U}) = \begin{pmatrix} \rho_1 w \\ \rho_2 w \\ \vdots \\ \rho_N w \\ \rho uw \\ \rho vw \\ \rho w^2 + p \\ (E+p)w \end{pmatrix}$$

$$\boldsymbol{G}_x(\boldsymbol{U}) = \begin{pmatrix} \rho D_{1,m}\dfrac{\partial Y_1}{\partial x} \\ \rho D_{2,m}\dfrac{\partial Y_2}{\partial x} \\ \vdots \\ \rho D_{N,m}\dfrac{\partial Y_N}{\partial x} \\ \tau_{xx} \\ \tau_{xy} \\ \tau_{xz} \\ u\tau_{xx} + v\tau_{xy} + w\tau_{xz} + \lambda\dfrac{\partial T}{\partial x} - \left(\rho\sum_{s=1}^{N} D_s h_s \dfrac{\partial Y_s}{\partial x}\right) \end{pmatrix}$$

$$G_y(U) = \begin{Bmatrix} \rho D_{1,m} \dfrac{\partial Y_1}{\partial y} \\ \rho D_{2,m} \dfrac{\partial Y_2}{\partial y} \\ \vdots \\ \rho D_{N,m} \dfrac{\partial Y_N}{\partial y} \\ \tau_{xy} \\ \tau_{yy} \\ \tau_{yz} \\ u\tau_{xy} + v\tau_{yy} + w\tau_{yz} + \lambda \dfrac{\partial T}{\partial y} - \left( \rho \sum_{s=1}^{N} D_s h_s \dfrac{\partial Y_s}{\partial y} \right) \end{Bmatrix}$$

$$G_z(U) = \begin{Bmatrix} \rho D_{1,m} \dfrac{\partial Y_1}{\partial z} \\ \rho D_{2,m} \dfrac{\partial Y_2}{\partial z} \\ \vdots \\ \rho D_{N,m} \dfrac{\partial Y_N}{\partial z} \\ \tau_{xz} \\ \tau_{yz} \\ \tau_{zz} \\ u\tau_{xz} + v\tau_{yz} + w\tau_{zz} + \lambda \dfrac{\partial T}{\partial z} - \left( \rho \sum_{s=1}^{N} D_s h_s \dfrac{\partial Y_s}{\partial z} \right) \end{Bmatrix}, W(U) = \begin{Bmatrix} \omega_1 \\ \omega_2 \\ \vdots \\ \omega_N \\ 0 \\ 0 \\ 0 \\ \omega Q \end{Bmatrix}$$

式中：$U$ 为守恒变量；$F$、$G$ 为对流通量、黏性通量；$W$ 为源项；黏性应力项、黏性系数、热传导系数 $\lambda$ 和理想气体状态方程与前述的积分形式相同；$Y_i$、$h_i$、$\omega_i$ 分别为组分 $i$ 的质量分数、焓和化学反应速率；$D_{i,m}$ 为组分 $i$ 的混合平均扩散系数；$N$ 为混合气体所含的组分总数；$\rho$ 为流体的密度；$u$、$v$、$w$ 分别为流体 $x$、$y$、$z$ 方向的速度分量；$p$ 为压力；$E$ 为单位体积总能。

若在二维轴对称坐标系下建立多组分反应流守恒方程，连续性方程为

$$\frac{1}{r}\frac{\partial}{\partial r}(r\rho v_r) + \frac{\partial}{\partial x}(\rho v_x) = 0$$

组分质量守恒方程为

$$\frac{1}{r^2}\frac{d}{dr}\left[ r^2 \left( \rho v_r Y_i - \rho D_{i,m} \frac{dY_i}{dr} \right) \right] = \dot{m}'''_i$$

轴向($x$)动量守恒方程为

$$\frac{\partial(r\rho v_x v_x)}{\partial x} + \frac{\partial(r\rho v_x v_r)}{\partial r} = \frac{\partial(r\tau_{rx})}{\partial r} + r\frac{\partial \tau_{xx}}{\partial x} - r\frac{\partial P}{\partial x} + \rho g_x r$$

径向($r$)动量守恒方程为

$$\frac{\partial(r\rho v_r v_x)}{\partial x} + \frac{\partial(r\rho v_r v_r)}{\partial r} = \frac{\partial(r\tau_{rr})}{\partial r} + r\frac{\partial \tau_{rx}}{\partial x} - r\frac{\partial P}{\partial r} + \rho g_x r$$

能量守恒方程为

$$\frac{1}{r}\frac{\partial}{\partial x}\left(r\rho v_x \int c_p \mathrm{d}T\right) + \frac{1}{r}\frac{\partial}{\partial r}\left(r\rho v_r \int c_p \mathrm{d}T\right) - \frac{1}{r}\frac{\partial}{\partial r}\left(r\rho D \frac{\partial \int c_p \mathrm{d}T}{\partial r}\right) = -\sum h_{f,i}^0 \dot{m}_i'''$$

式中：$\dot{m}_i''$ 为质量通量 $\rho v_x$；$\dot{m}_i'''$ 为化学反应引起的单位体积内 $i$ 组分的净质量生成率；$Y_i$ 为 $i$ 组分的质量分数；$D_{i,m}$ 为 $i$ 组分扩散系数；黏性应力 $\tau_{xx} = \mu\left[2\frac{\partial v_x}{\partial x} - \frac{2}{3}(\nabla\cdot\mathbf{V})\right]$，$\tau_{rr} = \mu\left[2\frac{\partial v_r}{\partial r} - \frac{2}{3}(\nabla\cdot\mathbf{V})\right]$，$\tau_{xr} = \mu\left[\frac{\partial v_x}{2\partial r} + \frac{\partial v_r}{2\partial x}\right]$；$\mu$ 为流体的黏度。

## 2.5 多组分有反应流动中相似准则

综上所述，我们得到的基本守恒方程组，由于其复杂性，一般很难进行求解。在研究具体问题时需进行简化和近似处理。实际上，即使对没有化学反应的流体力学问题，至今也只有 70 多例特殊情况可以求出精确解。对反应流体力学问题，复杂性更大，求解自然更为困难。要解决实际的工程问题，只有通过实验室的模拟实验，例如高空或太空飞行器燃烧室中的燃烧问题。但实验室的模拟实验不可能做到与实物完全相同，因而就提出了模拟实验与实物工作情况是否相似的问题。

如果在相应的时刻，两个现象的相应特征量之间的比值保持常数，则称这两个现象为相似的，这些常数称为相似系数，在物理模拟中它们是无量纲的常数。判断两个现象是否相似的依据就是下面介绍的由特征量组成的无量纲数。

对多元反应流体，进行物理模拟涉及的相似问题分为流动相似、传热相似、化学反应或燃烧相似。相似的判据是通过选择体系的特征量并进行无量纲化，然后代入守恒方程组得到的无量纲数。

体系特征量的无量纲量以"*"表示。选取物体特征尺度 $L$，特征时间 $t$，重力加速度特征量 $g$，压力特征量 $p$，温度特征量 $T$，无穷远处诸物理特征量

$u$、$\rho$、$c_p$、$D$、$\lambda$、$\mu$，其相应的无量纲量为

$$t^* = \frac{t}{t_\infty},\ F^* = \frac{F}{g},\ p^* = \frac{p}{p_\infty}$$

$$x^* = \frac{x}{L},\ y^* = \frac{y}{L},\ z^* = \frac{z}{L}$$

$$u^* = \frac{u}{u_\infty},\ v^* = \frac{v}{u_\infty},\ w^* = \frac{w}{u_\infty}$$

$$\rho^* = \frac{\rho}{\rho_\infty},\ \mu^* = \frac{\mu}{\mu_\infty},\ c_p^* = \frac{c_p}{c_{p\infty}}$$

$$D^* = \frac{D}{D_\infty},\ \lambda^* = \frac{\lambda}{\lambda_\infty},\ T^* = \frac{T}{T_\infty}$$

$$[e_{ij}]^* = \frac{L}{u}[e_{ij}],\ \varphi^* = \frac{L}{\mu u}\varphi$$

将上述无量纲量代入守恒方程，并采用无量纲算符，即可得到无量纲数。

## 参考文献

[1] 王伯羲,冯增国,杨荣杰.火药燃烧理论[M].北京:北京理工大学出版社,1997.

[2] Tim C L.非稳态燃烧室物理学[M].北京:国防工业出版社,2017.

[3] 刘君,周松柏,徐春光.超声速流动中燃烧现象的数值模拟方法及应用[M].长沙:国防科技大学出版社,2008.

[4] 王振国,孙明波.超声速端流流动、燃烧的建模与大涡模拟[M].北京:科学出版社,2013.

[5] 赵坚行.燃烧的数值模拟[M].北京:科学出版社,2002.

[6] 周力行.燃烧理论和化学流体力学[M].北京:科学出版社,1986.

[7] 陈义良,张孝春,孙慈,等.燃烧原理[M].北京:航空工业出版社,1992.

[8] 马辉.可重复使用航天器高温非平衡流场流动特性和物理特性的研究[D].北京:中科院力学研究所,2001.

[9] 童景山,李敬.流体热物理性质的计算[M].北京:清华大学出版社,1982.

[10] 曲作家,张振铎,孙思诚,等.燃烧理论基础[M].北京:国防工业出版社,1989.

[11] 傅维标,卫景斌.燃烧物理学基础[M].北京:机械工业出版社,1984.

[12] 童钧耕,吴孟余,王平阳.高等工程热力学[M].北京:科学出版社,2006.

# 第 3 章 预混气体着火与燃烧

## 3.1 反应系统中的临界现象

各种过程或现象的发展总是存在着量变到质变的临界现象，例如火炸药由缓慢放热反应达到着火或由高温反应达到灭火，以及与此类似的聚变核反应的引燃等。着火和灭火是燃烧反应中最有代表性的临界现象，其他有反应的流动系统也有类似的特点。本节从分析化学反应与流动的相互作用出发讨论临界现象。一般来说，有了数值分析方法，只要给定进口条件及边界，就可以预估流场中一切变量的分布，包括温度及浓度的分布在内，由后两者显然可以判断，在一定的几何空间中，有无反应速率发展骤变以及由此带来的温度及浓度有无骤变这一临界现象出现。如果只从定性上判断有无临界现象产生，或临界现象大致发生范围，或是首先判定现象类型而暂时不考虑各种变量分布状况的细节，则无须进行数值分析的定量研究，可由定性的分析找出其一般特点。本节主要阐述对临界现象的定性分析。

### 3.1.1 概述

着火实质上是化学反应从常温下难以觉察地缓慢分解不断加速发展的连续过程，同时伴随着放出热量，最终常导致着火。着火是从无化学反应向稳定强烈的放热反应的过渡过程。熄火是从稳定强烈的放热反应向无化学反应的过渡过程。

研究着火过程可以用于形成迅速、可靠的点火以及稳定的燃烧；而熄火过程可用于防火、防爆等工作。着火方式有链锁（化学）自燃、热自燃和点燃。链锁（化学）自燃是不需要外界加热，在常温条件下依靠自身的化学反应发生的着火过程。热自燃是将燃料和氧化剂混合物迅速而均匀地加热，当混合物被加热到某一温度时出现火焰。点燃（强迫着火）是用电火花、电弧、热板等高温源使混合气体局部受到强烈地加热而先着火,然后火焰传播到整个空间。

链锁自燃与热自燃均是整个空间的着火过程。链锁自燃基于链锁反应机理,热自燃基于热活化机理,但前者也有热的作用,后者也有活性中间产物的作用。热自燃与点燃的区别在于整体加热与局部加热,着火机理均基于热活化。热自燃和链锁自燃主要依靠自身反应热量的积累,强制点火主要依赖于外界热量的供给。实际的点火过程则介于上述两者之间而偏向于强制过程,因为自身反应放出的热量在促进点火中也起了作用,但和外界供给的能量比较起来所占份额较小或是可以忽略不计。外界供给充分能量是为了尽量缩短点火延滞期。

任何反应体系中的可燃预混气体都会进行缓慢氧化反应而放出热量,使体系温度升高,同时体系又会通过器壁向外散热,使体系温度下降。热自燃理论认为,着火是反应放热因素与散热因素相互作用的结果。如果反应放热占优势,体系就会出现热量积累,温度升高,反应加速,发生自燃;相反,如果散热因素占优势,体系温度下降,则不能自燃。因此研究有散热情况下燃料自燃的条件具有重要的实际意义。影响着火与熄火的因素有化学动力学因素(燃料性质、混气成分、环境温度);流体力学因素(气流速度、燃烧室结构尺寸)。

### 3.1.2　着火条件

在一定的初始条件(闭口系统)或边界条件(开口系统)下,由于化学反应的剧烈加速,使反应系在某个瞬间或空间的某部分达到高温反应态(即燃烧态),那么实现这个过渡的初始条件或边界条件称为"着火条件"。着火条件不是一个简单的初温条件,而是化学动力参数和流体力学参数的综合函数。闭口系统为 $f(T_0, \alpha, p_0, d, u_\infty) = 0$;开口系统为 $f(x_i, T_0, \alpha, p_0, d, u_\infty) = 0$。其中,$T_0$ 为预混气的初温,$\alpha$ 为系统与环境的散热系数,$p_0$ 为预混气的压力,$d$ 为容器的直径,$u_\infty$ 为环境气流速度,$x_i$ 为着火距离。

着火、熄火是反应放热因素与散热因素相互作用的结果。如果在某一系统中反应放热占优势,则着火容易发生(或熄火不易发生),反之,则着火不易,熄火容易。利于着火的因素是反应放热(放热量与放热速率);不利于着火的因素是系统的散热。不难看出,对流动系统临界现象的分析可以认为是对能量方程的分析,即

$$\rho c_p \frac{\mathrm{d}T}{\mathrm{d}t} - \frac{\mathrm{d}p}{\mathrm{d}t} = \rho c_p \frac{\partial T}{\partial t} + \rho c_p v_j \frac{\partial T}{\partial x_j} = \frac{\partial}{\partial x_j}\left(\lambda \frac{\partial T}{\partial x_j}\right) + \omega_s Q_s \quad (3-1-1)$$

式中:反应项 $\omega_s Q_s$ 与扩散项 $\dfrac{\partial}{\partial x_j}\left(\lambda \dfrac{\partial T}{\partial x_j}\right)$ 以及拉格朗日坐标系中时间变化项

$\rho c_p \dfrac{\mathrm{d}T}{\mathrm{d}t}$ 或是欧拉坐标系中对流项 $\rho c_p v_j \dfrac{\partial T}{\partial x_j}$ 间相互作用,因此必然存在两种分析方法,即拉格朗日处理法和欧拉处理法。拉格朗日处理法的基本思路来源于经典的密闭容器中非定常分析方法及零维简单开口系统的分析方法。

着火、熄火条件非稳态分析法是假设着火过程是一个非稳态过程,考察过程随时间变化,确定着火条件。稳态分析法假设着火前系统处于稳定状态,如果达到着火条件,则这种稳定态就不可能存在,在数学上表现为方程的解不存在。

### 3.1.3 非稳态分析法

在密闭容器中储存着具有一定初始温度的可燃预混气体,在进行化学反应的同时,也通过容器向外界散热。结果是在容器内形成了温度梯度和浓度梯度,即在容器中心,混气的温度较高、浓度较低;在器壁附近,混气的浓度较高、温度较低,如图 3-1-1 所示。着火研究的基本思想为当反应系统与周围介质间热平衡被破坏时就发生着火。苏联物理化学家谢苗诺夫(Semenov N.)提出了一种简化的热理论,假设密闭容器内预混气体的温度和浓度是均匀的,它们只随时间变化。即

(1)容器体积为 $V$,表面积为 $S$,内部充满了温度为 $T_0$、浓度为 $\rho_0$ 的可燃预混气体。

(2)开始时,系统的温度与外界环境温度一样为 $T_0$;反应过程中,系统的温度为 $T$,并且随时间而变化。这时容器内的温度和浓度仍是均匀的。

(3)外界和容器壁之间有对流换热,对流换热系数为 $h$,它不随温度变化。

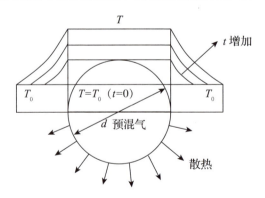

**图 3-1-1 密闭容器内预混气体系统着火**

混合气体化学反应产生的热量为

$$q_1 = VQ\omega = qVZC_A^n \mathrm{e}^{-\frac{E}{RT}} \tag{3-1-2}$$

式中：$\omega$ 为化学反应速率；$Q$ 为反应放热量；$q$ 为单位质量反应放热量；$Z$ 为反应物碰撞频率；$C_A^n$ 为反应物浓度；$E$ 为反应活化能；$R$ 为常数。

系统向四周散失热为

$$q_2 = hA(T - T_0) \tag{3-1-3}$$

着火成败取决于放热量与散热量的相互关系及其随温度而增长的性质。分析 $q_1$ 和 $q_2$ 随温度的变化，就可以得出系统的着火特点，并导出着火的临界条件。

可燃气体升温所需热量 $q_3$ 为

$$q_3 = \rho_0 c_V V \frac{\mathrm{d}T}{\mathrm{d}t} = q_1 - q_2 = Q\omega V - hS(T - T_0)$$

$$V\rho_0 c_V \frac{\mathrm{d}T}{\mathrm{d}t} = VQ\omega - hS(T - T_0)$$

$$\rho_0 c_V \frac{\mathrm{d}T}{\mathrm{d}t} = Q\omega - \frac{hS}{V}(T - T_0) \tag{3-1-4}$$

式中：$c_V$ 为比定容热容。

当放热速率小于散热速率时，反应物的温度会逐渐降低，显然不可能引起着火；反之，如果放热速率大于散热速率，则预混气体总有可能着火。可见，反应由不可能着火转变为可能着火必须经过一点，即 $q_1 = q_2$，这就是着火的必要条件。但 $q_1 = q_2$ 还不是着火的充分条件，如图 3-1-2 所示，放热曲线上的 $A$ 点和 $C$ 点是放热曲线与散热曲线的交点，但都不是着火点。$A$ 点表示系统处于稳定的热平衡状态，如温度稍升高，此时散热速率超过放热速率，系统的温度便会自动降低而回到 $A$ 点的稳定状态；如果温度从 $A$ 点降低，此时 $q_1 > q_2$，系统的温度便会上升而重新回到 $A$ 点，系统会在 $A$ 点长期进行等温反应，不可能导致着火。相反，$C$ 点表示系统处于不稳定的热平衡状态，如果温度有微

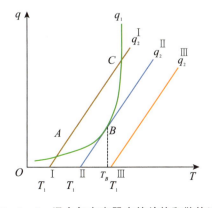

图 3-1-2　混合气在容器中的放热和散热速率

小的降低，则 $q_1 < q_2$，系统的放热速率即小于散热速率，结果使系统降温而回到 $A$ 点；如果温度有微小的升高，系统温度将不断上升，结果导致着火。但 $C$ 点也不是着火温度，如果系统初温是 $T_0$，它就不可能自动加热而越过 $A$ 点到达 $C$ 点，系统温度上升到 $C$ 点时需要外界能量将系统加热，否则系统总是处于 $A$ 点的稳定状态。所以 $C$ 点不是系统自动着火温度而是系统的强制着火温度。

当放热曲线和散热曲线相切于 $B$ 点时，即系统的反应放热量和系统的散热量之间达到了平衡状态时。该点仍然不是一种稳定工况，当 $T < T_B$，由于 $q_1 > q_2$，系统将自动升温至 $T_B$，当系统温度达到 $T_B$ 后，只要有微小的扰动使系统温度略有升高，则依然存在 $q_1 > q_2$，使系统升温，最终导致着火。因此 $B$ 点就是预混系统从缓慢反应状态发展到自燃着火状态的过渡点，是热自燃着火发生的临界点，$B$ 点对应的温度 $T_B$ 称为着火温度。相应的 $T_0$ 即可能引起可燃系统燃爆的最低温度，称为自燃温度，从初始温度升高到着火温度 $T_B$ 所需时间称为着火感应期。

由此可知，着火温度的定义不仅包括此时系统的放热速率和散热速率相等，还包括两者随温度而变化的速率相等这一条件，即

$$\begin{cases} q_1 = q_2 \\ \dfrac{\mathrm{d}q_1}{\mathrm{d}T} = \dfrac{\mathrm{d}q_2}{\mathrm{d}T} \end{cases} \quad (3-1-5)$$

$$\begin{cases} QVZC_{AB}^n \mathrm{e}^{-\frac{E}{RT_B}} = hS(T_B - T_0) \\ QVZC_{AB}^n \mathrm{e}^{-\frac{E}{RT_B}} \left(\dfrac{E}{RT_B^2}\right) = hS \end{cases} \quad (3-1-6)$$

$$T_B - T_0 = \dfrac{RT_B^2}{E} \quad (3-1-7)$$

着火温度

$$T_B = \dfrac{E}{2R} \pm \dfrac{E}{2R}\sqrt{1 - 4R\dfrac{T_0}{E}} \quad (3-1-8)$$

其中，只有 $T_B = \dfrac{E}{2R} - \dfrac{E}{2R}\sqrt{1 - 4R\dfrac{T_0}{E}}$ 解有物理意义。由此可以看出，系统的着火温度不是一个常数，它随预混气体的性质、压力（浓度）、容器壁的温度和导热系数以及容器的尺寸变化而变化。换句话说，着火温度不仅取决于预混气体的反应速率，而且取决于周围介质的散热速率。

$$T_B \approx E/2R - E/2R(1 - 2RT_0/E - 2R^2T_0^2/E^2)$$
$$= T_0 + RT_0^2/E$$

因为活化能 $E$ 很高而 $RT_0^2/E$ 近似为零，所以可假设 $T_B \approx T_0$。

临界点是系统从稳态反应过渡到燃爆反应的标志。假定化学反应速率服从 Arrhenius 定律，则方程可转变为

$$\begin{cases} T_B \approx T_0 \\ \rho_0 = p_0/RT_0 \\ QVZC_{AB}^n e^{-\frac{E}{RT_B}} \left( \dfrac{E}{RT_B^2} \right) = hS \end{cases}$$

与浓度 $C_i = \dfrac{p_{0i}}{RT_0} = \dfrac{y_i p_0}{RT_0}$ 联立可推出：

$$\frac{VE}{hSRT_0^2} QZ \left( \frac{p_0 y_i}{RT_0} \right)^n \exp(-E/RT_0) = 1 \qquad (3-1-9)$$

当 $n = 2$（二级反应）时，有

$$\frac{VE p_0^2}{hSR^3 T_0^4} QZ y_0^2 \exp(-E/RT_0) = 1$$

$$p_0^2/T_0^4 = \frac{hSR^3}{EVQZy_0^2} \exp(E/RT_0)$$

两边取对数得

$$\ln \frac{p_0}{T_0^2} = \frac{1}{2} \ln \frac{hSR^3}{EVQZy_0^2} + \frac{E}{2RT_0} \qquad (3-1-10)$$

该方程即谢苗诺夫方程，以 $\ln \dfrac{p_0}{T_0^2}$ 为纵坐标，以 $\dfrac{1}{T_0}$ 为横坐标，可得到一条斜率为 $\dfrac{E}{2R}$ 的直线，如图 3-1-3 所示。

如图 3-1-4 所示，临界温度是临界压力的强函数。在低压时，自燃着火温度很高；反之，在高压时自燃着火温度较低。

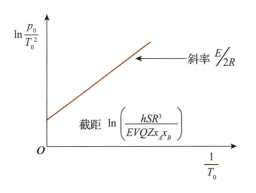

图 3-1-3 临界压力随温度的变化

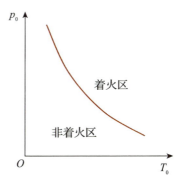

图 3-1-4 临界压力随临界温度的变化

### 3.1.4 着火感应期

在满足热自燃着火条件的情况下,预混可燃气从开始反应到发生着火所需要的这段时间,称为热自燃着火的感应期($\tau_i$),其物理意义为系统内预混可燃气从初始温度 $T_0$ 升高到着火温度 $T_B$ 所需要的时间。

为了近似计算热自燃着火的感应期,可以假设在感应期内系统积累的热量全部用于提高预混可燃气的温度。即

$$\rho_0 c_V \frac{dT}{dt} = q_1 - q_2 \qquad (3-1-11)$$

在着火感应期内,反应物的浓度 $\rho_0 y_0 \to \rho_0 y_B$,则

$$\tau_i = \rho_0 (y_0 - y_B)/\omega_0 \qquad (3-1-12)$$

$$\omega_0 = z_0 (\rho_0 y_0)^n e^{-E/RT_0} \qquad (3-1-13)$$

$$\begin{cases} y_B = y_0 \dfrac{T_m - T_B}{T_m - T_0} \\ T_m - T_0 = \dfrac{Q}{c_V} \end{cases} \Rightarrow y_0 - y_B = y_0 \dfrac{T_B - T_0}{T_m - T_0} = \dfrac{(T_B - T_0)}{\dfrac{Q}{c_V}} = \dfrac{RT_0^2/E}{Q/c_V}$$

$$\tau_i = \rho_0 \frac{RT_0^2 c_V}{EQz_0 (\rho_0 y_0)^n \exp(-E/RT_0)} \qquad (3-1-14)$$

对于烃类燃料,反应级数近似为二级

$$\tau_i p_0 \exp(-E/RT_0) = R^2 c_V T_0^3 / (EQz_0 y_0^2) = 常数$$

$T_0^3$ 相对于指数中的 $T_0$,其影响很小,可视为常数。由此式可以看出压力、温度下降时,感应期增大。

图 3-1-5 为热自燃着火前后系统温度随时间变化的曲线,分析该曲线可知,在达到着火温度 $T_B$ 前,由于反应放热速率与系统散热速率之间的差值越来越小,所以温升曲线是减速的,即 $d^2T/dt^2 < 0$;而在发生自燃着火之后,反应加速速率与系统散热速率之间的差值越来越大,系统温度骤增,温升曲线是加速的,即 $d^2T/dt^2 > 0$。因此从反应到拐点的那一段时间就是感应期 $\tau_i$。

图 3-1-5 中,曲线Ⅰ中初始温度较低,反应放热速率始终小于系统散热速率,因此不能发生热自燃着火,预混可燃气将始终处于缓慢反应状态,感应期 $\tau_i$ 无限长。随着初始温度的升高,反应速率增加,反应放热速率开始大于系统散热速率,热量在系统中积累,使预混可燃气温度一直升高到着火温度 $T_B$,发生热自燃着火,如曲线 2、3。从 $T_0^2$、$T_0^3$ 升高到 $T_B$ 所需要的时间就是感应期 $\tau_i$,初始温度越高,感应期 $\tau_i$ 越短。曲线 4 初始温度比着火温度还要高,但

是系统温度不会骤然升高,仍然要经历一段缓慢温升阶段才会发生着火,也就是说存在一个着火延滞时间,只是图中无法显示。

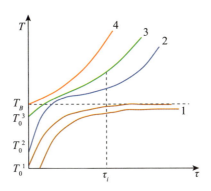

**图3-1-5 热自燃着火发生前后温度随时间变化曲线**

### 3.1.5 稳态分析法

稳定分析法由 Frank–Kamenetskii 提出,容器内由于反应与热传导的结果形成稳定温度分布,在着火条件以前能够形成稳定的温度分布,亦即方程有解;如果达到着火条件则容器中就不可能存在稳定的温度分布,在数学上表现为方程的解不存在。此方法着重于数学求解。

描述热传导损失和反应热源之间的能量平衡方程为

$$\lambda \left( \frac{d^2 T}{dx^2} + \frac{\beta}{x} \frac{dT}{dx} \right) + Q_A = 0 \tag{3-1-15}$$

式中:$\lambda$ 为燃气导热系数;$x$ 为位置;$\beta$ 为常数;$Q_A$ 为单位体积内反应生成的热量。

这是一维二阶常微分方程。对球形坐标和柱形坐标而言,$x$ 指径向,热传导也沿径向,$\beta$ 的取值因容器形状而异:

$$\beta = \begin{cases} 0, & \text{平板式} \\ 1, & \text{无限长圆柱形} \\ 2, & \text{球形} \end{cases}$$

边界条件 $\begin{cases} T = T_0, & x = \pm a \\ \dfrac{dT}{dx} = 0, & x = 0 \end{cases}$,式中 $a$ 为着火处与边界的距离。

定义下列无因次温度和位置

$$\theta = \frac{E(T - T_0)}{RT_0^2}; \qquad \xi = \frac{x}{a}$$

$$\frac{d^2\theta}{d\xi^2} + \frac{\beta}{\xi} + \frac{d\theta}{d\xi} + \frac{qZC_{A0}^n Ea^2}{\lambda RT_0^2}e^{-\frac{E}{RT}} = 0 \qquad (3-1-16)$$

因为$(T - T_0) \ll T_0$,所以可由恒等式$(1 + Z)^{-1} \approx (1 - Z)$化简($Z$很小时),即

$$e^{-\frac{E}{RT}} = e^{-\frac{E}{R(T + T_0 - T_0)}} = e^{\left(-\frac{E}{RT_0}\right)}\left[1 + \frac{(T - T_0)}{T_0}\right]^{-1}$$

$$\approx e^{\left(-\frac{E}{RT_0}\right)}\left[1 - \frac{(T - T_0)}{T_0}\right] = e^0 e^{-\frac{E}{RT_0}}$$

所以式(3-1-16)可推演为

$$\frac{d^2\theta}{d\xi^2} + \frac{\beta}{\xi} + \frac{d\theta}{d\xi} + \hat{\Delta}e^0 = 0 \qquad (3-1-17)$$

式中:$\hat{\Delta}$为系统的无因次参数,反映了化学反应产生的热量和传导带走的热量之间的关系,即

$$\hat{\Delta} = \frac{QZC_{A0}^n Ea^2 e^{-\frac{E}{RT}}}{\lambda RT_0^2} \qquad (3-1-18)$$

当反应很快,放热多,导热少时,$\hat{\Delta}$值大,对小容器的弱放热反应而言$\hat{\Delta}$很小。

无因次形式的边界条件为 $\begin{cases} \theta = 0 & (\xi = 1 \text{ 即 } x = a) \\ \dfrac{d\theta}{d\xi} = 0 & (\xi = 0 \text{ 即 } x = 0) \end{cases}$。

$$\hat{\Delta} = \frac{QZC_{A0}^n e^{-\frac{E}{RT}}}{\dfrac{\lambda RT_0^2}{Ea^2}} \qquad (3-1-19)$$

利用边界条件解方程就可求得参数$\hat{\Delta}$不同值时的$\theta(\xi)$,当$\hat{\Delta}$大于临界值$\hat{\Delta}_B$时得不到解,因为$\hat{\Delta}$过大时,生成热量的速率超过热量的损失速率,系统被加热,稳态方程在物理上不成立,所以临界值$\hat{\Delta}_B$提供了引起不稳定的不断加速反应(即着火)开始时的条件,这个条件因容器形状而异,由 Frank-Kamenetskii 给出

$$\hat{\Delta}_B = \begin{cases} 0.88, \text{两块相距}2a\text{的无限长平板组成的容器} \\ 2.0, \text{无限长圆柱形容器} \\ 3.32, \text{球形容器} \end{cases}$$

当 $\hat{\Delta} = \hat{\Delta}_B$ 时，最大温度发生在容器中心。

$$\theta_{\max} = \frac{E(T_{\max} - T_0)}{RT_0^2} = \theta(0, \hat{\Delta}_B) \quad (3-1-20)$$

Frank–Kamenetskii 给出

$$\hat{\Delta}_B = \begin{cases} 1.2, & 平板式容器 \\ 1.37, & 柱形容器 \\ 1.6, & 球形容器 \end{cases}$$

这些数据表明，$(T_{\max} - T_0)$ 与 $\dfrac{RT_0^2}{E}$ 的值为同一数量级。

对大多数在空气中燃烧的烃类燃料，$\dfrac{T_{\max} - T_0}{T_0} \approx 0.05$，即 $T_{\max} - T_0 \ll T_0$。

由此可以简化能量方程中的指数项。对于二级反应，$\hat{\Delta}_B =$ 常数时给出的着火条件之间的关系可用总压摩尔数与温度表示为

$$\hat{\Delta} = \frac{QZ\left(\dfrac{P_B x_{AB}}{RT_B}\right) \mathrm{e}^{-\frac{E}{RT}} E a_B^2}{\lambda R T_B^2} = \begin{cases} 0.88, & 平板 \\ 2.0, & 圆柱 \\ 3.23, & 圆球 \end{cases}$$

$$QVZ\left(\frac{P_B x_{AB}}{RT_B}\right)^2 \mathrm{e}^{-\frac{E}{RT_B}} = \frac{hSRT_B^2}{E} \quad (3-1-21)$$

由谢苗诺夫理论公式改写得到

$$\frac{QZ\left(\dfrac{P_B x_{AB}}{RT_B}\right)\mathrm{e}^{-\frac{E}{RT}} E a_B^2}{h\dfrac{S}{V}\dfrac{RT_B^2}{E}} = \begin{cases} 1, & 平板 \\ 2, & 圆柱 \\ 3, & 圆球 \end{cases} \quad (3-1-22)$$

式中：$h = \lambda/a$，$S/V = 1/a$（平板）、$2/a$（圆柱）、$3/a$（球）。

比较两式，发现两者数据很接近，并且可用谢苗诺夫分析使用的作图方法给出着火界限。

## 3.2 层流燃烧与湍流燃烧

### 3.2.1 层流火焰的内部结构及传播机理

假定将均匀的可燃混合气体注入一个水平管，并在管子的一端点燃气体，其燃烧产生的热量向邻近的低温未燃气体传递，在适当的条件下，上一层的燃

烧反应热足够加热邻近的一层,使其温度升高至发火点,这样火焰就连续不断地传播下去,产生了燃烧。整个燃烧区域包括三个部分,即正在进行反应的反应区,开始发火而燃烧的几何表面 $B$-$B$(成为火焰阵面或火焰前段)和可以忽略微弱反应但已被显著加热的未反应混合物加热区。由于燃烧进行得很快,所以加热层很薄,具体结构如图 3-2-1 所示。当燃烧火焰阵面不是平面时,法向火焰速度与火焰阵面总的沿管轴方向传播的速度是不同的。为了衡量火焰传播的快慢,定义火焰速度 $u$ 为火焰阵面在法向上相对于未反应燃气的传播速度。实际上,气体的燃烧过程按照燃气本身流动情况的不同分为层流和紊流两种情况。在静止的和层状流动的燃气中,与流动方向相垂直的平面之间的热量传递主要是热传导,而紊流时因热交换方式有很大改变,燃速及影响机制也就大不相同。下面只研究层流绝热、平面状火焰阵面的传播情况,它是研究所有其他情况的基础。

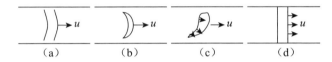

图 3-2-1  管内传播的火焰前端形状

在层流火焰中如热损失过大,燃速就减小,管径过细时甚至不能燃烧。相反,在临界管径(能开始燃烧的管径)以上,随着管径增大,散热降低,燃速增加,当管径无限大时,火焰速度就达到某极值(但实际上管径过于增大时紊流严重,燃速会无限增大)。对此,定义"正常火焰传播速度(燃烧速度)"为绝热条件下层流燃烧时的火焰传播速度。这样定义的火焰正常传播速度为一个物理化学常数,它只取决于燃气本身的性质和热力学状态(温度、压力、密度等),和外界条件无关。但实际上测定的燃速则和外界条件如流动情况、热损失等有关,所以火焰正常传播速度并不是一个物理化学常数。层流火焰传播速度是燃烧过程中一个基本特性参数,为了在实际应用时能有效地控制燃烧过程,就要知道层流火焰传播速度的大小以及各种物理化学因素对它的影响。

层流火焰传播的机理有三种理论:①热理论认为控制火焰传播的主要机理为从反应区到未燃区域的热传导(本书讨论);②扩散理论认为来自反应区的链载体的逆向扩散是控制层流火焰传播的主要因素;③综合理论认为热的传导和活性粒子的扩散对火焰传播可能有同等重要的影响。

火焰前段的形状多种多样,可呈抛物线、月牙形、球形,当紊流激烈时,甚至呈锯齿形,火焰破碎,碎块跃入燃气内部,形成不稳定燃烧。即使火焰前段传播是稳定的,也远非理想的一维平面或圆盘形。由于壁面摩擦的关系,在靠近轴线处,火焰传播速度比靠近壁面处快,黏性力使前段呈抛物形[图3-2-1(a)];在壁面处由于热损失较大,火焰熄灭,所以在主体火焰与壁面之间有熄火空间[图3-2-1(b)];因为燃气存在浮力,又使火焰阵面歪向一边[图3-2-1(c)];理论上为处理问题方便,近似处理为垂直于管轴的平面[图3-2-1(d)]。

### 3.2.2 层流火焰传播方程

假设压力、初温和初始浓度一定,为绝热层流稳态过程,仅考虑热传导方式的热量传递,管道截面为单位面积,火焰阵面为一维平面,如图3-2-2所示。图中$\delta_n$为预热区;$\delta_p$为反应区;$P-P$为火焰阵面;$T$为温度;$T_0$,$T_f$分别为初温及终温;$T_i$为始燃温度;$C$为燃气组成;$C_f$为燃气初始成分;$\omega$为反应速度。

设$u_0 = u_n$,则火焰锋面驻定。火焰锋面可分为加热区$\delta_p$和反应区$\delta_r$两部分:

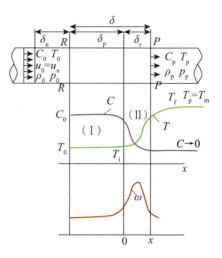

图 3-2-2 层流火焰结构示意图

$$\delta = \delta_p + \delta_r$$

火焰结构图3-2-2示出了温度$T$、反应速度$\omega$和燃气组分$C$的分布曲线。

在温度$T_i \sim T_f$间反应速度很大,燃气浓度迅速下降,一般把接近$T_f$的温度$T_i$称为着火点,忽略预热区的化学反应(阴影部分),火焰自右向左传播,但为了研究问题的方便,常相对地看作燃气以相同的速度由左向右运动,从而保持火焰阵面位置不动,坐标内各点状态参数将不随时间变化。温度为$T_0$的燃气进入预热层就连续加热,一旦达到$T_i$就着火燃烧,生成产物的$T_i$与$T_f$相近。主要反应发生在反应区。

对于一维带化学反应的定常层流流动,其基本方程为

连续方程

$$\rho u = \rho_0 u_0 = \rho_0 u_n = \dot{m}$$

动量方程

$$P \approx 常数$$

能量方程

$$\rho_0 u_n c_p \frac{\mathrm{d}T}{\mathrm{d}x} = \frac{\mathrm{d}}{\mathrm{d}x}\left(\lambda \frac{\mathrm{d}T}{\mathrm{d}x}\right) + \omega Q$$

绝热条件下，火焰的边界条件为

$$\begin{cases} x = -\infty, & T = T_0, \ f = f_0, \quad \frac{\mathrm{d}T}{\mathrm{d}x} = 0 \\ x = +\infty, & T = T_m, \ f = 0, \quad \frac{\mathrm{d}T}{\mathrm{d}x} = 0 \end{cases}$$

在火焰区取一单元 $\mathrm{d}x$，考察其热量平衡关系（一维过程，$v = 0$），可以得到下列方程。

稳态过程能量守恒方程：

$$\rho u \frac{\partial (c_p T)}{\partial x} + \rho v \frac{\partial (c_p T)}{\partial y} = \frac{\partial}{\partial x}\left(\lambda \frac{\partial T}{\partial x}\right) + \frac{\partial}{\partial y}\left(\lambda \frac{\partial T}{\partial y}\right) + \omega Q$$

简化为

$$\lambda \frac{\mathrm{d}^2 T}{\mathrm{d}x^2} - \rho_0 u \bar{c}_p \frac{\mathrm{d}T}{\mathrm{d}x} + Q\omega(C, T) = 0 \qquad (3-2-1)$$

式中：$\bar{c}_p$ 为平均定压比热。

加热区忽略热反应时，$\omega(C, T) = 0$，有

$$\lambda \frac{\mathrm{d}^2 T}{\mathrm{d}x^2} - \rho_0 u \bar{c}_p \frac{\mathrm{d}T}{\mathrm{d}x} = 0 \qquad (3-2-2)$$

$$\mathrm{d}\left(\frac{\mathrm{d}T}{\mathrm{d}x}\right) = \frac{\rho_0 \bar{u} c_p}{\lambda} \mathrm{d}T$$

边界条件：

$$\begin{cases} x = -\infty, & T = T_0, \ \frac{\mathrm{d}T}{\mathrm{d}x} = 0 \\ x = x_\mathrm{i}, & T = T_\mathrm{i}, \ \frac{\mathrm{d}T}{\mathrm{d}x} = \left.\frac{\mathrm{d}T}{\mathrm{d}x}\right|_{x = x_\mathrm{i}} \end{cases}$$

$$\int_{\frac{\mathrm{d}T}{\mathrm{d}x}|_{x=\infty}}^{\frac{\mathrm{d}T}{\mathrm{d}x}|_{x=x_\mathrm{i}}} \mathrm{d}\left(\frac{\mathrm{d}T}{\mathrm{d}x}\right) = \int_{T_0}^{T_\mathrm{i}} \frac{\rho_0 u \bar{c}_p}{\lambda} \mathrm{d}T$$

$$\left.\frac{\mathrm{d}T}{\mathrm{d}x}\right|_{x = x_\mathrm{i}} = \frac{\rho_0 u \bar{c}_p}{\lambda}(T_\mathrm{i} - T_0) = \frac{u}{\alpha}(T_\mathrm{i} - T_0) \qquad (3-2-3)$$

式中：$\alpha = \frac{\lambda}{\rho_0 \bar{c}_p}$。

由此可以进一步求得对燃烧过程影响最大的特征量（加热层厚度、加热层温度分布、加热时间、加热层热量等）。

反应区：
$$T_f - T_i \to 0$$

忽略 $u\rho_0 \bar{c}_p \dfrac{dT}{dx}$ 项得

$$\lambda \frac{d^2 T}{dx^2} + Q\omega(C, T) = 0 \qquad (3-2-4)$$

边界条件：

$$\begin{cases} x = \infty, T = T_f, \dfrac{dT}{dx} = 0 \\ x = x_i, T = T_i, \dfrac{dT}{dx} = \dfrac{dT}{dx}\bigg|_{x=x_i} \end{cases}$$

$$\int_{\frac{dT}{dx}|_{x=x_i}}^{\frac{dT}{dx}|_{x=\infty}} \lambda \frac{dT}{dx} d\left(\frac{dT}{dx}\right) = \int_{T_i}^{T_f} -Q\omega(C,T) dT$$

$$\frac{dT}{dx}\bigg|_{x=x_i} = \sqrt{\frac{2Q}{\lambda} \int_{T_i}^{T_f} \omega(C,T) dT} \qquad (3-2-5)$$

由式(3-2-3)和式(3-2-5)联立得

$$\frac{\rho_0 u \bar{c}_p}{\lambda}(T_i - T_0) = \sqrt{\frac{2Q}{\lambda} \int_{T_i}^{T_f} \omega(C,T) dT}$$

$$u = \sqrt{\left[\frac{2\lambda Q}{\rho_0^2 \bar{c}_p^2 (T_i - T_0)^2}\right] \int_{T_i}^{T_f} \omega(C,T) dT} \qquad (3-2-6)$$

$$\begin{cases} T_i - T_0 \approx T_f - T_0 = \dfrac{Q'}{c'_p} \\ Q' = \dfrac{QC_0}{\rho_0} \end{cases} \Rightarrow T_i - T_0 = \frac{Q}{\bar{c}_p} \cdot \frac{C_0}{\rho_0}$$

$$\int_{T_i}^{T_f} \omega(C,T) dT = \int_{T_0}^{T_f} \omega(C,T) dT - \int_{T_0}^{T_i} \omega(C,T) dT \qquad (3-2-7)$$

火焰传播速度与热扩散系数和反应速率乘积的平方根成正比。式中：$T_i - T_0 \approx T_f - T_0 = \dfrac{Q'}{c'_p}$，$c'_p$ 为燃烧气体产物比热[J/(g·K)]，设 $c'_p = c_p$（平均定压比热）；$Q' = \dfrac{QC_0}{\rho_0}$，$Q$ 为每摩尔未反应物的燃烧热（J/mol）；$C_0$ 为未反应物摩尔浓度（mol/cm³）；$\rho_0$ 为未反应物密度（g/cm³）。$T < T_i$ 的加热区内 $\int_{T_0}^{T_i} \omega(C,T) dT \approx 0$；$\omega(C,T) = zC^n e^{-\frac{E}{RT}}$。

反应区任一截面 $C$-$T$ 有如下关系

$$Q(C_0 - C) = \bar{c}_p \rho_0 (T - T_0) \tag{3-2-8}$$

式中：$C_0$ 为未反应气体最初浓度（$mol/cm^3$）；$C$ 为 $x$ 截面上未反应气体最初浓度（$mol/cm^3$）；$\rho_0$ 为未反应气体密度（$g/cm^3$）。

当 $C = 0$ 时，$T = T_f$，有

$$QC_0 = \bar{c}_p \rho_0 (T_f - T_0)$$

$$C = C_0 \frac{T_f - T}{T_f - T_0}$$

$$\omega(C, T) = zC_0^n \left(\frac{T_f - T}{T_f - T_0}\right)^n e^{-\frac{E}{RT_f}} \cdot e^{-\frac{E(T_f - T)}{RT_f^2}} \tag{3-2-9}$$

令 $H = \dfrac{T_f - T}{T_f - T_0}$，$dH = -\dfrac{dT}{T_f - T_0}$，$dT = -(T_f - T_0)dH$

令 $\theta = \dfrac{E(T_f - T_0)}{RT_f^2}$，$\theta_H = \dfrac{E(T_f - T)}{RT_f^2}$，有

$$\int \omega(C, T)dT = \int zC_0^n \left(\frac{T_f - T}{T_f - T_0}\right)^n e^{-\frac{E}{RT_f}} \cdot e^{-\frac{E(T_f - T)}{RT_f^2}} dT$$

$$= \int zC_0^n H^n e^{-\frac{E}{RT_f}} \cdot e^{-\theta H} [-(T_f - T_0)dH]$$

$$\int \omega(C, T)dT = \int zC_0^n \left(\frac{T_f - T}{T_f - T_0}\right)^n e^{-\frac{E}{RT_f}} \cdot e^{-\frac{E(T_f - T)}{RT_f^2}} dT$$

$$= -zC_0^n (T_f - T_0) e^{-\frac{E}{RT_f}} \int_{T_0}^{T_f} H^n e^{-\theta H} dH \tag{3-2-10}$$

当 $T = T_0$ 时，$H = 1$；$T = T_f$ 时，$H = 0$，即

$$\int \omega(C, T)dT = -zC_0^n (T_f - T_0) e^{-\frac{E}{RT_f}} \frac{n!}{\theta^{n+1}} \tag{3-2-11}$$

将 $\theta = \dfrac{E(T_f - T_0)}{RT_f^2}$ 代入式（3-2-11）得

$$\int \omega(C, T)dT = \frac{zC_0^n n! \left(\dfrac{RT_f^2}{E}\right)^{n+1} e^{-\frac{E}{RT_f}}}{(T_f - T_0)^n}$$

将 $\begin{cases} \displaystyle\int \omega(C, T)dT = \dfrac{zC_0^n n! \left(\dfrac{RT_f^2}{E}\right)^{n+1} e^{-\frac{E}{RT_f}}}{(T_f - T_0)^n} \\ T_i - T_0 \approx \dfrac{Q}{\bar{c}_p} \cdot \dfrac{C_0}{\rho_0} \end{cases}$ 代入 $u = \sqrt{\left[\dfrac{2\lambda Q}{\rho_0^2 \bar{c}_p^2 (T_i - T_0)^2}\right] \int_{T_i}^{T_f} \omega(C, T)dT}$

得到

$$u = \sqrt{\frac{2\lambda z n!\ C_0^{n-2}}{Q(T_f - T_0)^n} \left(\frac{RT_f^2}{E}\right)^{n+1} e^{-\frac{E}{RT_f}}} \qquad (3-2-12)$$

### 3.2.3 湍流燃烧及湍流火焰的物理描述

在层流中唯一可能的混合作用是分子扩散引起的，用高灵敏度仪器测量的结果是层流中速度、温度和浓度等的分布是光滑的，两层流体间作平滑有序的滑动。而当雷诺数很高时，层流便发展成为湍流，湍流涡旋前后来回地作随机运动并穿越相邻的流体层，流动不再平滑和有序。由于火焰传播都是依靠已燃气体和未燃气体之间的能量和质量交换而形成的化学反应区的移动，就此而言，均匀湍流中火焰传播的基本原理与层流中是相同的。但是气体的湍流性质对燃烧过程产生很大的影响，会显著增加火焰传播速度。

#### 1. 湍流的基本性质

湍流预混火焰比层流预混火焰具有更重要的实用性。目前却很难对湍流给出精确的定义，只能列出它的一些基本特性。

(1) 不规则性：所有湍流都是不规则和随机的，只能采用统计方法，而不是定量的方法来研究湍流问题。

(2) 扩散性：这是湍流的另一重要特征。湍流的扩散作用使混合加速，导致动量传递和传质、传热速率显著增加。

(3) 大雷诺数：随着雷诺数增加，层流首先变得不稳定，后变成湍流。

(4) 三维的涡量脉动：湍流总是有旋的，而且是三维运动。

(5) 耗散性：湍流克服黏性力做功，使湍流动能转化为流体动能，因此湍流需要不断补充能量来弥补黏性耗散掉的能量。

(6) 连续性：湍流是服从流体力学的一种连续流动现象，湍流中出现的最小长度尺寸都要比分子运动中的长度大得多。

(7) 湍流本身不是流体的特性，而是流体流动的特性。当雷诺数足够大时，无论是液体还是气体中的湍流，许多动力学特征都是相同的，而与流体中分子性质无关。

对于层流火焰的传播速度，在一定条件下，与实验装置无关，只与燃料/空气比和分子的输运系数(如导热系数 $\lambda$、黏度 $\mu$ 和扩散系数 $D$ 等)有关。而湍流火焰中的输运系数是流动的函数，而不是流体参数的函数，所以湍流火焰的理论概念不像层流火焰那样好定义。尽管如此，由于湍流燃烧现象的重要性，越来越引起人们的重视。

### 2. 湍流火焰理论

1940年由 Damköohler 从理论和实验两个方面系统地研究了湍流对燃烧速度的影响。图3-2-3 为 Damköohler 从本生灯上测得的火焰传播速度与雷诺数之间的关系。他发现：①当 $Re < 2300$ 时，火焰速度与 $Re$ 无关；②当 $2300 \leqslant Re \leqslant 6000$ 时，火焰速度与 $Re$ 的平方根成正比；③当 $Re \geqslant 6000$ 时，火焰速度与 $Re$ 成正比。显然，②和③反映了湍流的影响，火焰传播速度和几何尺寸及流动速度有关。

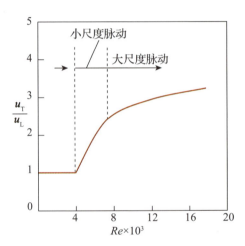

图3-2-3 $Re$ 数对火焰传播速度的影响

1) 小尺度湍流

当 $2300 \leqslant Re \leqslant 6000$ 时，湍流的尺寸很小，即涡旋尺寸和混合长度比火焰前沿厚度要小得多。小尺度涡旋的作用是强化火焰区内的输运过程，火焰内热和化学组分的输运主要是靠湍流扩散引起的，而分子扩散的影响不大。Damköohler 在此基础上研究了火焰传播速度与雷诺数之间的函数关系。根据层流火焰理论：

$$u_L \propto \sqrt{\alpha_L r_L} \qquad (3-2-13)$$

式中：$u_L$ 为层流火焰速度；$\alpha_L$ 为层流热扩散系数；$r_L$ 为层流火焰化学反应速度。

据此假定湍流火焰的传播速度也可以用类似的公式表示：

$$u_T \propto \sqrt{\alpha_T r_T} \qquad (3-2-14)$$

式中：$u_T$ 为湍流火焰速度；$\alpha_T$ 为湍流热扩散系数；$r_T$ 为湍流火焰化学反应

速度。

无论是层流火焰,还是湍流火焰,其化学反应的实质并未改变,因此,

$$\frac{u_T}{u_L} \approx \sqrt{\frac{\alpha_T}{\alpha_L}} \qquad (3-2-15)$$

在湍流和层流的普朗特数 $\left(Pr \equiv \dfrac{\nu_T}{\alpha_L}\right)$ 都等于1的情况下:

$$\frac{u_T}{u_L} \approx \sqrt{\frac{\nu_T}{\nu_L}} \qquad (3-2-16)$$

式中:$\nu_T$ 为湍流黏性系数;$\nu_L$ 为层流黏性系数。

对于管流,$\dfrac{\nu_T}{\nu_L} \approx 0.01 Re$,则

$$\frac{u_T}{u_L} \approx \sqrt{0.01 Re} \qquad (3-2-17)$$

$\dfrac{u_T}{u_L} \approx \sqrt{\dfrac{\nu_T}{\nu_L}}$ 有一个缺点,就是当 $\nu_T \to 0$ 时,$u_T \to 0$,而不是 $u_L$,这与实验事实不符。

2) 大尺度湍流

当 $Re \geqslant 6000$ 时,湍流涡旋的尺寸大小可与管子的直径相比拟,比层流火焰区的厚度要大得多。这些大尺寸的涡旋不再像小尺寸涡旋那样可以增强燃烧波内的扩散输运过程,而是像图3-2-4所示那样,使原本平滑的层流火焰面发生弯曲变形,乃至破裂成封闭小块,火焰前沿的这种扭曲变形可使管子单位截面上火焰面的表面积增加,因此造成火焰的表观传播速度增加,但不改变火焰局部瞬时结构。

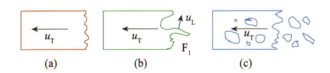

图 3-2-4 湍流火焰面的放大图

Damköohler 认为在大尺度低强度湍流中,火焰虽扭曲变形,但分子的输运系数仍保持不变,所以层流火焰速度为常数。由于 $u_L$ 为常数,火焰面积应与流动速度成正比,可以预计,由湍流火焰引起的面积的增加与其脉动速度也成正比。因为 $\nu_T$ 与湍流强度(与脉动速度成正比)和混合长度的乘积成正比,且有

$\frac{\nu_T}{\nu_L} \approx 0.01 Re$,所以

$$\frac{u_T}{u_L} \propto 火焰前沿面积 \propto 脉动速度 \propto \nu_T \propto Re$$

某些实验结果也提出了类似的关系式:

$$u_L = A(Re) + B \tag{3-2-18}$$

式中:$A$ 和 $B$ 均为常数。用上述关系式来描述 Damköohler 的大尺度湍流火焰速度是十分令人满意的。

### 3.2.4 非均匀湍流场的数学模型及雷诺应力的处理方法

湍流问题是比较复杂的问题,解决复杂的问题,需要抓住它的特点。那么到底对哪些量进行了描述才算抓住了湍流这一物理现象的特征呢?对湍流问题又如何求解呢?一般来说,对于边界层类型的湍流问题可以采用近似解法求解,而对于非均匀湍流场则必须采用数值解法求解。不管如何解法,目前直接去求湍流瞬间值几乎是不可能的,人们感兴趣的是求湍流量的时平均值。为此,就要建立有化学反应的多组分气体湍流流动的平均值方程组,称为雷诺方程组。而后,对时均方程组中出现的湍流脉动相关项再建立模型。所谓湍流模型就是对这些湍流脉动相关项作出一定的公设性假定,以便使方程组本身变为封闭方程组,从而才可以进行求解,现在先讨论雷诺方程组的建立问题。

#### 1. 单方程 Spalart–Allmaras 模型

Spalart–Allmaras 模型的求解变量是 $\tilde{\nu}$,表征了近壁(黏性影响)区域以外的湍流运动黏性系数。$\tilde{\nu}$ 的输运方程为

$$\rho \frac{D\tilde{\nu}}{Dt} = G_\nu + \frac{1}{\sigma_{\tilde{\nu}}} \left\{ \frac{\partial}{\partial x_j} \left[ (\mu + \rho\tilde{\nu}) \frac{\partial \tilde{\nu}}{\partial x_j} \right] + C_{b2} \rho \frac{\partial \tilde{\nu}}{\partial x_j} \right\} - Y_\nu \tag{3-2-19}$$

式中:$G_\nu$ 为湍流黏性产生项是由于壁面阻挡与黏性阻尼引起的湍流黏性的减少;$\sigma_{\tilde{\nu}}$ 和 $C_{b2}$ 为常数;$\nu$ 为分子运动黏性系数。

湍流黏性系数用如下公式计算:

$$\mu_t = \rho \tilde{\nu} f_{\nu 1} \tag{3-2-20}$$

式中:$f_{\nu 1}$ 为黏性阻尼函数,定义为

$$f_{\nu 1} = \frac{\chi^3}{\chi^3 + C_{\nu 1}^3}, \quad \chi \equiv \frac{\tilde{\nu}}{\nu}$$

$G_\nu$ 为湍流黏性产生项,用如下公式模拟:

$$G_\nu = C_{b1} \tilde{\rho} \tilde{S} \tilde{\nu} \quad (3-2-21)$$

式中：$\tilde{S} \equiv S + \dfrac{\tilde{\nu}}{k^2 d^2} f_{\nu 2}$，$f_{\nu 2} = 1 - \dfrac{\chi}{1 + \chi f_{\nu 1}}$。其中，$C_{b1}$ 和 $k$ 为常数，$d$ 为计算点到壁面的距离；$S \equiv \sqrt{2\Omega_{ij}\Omega_{ij}}$。$\Omega_{ij}$ 定义为

$$\Omega_{ij} = \frac{1}{2}\left(\frac{\partial u_j}{\partial x_i} - \frac{\partial u_i}{\partial x_j}\right) \quad (3-2-22)$$

由于平均应变率对湍流产生也起到很大作用，定义 $S$ 为

$$S \equiv |\Omega_{ij}| + C_{\text{prod}} \min(0, |S_{ij}| - |\Omega_{ij}|) \quad (3-2-23)$$

式中：$C_{\text{prod}} = 2.0$；$|\Omega_{ij}| \equiv \sqrt{\Omega_{ij}\Omega_{ij}}$；$|S_{ij}| \equiv \sqrt{S_{ij}S_{ij}}$；平均应变率 $S_{ij}$ 定义为

$$S_{ij} = \frac{1}{2}\left(\frac{\partial u_j}{\partial x_i} + \frac{\partial u_j}{\partial x_i}\right) \quad (3-2-24)$$

在涡量超过应变率的计算区域计算出的涡旋黏性系数变小。这适合涡流靠近涡旋中心的区域，那里只有"单纯"的旋转，湍流受到抑制。包含应变张量更能体现旋转对湍流的影响。忽略了平均应变使得涡旋黏性系数产生项偏高。

湍流黏性系数减少项 $Y_\nu$ 为

$$Y_\nu = C_{w1} \rho f_w \left(\frac{\tilde{\nu}}{d}\right)^2 \quad (3-2-25)$$

式中：$f_w = g\left[\dfrac{1 + C_{w3}^6}{g^6 + C_{w3}^6}\right]^{\frac{1}{6}}$；$g = r + C_{w2}(r^6 - r)$；$r \equiv \dfrac{\tilde{V}}{\tilde{S} k^2 d^2}$。其中，$C_{w1}$、$C_{w2}$、$C_{w3}$ 为常数，$\tilde{S} \equiv S + \dfrac{\tilde{V}}{k^2 d^2} f_{\nu 2}$。

在式(3-2-25)中，包括了平均应变率对 $S$ 的影响，因而也影响用 $\tilde{S}$ 计算出来的 $r$。

Spalart-Allmaras 模型是相对简单的单方程模型，只需求解湍流黏性的输运方程，并不需要求解当地剪切层厚度的长度尺度。该模型对于求解有壁面影响流动及有逆压力梯度的边界层问题有很好的模拟效果，在透平机械湍流模拟方面也有较好的结果。Spalart-Allmaras 模型的初始形式属于低雷诺数湍流模型，这需要解决边界层的黏性影响区求解问题。当网格不是很细时，采用壁面函数来解决这一问题。当网格比较粗糙时，网格不满足精确的湍流计算要求，用壁面函数也许是最好的解决方案。另外，该模型中的输运变量在近壁处的梯度要比 $k-\varepsilon$ 模型中的小，这使得该模型对网格粗糙带来数值的误差不太敏感。但是，Spalart-Allmaras 模型不能预测均匀各向同性湍流的耗散。并且，单方程

模型没有考虑长度尺度的变化，这对一些流动尺度变换比较大的流动问题不太适合。比如，平板射流问题，从有壁面影响流动突然变化到自由剪切流，流场尺度变化明显。

### 2. 标准 $k$-$\varepsilon$ 模型

标准 $k$-$\varepsilon$ 模型需要求解湍动能及其耗散率方程。湍动能输运方程是通过精确的方程推导得到，而耗散率方程是通过物理推理，数学上模拟相似原形方程得到的。该模型假设流动为完全湍流，分子黏性的影响可以忽略。因此，标准 $k$-$\varepsilon$ 模型只适合完全湍流的流动过程模拟。

标准 $k$-$\varepsilon$ 模型的湍动能 $k$ 和耗散率 $\varepsilon$ 方程分别为如下形式：

$$\rho \frac{\mathrm{D}k}{\mathrm{D}t} = \frac{\partial}{\partial x_i}\left[\left(\mu + \frac{\mu_t}{\sigma_k}\right)\frac{\partial k}{\partial x_i}\right] + G_k + G_b - \rho\varepsilon - Y_M \quad (3-2-26)$$

$$\rho \frac{\mathrm{D}\varepsilon}{\mathrm{D}t} = \frac{\partial}{\partial x_i}\left[\left(\mu + \frac{\mu_t}{\sigma_k}\right)\frac{\partial \varepsilon}{\partial x_i}\right] + C_{1\varepsilon}\frac{\varepsilon}{k}(G_k + C_{3\varepsilon}G_b) - C_{2\varepsilon}\rho\frac{\varepsilon^2}{k}$$

$$(3-2-27)$$

式中：$G_k$ 表示由于平均速度梯度引起的湍动能产生；$G_b$ 表示用于浮力影响引起的湍动能产生；$Y_M$ 表示可压缩湍流脉动膨胀对总的耗散率的影响。湍流黏性系数 $\mu_t = \rho C_\mu \frac{k^2}{\varepsilon}$。

### 3. 可实现 $k$-$\varepsilon$ 模型

可实现 $k$-$\varepsilon$ 模型的湍动能及其耗散率输运方程为

$$\rho \frac{\mathrm{D}k}{\mathrm{D}t} = \frac{\partial}{\partial x_i}\left[\left(\mu + \frac{\mu_t}{\sigma_k}\right)\frac{\partial k}{\partial x_i}\right] + G_k + G_b - \rho\varepsilon - Y_M$$

$$\rho \frac{\mathrm{D}\varepsilon}{\mathrm{D}t} = \frac{\partial}{\partial x_i}\left[\left(\mu + \frac{\mu_t}{\sigma_k}\right)\frac{\partial \varepsilon}{\partial x_i}\right] + \rho C_1 S\varepsilon - \rho C_2 \frac{\varepsilon^2}{k + \sqrt{\nu\varepsilon}} + C_{1\varepsilon}\frac{\varepsilon}{k}C_{3\varepsilon}G_b$$

$$(3-2-28)$$

式中：$G_k$ 表示由于平均速度梯度引起的湍动能产生，$G_b$ 表示用于浮力影响引起的湍动能产生；$Y_M$ 表示可压缩湍流脉动膨胀对总的耗散率的影响；$C_2$ 和 $C_{1\varepsilon}$ 为常数；$\sigma_k$、$\sigma_\varepsilon$ 分别为湍动能及其耗散率的湍流普朗特数。

双方程模型中，无论是标准 $\kappa$-$\varepsilon$ 模型还是可实现 $\kappa$-$\varepsilon$ 模型都有类似的形式，即都有 $\kappa$ 和 $\varepsilon$ 的输运方程，它们的区别在于：①计算湍流黏性的方法不同；②控制湍流扩散的湍流普朗特数不同；③$\varepsilon$ 方程中的产生项和 $G_k$ 关系不同。但都包含了表示由于平均速度梯度引起的湍动能产生 $G_k$；用于浮力影响引起的湍

动能产生 $G_b$；可压缩湍流脉动膨胀对总的耗散率的影响 $Y_M$。

湍动能产生项：

$$G_k = -\rho \overline{u'_i u'_j} \frac{\partial u_j}{\partial x_i} \quad (3-2-29)$$

$$G_b = \beta g_i \frac{\mu_t}{Pr_t} \frac{\partial T}{\partial x_i} \quad (3-2-30)$$

式中：$Pr_t$ 是能量的湍流普朗特数，对于可实现 $k-\varepsilon$ 模型，默认设置值为 0.85。对于重整化群 $k-\varepsilon$ 模型，$Pr_t = 1/\alpha$，$\alpha = 1/Pr_t = k/\mu c_p$；热膨胀系数 $\beta = -\frac{1}{\rho}\left(\frac{\partial \rho}{\partial T}\right)_p$。对于理想气体，浮力引起的湍动能产生项变为

$$G_b = -g_i \frac{\mu_t}{Pr_t} \frac{\partial \rho}{\partial x_i} \quad (3-2-31)$$

如果有重力作用，并且流场里有密度或者温度的梯度，浮力对湍动能的影响都是存在的。浮力对耗散率的影响不是很清楚，因此，默认设置中，耗散率方程中的浮力影响不被考虑。如果要考虑浮力对耗散率的影响，用"黏性模型"面板来控制。浮力对耗散率的影响用 $C_{3\varepsilon}$ 来体现。但 $C_{3\varepsilon}$ 并不是常数，而是如下的函数形式：

$$C_{3\varepsilon} = \tanh\left|\frac{v}{u}\right| \quad (3-2-32)$$

式中：$v$ 为平行于重力方向的速度分量；$u$ 为垂直于重力方向的速度分量。对于流动速度与重力方向相同的剪切流动，$C_{3\varepsilon} = 1$；对于流动方向与重力方向垂直的剪切流，$C_{3\varepsilon} = 0$。

对于高马赫数的流动问题，可压缩性对湍流的影响在 $Y_M$ 中体现，即

$$Y_M = \rho \varepsilon 2 M_t^2 \quad (3-2-33)$$

式中：$M_t$ 为马赫数，定义为 $M_t = \sqrt{\frac{k}{a^2}}$（$a \equiv \sqrt{\gamma RT}$ 为声速）。

只要选择可压缩理想气体，可压缩效应都是考虑的。

在上述双方程模型中，对流传热传质模型都是通过雷诺相似湍流动量输运方程得到的。能量方程形式为

$$\frac{\partial}{\partial t}(\rho E) + \frac{\partial}{\partial x_i}[u_i(\rho E + p)] = \frac{\partial}{\partial x_i}\left(k_{\text{eff}} \frac{\partial T}{\partial x_i} + u_j (\tau_{ij})_{\text{eff}}\right) + S_h$$

$$(3-2-34)$$

式中：$E$ 为总的能量；$k_{\text{eff}}$ 为有效导热系数；$(\tau_{ij})_{\text{eff}}$ 为偏应力张量，定义为

$$(\tau_{ij})_{\text{eff}} = \mu_{\text{eff}} \left( \frac{\partial u_j}{\partial x_i} + \frac{\partial u_i}{\partial x_j} \right) - \frac{2}{3} \mu_{\text{eff}} \frac{\partial u_i}{\partial x_i} \delta_{ij} \qquad (3-2-35)$$

$(\tau_{ij})_{\text{eff}}$ 表示黏性加热，耦合求解时计算。如果不是耦合求解，则作为默认设置，并不求解该量。

湍流质量输运处理过程与能量输运过程类似。对于标准 $\kappa$ - $\varepsilon$ 模型和可实现的 $\kappa$ - $\varepsilon$ 模型，默认的施密特数是 0.7，重整化群模型中，是通过式(3-2-36)来计算的。

$$\left| \frac{\alpha - 1.3929}{\alpha_0 - 1.3929} \right|^{0.6321} \left| \frac{\alpha + 2.3929}{\alpha_0 + 2.3929} \right|^{0.3679} = \frac{\mu_{\text{mol}}}{\mu_{\text{eff}}} \qquad (3-2-36)$$

式中：$\alpha_0 = 1/Sc$，$Sc$ 是分子施密特数。

### 4. 雷诺应力模型(RSM)

雷诺应力模型是求解雷诺应力张量的各个分量的输运方程。具体形式为

$$\underbrace{\frac{\partial}{\partial t}(\rho \overline{u_i u_j}) + \frac{\partial}{\partial x_k}(\rho U_k \overline{u_i u_j})}_{\text{对流项} C_{ij}} = \underbrace{\frac{\partial}{\partial x_k} \left[ \rho \overline{u_i u_j u_k} + \overline{p(\delta_{kj} u_i + \delta_{ik} u_j)} \right]}_{\text{湍流扩散项} D_{ij}^T} + \underbrace{\frac{\partial}{\partial x_k} \left( \mu \frac{\partial}{\partial x_k} \overline{u_i u_j} \right)}_{\text{分子扩散} D_{ij}^L}$$

$$- \underbrace{\rho \left( \overline{u_i u_k} \frac{\partial U_j}{\partial x_k} + \overline{u_j u_k} \frac{\partial U_i}{\partial x_k} \right)}_{\text{应力产生项} P_{ij}} - \underbrace{\rho \beta (g_j \overline{u_i \theta} + g_i \overline{u_j \theta})}_{\text{浮力产生项} D_{ij}^T} + \underbrace{\overline{p \left( \frac{\partial u_i}{\partial x_j} + \frac{\partial u_j}{\partial x_i} \right)}}_{\text{压力应变项} \Phi_{ij}^L} - \underbrace{2\mu \overline{\frac{\partial u_i}{\partial x_k} \frac{\partial u_j}{\partial x_k}}}_{\text{耗散项} \varepsilon_{ij}}$$

$$- \underbrace{2\rho \Omega_k (\overline{u_j u_m} \varepsilon_{ikm} + \overline{u_i u_m} \varepsilon_{jkm})}_{\text{系统旋转产生项} F_{ij}} \qquad (3-2-37)$$

式(3-2-37)中，$C_{ij}$、$D_{ij}^L$、$P_{ij}$、$F_{ij}$ 不需要模拟，而 $D_{ij}^T$、$G_{ij}$、$\Phi_{ij}$、$\varepsilon_{ij}$ 需要模拟以封闭方程。下面对几个需要模拟项进行模拟。

$D_{ij}^T$ 可以用 Delay - Harlow 的梯度扩散模型来模拟，即

$$D_{ij}^T = C_s \frac{\partial}{\partial x_k} \left[ \rho \frac{k \overline{u_k u_l}}{\varepsilon} \frac{\partial \overline{u_i u_j}}{\partial x_l} \right] \qquad (3-2-38)$$

根据 Gibson 和 Launder 的观点，压力应变项 $\Phi_{ij}$ 可以分解为三项，即

$$\Phi_{ij} = \Phi_{ij,1} + \Phi_{ij,2} + \Phi_{ij}^w \qquad (3-2-39)$$

式中：$\Phi_{ij,1}$、$\Phi_{ij,2}$ 和 $\Phi_{ij}^w$ 分别为慢速项、快速项和壁面反射项。$\Phi_{ij,1} = C_1 \rho \frac{\varepsilon}{k} \left[ \overline{u_i u_j} - \frac{2}{3} \delta_{ij} k \right]$，$C_1 = 1.8$；$\Phi_{ij,2} = -C_2 \left[ (P_{ij} + F_{ij} + G_{ij} - C_{ij}) - \frac{2}{3} \delta_{ij} (P + G - C) \right]$，$C_2 = 0.60$，$P = \frac{1}{2} P_{kk}$，$G = \frac{1}{2} G_{kk}$，$C = \frac{1}{2} C_{kk}$。

壁面反射项用于重新分布近壁的雷诺正应力，主要是减少垂直于壁面的雷诺正应力，增加平行于壁面的雷诺正应力。该项模拟为

$$\Phi_{ij}^w = C_1' \frac{\varepsilon}{k} \left( \overline{u_k u_m} n_k n_m \delta_{ij} - \frac{3}{2} \overline{u_i u_j} n_j n_k - \frac{3}{2} \overline{u_j u_k} n_i n_k \right) \frac{k^{\frac{3}{2}}}{C_1 \varepsilon d} +$$

$$C_2' \left( \Phi_{km,2} n_k n_m \delta_{ij} - \frac{3}{2} \Phi_{ik,2} n_j n_k - \frac{3}{2} \Phi_{jk,2} n_i n_k \right) \frac{k^{\frac{3}{2}}}{C_2 \varepsilon d}$$

(3-2-40)

式中：下标 $k$ 和 $m$ 分别代表垂直于壁面方向和平行于壁面方向的分量；$n_k$ 是 $x_k$ 在垂直于壁面方向上的单位分量；$n_m$ 是 $x_m$ 在平行在壁面方向上的单位分量；$d$ 是到壁面的距离；$C_1' = 0.5$，$C_2' = 0.3$；$k = 0.41$。

表 3-2-1 列出了 Fluent 软件中常用湍流模型的主要特点，当然若处理个性化问题可采用用户自定义函数改进和完善模型。

表 3-2-1 雷诺平均模型的比较

| 模型名称 | 优点 | 缺点 |
| --- | --- | --- |
| Spalart-Allmaras | 计算量小，对一定复杂程度的边界层问题有较好效果 | 计算结果没有被广泛测试，缺少子模型，如考虑燃烧或浮力问题 |
| 标准 $k-\varepsilon$ | 应用多，计算量合适，有较多数据积累和相当精度 | 对于流向有曲率变化，较强压力梯度有旋问题等复杂流动模拟效果欠缺 |
| 可实现 $k-\varepsilon$ | 和 RNG 模型差不多，还可以模拟圆口射流问题 | 受到涡旋黏性各向同性假设限制 |
| 雷诺应力模型 | 考虑的物理机理更仔细，包括了湍流各向异性影响 | （中央处理器）CPU 时间长（2～3倍），动量和湍流量高度耦合 |

## 3.3 扩散燃烧

广义上讲，扩散火焰可定义为燃料与氧化剂在初始时是分开(非预混)的任何一种火焰。例如，油在空气中燃烧，燃料液滴在氧气中燃烧以及纯固体燃料在冲压式喷气发动机内燃烧等产生的火焰，其中大部分反应发生在一个狭窄的区域内，而这个区域可近似看作一个平面。在扩散火焰中，混合速率通常比化学反应速率低，化学反应的影响可以忽略。扩散火焰同样也有层流和湍流两种，本节将主要采用维象方法分析层流射流扩散火焰。

当燃料和空气以相同的速度从一同心圆形套管内流出，点燃后所形成的火

焰是一个典型的层流扩散火焰。Burke 和 Schumann 对此曾作过定量的分析研究。

事实表明，有时用简单的维象分析方法可得到很有用的结果。这里所要作的基本假定是：燃烧过程本身对燃料射流和周围氧化剂之间的混合速率没有影响。氧化剂和燃料一经混合，就立刻完成反应。根据气体分子运动的动力学理论，在分子扩散中，分子的平均位移为

$$\frac{1}{2}\frac{\mathrm{d}\overline{X^2}}{\mathrm{d}t} = D \tag{3-3-1}$$

式中：$D$ 为分子的扩散系数；$\overline{X^2}$ 为 $t$ 时刻燃料颗粒在给定方向上的位移均方值。为了估算火焰的长度，采用上述方程的积分形式，即

$$\eta^2 = 2Dt \tag{3-3-2}$$

式(3-3-2)中 $\eta^2$ 表示在时间 $t$ 内，由扩散作用引起的分子位移的均方值。再假定火焰长度或高度由燃料射流在轴线上完全燃烧的位置确定，空气穿透燃料的平均深度近似等于管子的半径（或成比例），那么就可用 $\eta$ 表示穿透深度。通常取管子内气流速度 $V_L$ 为常数，则完成扩散所需的时间即为气体从管口流到火焰顶端所需的时间。气体流动时间或停留时间为

$$t_d = \frac{Z_{f,L}}{V_L} \tag{3-3-3}$$

式中：$Z_{f,L}$ 为层流火焰扩散的高度，在半径方向的扩散时间可以由式

$$t_d = \eta^2/2D \text{ 或 } t_d = r_j^2/2D \tag{3-3-4}$$

来近似表示，假定停留时间和扩散时间的数量级相同，则层流扩散火焰高度为

$$Z_{f,L} \propto \frac{r_j^2 V_L}{2D} \propto \frac{(\pi r_j^2) V_L}{2\pi D} \propto \frac{\text{容积流量}}{D} \tag{3-3-5}$$

这是一个很有意义的结果，表面层流扩散火焰高度与容积流量成正比，而与质量扩散系数成反比。该式在分析燃料的湍流射流时也是很有意义的。

如果施密特数 $\nu/D$ 为常数，则 $D \propto \nu$，那么式(3-3-5)可重写为

$$Z_{f,L} \propto \frac{r_j^2 V_L}{\nu_L} \tag{3-3-6}$$

对于湍流射流也有类似的关系，但要用涡旋黏性系数 $\nu_T$ 代替层流分子黏性系数 $\nu_L$，因此有 $Z_{f,L} \propto \dfrac{r_j^2 V_L}{\nu_T}$。

由于 $\nu_T \propto l u'_{rms}$，其中 $l$ 为湍流长度尺度，与管子的直径或半径成正比；而

$u'_{\text{rms}}$ 为湍流强度，近似地与气流在轴线上的平均速度成正比，故

$$\nu_T \propto r_j V_T \tag{3-3-7}$$

合并以上两式得

$$Z_{f,L} \propto \frac{r_j^2 V_L}{r_j \nu_T} \propto r_j \tag{3-3-8}$$

该式表明，湍流扩散火焰高度仅与管口的半径成正比，这一结论已经被许多分析方法所证实。扩散火焰高度随射流速度的变化而变化，其中层流扩散火焰的高度遵循式(3-3-5)所示的关系，而湍流扩散火焰的高度由式(3-3-8)描述。

## 3.4 挥发性炸药的燃烧理论

挥发性炸药的燃烧理论是由别列也夫和捷尔道维奇提出的。该理论认为因为大部分挥发性炸药的蒸发热不超过(10000～12000)×4.18J/mol，而活化能不低于(30000～35000)×4.18J/mol，因此炸药受热时一般是先蒸发，然后经过气相加热升温至发火点，开始燃烧，其火焰结构由凝聚相加热层、气相加热层和气相反应层组成，火焰阵面介于气相加热层和反应层之间，火焰区与凝聚相之间隔着一层气相加热层，热量传递的主要方式是热传导，凝聚相表面的温度是它的沸点。凝聚相蒸发的质量速度与气相燃烧反应速度达成动态平衡。由于凝聚相的迅速蒸发和迅速发生化学反应，凝聚相加热层是很薄的。

稳定燃烧时的质量速度应等于凝聚相汽化的质量速度，即

$$r\rho = u\rho_0 \tag{3-4-1}$$

式中：$r$ 为凝聚相消失速度；$\rho$ 为凝聚相密度。

而 $u$ 有气相燃烧公式：

$$u = \frac{\rho_0}{\rho} u = \sqrt{\frac{2\lambda Z n!}{\rho^2 Q (T_f - T_0)^n} \frac{\rho_0^2 C_0^{n-2}}{E}} \left(\frac{RT_f^2}{E}\right)^{n+1} e^{\frac{E}{RT_f}} \tag{3-4-2}$$

实验表明，采用式(3-4-2)计算硝化乙二醇等挥发性炸药的燃速与实际结果很接近。不过计算燃速需要知道很多热力学特性参数，求解比较困难。实际上人们可以通过这些常数与燃速间的关系计算动力学常数。

需要说明的是，该理论的基点是压力变化时反应机理和热效应均不变，决定性的反应是在气相中进行的，而且只考虑热传导的作用。但是实际上大多数炸药及火药的反应都是以较复杂的形式进行的，凝聚相也参与反应，因此该理

论用于炸药燃烧是不完善的。

## 3.5 燃烧-爆轰转变及滞后爆轰转变现象

燃烧气体平衡的破坏，是燃烧转变为爆轰主要原因。只要燃速超过某一临界值，就会产生这种破坏。这种转变的关键条件是燃烧压力的增加。

在混合气体开口端点火时，火焰是等速均匀传播。而在密封的管子中燃烧时，火焰则以不断增加的速度进行传播，燃烧不断产生的气体膨胀使燃烧面前的混合气体的压力逐渐增大；而燃烧面压力越大，燃烧速度就越加快，密度、温度也随之提高，这就使以后各层气体反应速度更快，燃烧面前边的气体压力更高，因此形成了冲击波。随着燃烧传播而形成的冲击波强度的增大，燃烧越来越剧烈，在冲击波强度达到某一临界值的瞬间就发生爆轰。

混合炸药的燃烧转变为爆轰的机理原则上和混合气体的燃烧转变为爆轰机理没有多大差别，但转变条件不同。设在燃烧的过程中，化学反应区内产生气体的速度为 $u_1$，排出气体的速度为 $u_2$，当 $u_1 = u_2$ 时，燃烧是稳定的；如果 $u_1 > u_2$，即产生的气体不能很快排出，这时平衡即开始被打破；到 $u_1 \gg u_2$ 时，燃烧反应区内压力急剧增大，燃烧速度加快，最后燃烧转变为爆轰。

炸药装入壳体内有助于燃烧转变为爆轰。因为装入壳体后造成炸药的燃烧在密闭或半密闭环境中进行，产生的气体排出时受到壳体的阻碍，燃烧气体平衡受到破坏，使燃烧反应区压力增高，燃烧加快而有助于燃烧转变为爆轰。

燃烧面的扩大可以破坏燃烧的稳定性，促使燃烧转变为爆轰。因为这时单位时间燃烧的炸药量也要成比例地增加，使燃速加快，燃烧温度增高。燃烧速度或燃烧温度达到某一程度时，燃烧就会转变为爆轰。风可使燃烧速度加快，也有助于爆轰的形成。

药量大时，易由燃烧转变为爆轰。这是因为药量较大时，炸药燃烧形成的高温反应区将热量传给了尚未反应的炸药，使其余的炸药受热而爆轰。

燃烧转爆轰更重要的因素是炸药的性质。一般来说，化学反应速度很高的炸药很容易产生爆轰。例如各类起爆药，特别是氮化铅，由于反应速度极快（爆轰成长期很短），瞬时就能转变为爆轰。火药则相反，它的燃烧过程只有在极特殊的条件下才发生向爆轰过程的转化，而一般的猛炸药则界于火药与起爆药之间。

## 参考文献

[1] 王伯羲,冯增国,杨荣杰.火药燃烧理论[M].北京:北京理工大学出版社,1997.
[2] 黄寅生.炸药理论[M].北京:北京理工大学出版社,2016.
[3] 张宝坪.爆轰物理学[M].北京:兵器工业出版社,2006.
[4] 孙承玮.爆炸物理学[M].北京:科学出版社,2011.
[5] 胡双启.燃烧与爆炸[M].北京:北京理工大学出版社,2015.
[6] 余永刚,薛晓春.发射药燃烧学[M].北京:北京航空航天大学出版社,2016.
[7] 张国伟,韩勇,荀瑞君.爆炸作用原理[M].北京:国防工业出版社,2006.

# 第 4 章 气相爆轰理论

## 4.1 冲击波理论

### 4.1.1 冲击波

冲击波是一种强烈的压缩波。冲击波波阵面通过前后介质的参数不是微小量，而是一种突跃的有限量的变化。因此，冲击波的实质是一种状态突跃变化的传播。

冲击波可由多种方法产生。当炸药爆轰时，高压爆轰气体产物迅速膨胀就可在周围介质(包括金属、岩石之类的固体介质，水之类的液体以及各种气体介质等)中形成冲击波；飞机、火箭以及各种弹丸在做超声速飞行时，也在空气中形成冲击波；高速粒子碰撞固体、破甲弹爆炸所形成的高速聚能射流撞击装甲以及流星落地时高速冲击地面等都可在相应介质中形成冲击波。

在充满气体的管子中用活塞加速运动形成冲击波时，活塞的速度不一定超过未受扰动气体中的声速。因为，在此条件下，活塞运动使其前面气体的能量不损失于侧面，而是全部积聚于前面的受压缩气体中，从而造成气体压力、密度、温度等状态参数的突跃。如活塞速度为 10m/s 时，形成的冲击波面上的压强为 0.1029MPa；当活塞速度为 50m/s 时，所形成的冲击波面上的压强为 0.1225MPa；当活塞速度接近未受扰动空气的声速(约 334m/s)时，冲击波面上的压强就达到数个大气压了。

由一系列小扰动形成冲击波的过程中，有两个明显的特点：

(1)受冲击波扰动的流体质点运动方向与冲击波的传播方向或波阵面的法线方向平行，即冲击波是纵波。

(2)受扰流体的声速变化不能忽略，否则扰动波不能汇合。

然而一个飞行器在大气中飞行，若在其前面形成冲击波，则飞行物体的速度必须超过空气的声速才行。因为，在大气中飞行时，一方面由于在飞行物体前面所形成的压缩扰动以大气的声速传播；另一方面，由于侧向稀疏波以声速向飞行物体前面的压缩层内传播。这样，当物体做亚声速飞行时，在物体前面所形成的压缩扰动便不能发生叠加，因而也就不能形成冲击波。而当物体做超声速飞行时，由于飞行速度大于声速，四周的稀疏波尚来不及将前沿的压缩层稀疏掉，而飞行物体又进一步地向前冲击，因而就可以使物体前面的压缩波叠加，最后形成冲击波。

### 4.1.2 平面正冲击波关系式

冲击波阵面通过前后，介质的各个物理参量都是突跃变化的，并且由于波速很快，可以认为波的传播为绝热过程。这样，利用质量守恒、动量守恒和能量守恒三个守恒定律，便可以把波阵面通过前介质的初态参量与通过后介质突跃到的终态参量联系起来，描述它们之间关系的公式称为冲击波的基本关系式。

设有一个平面正冲击波以 $D$ 的速度稳定地向右传播，如图 4-1-1 所示。波前的介质参量分别以 $p_0$、$\rho_0$、$e_0$（或 $T_0$）和 $u_0$ 表示，而波后的终态参量分别以 $p_1$、$\rho_1$、$e_1$（或 $T_1$）和 $u_1$ 表示。为了推导公式方便，将坐标取在波阵面上，那么站在该坐标系（即站在波面）上，将看到未受扰动原始介质以 $(D-u_0)$ 的速度向左流过波面，而以 $(D-u_1)$ 的速度从波面后流出，波阵面面积取一单位。

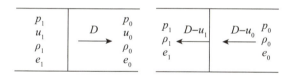

(a) 固定坐标系　　(b) 随动坐标系

**图 4-1-1　正冲击波的传播**

按照质量守恒原理，在波稳定传播条件下，单位时间内从波面右侧流入的介质量等于从左侧流出的量，由此得到质量守恒方程（连续方程）：

$$\rho_0(D-u_0)=\rho_1(D-u_1) \text{ 或 } D-u_0=v_0\frac{u_1-u_0}{v_0-v_1} \qquad (4-1-1)$$

根据动量守恒定律，冲击波传播过程中，单位时间内作用于介质的冲量等于其动量的改变。其中，单位时间内的作用冲量为

$$(p_1-p_0)t=(p_1-p_0)\times 1=p_1-p_0 \qquad (4-1-2)$$

而介质动量的变化为 $\rho_0(D-u_0)(u_1-u_0)$，得到

$$p_1 - p_0 = \rho_0(D - u_0)(u_1 - u_0) \text{ 或 } D - u_0 = v_0 \frac{p_1 - p_0}{u_1 - u_0}$$

此即为冲击波的动量守恒方程。

由于冲击波传播过程可看作绝热过程,并且忽略介质内部的内摩擦所引起的能量损耗,按照能量守恒定律,在冲击波传播过程中,单位时间内从波面右侧流入的能量应等于从波面左侧流出的能量。

单位时间内从波面右侧流入波面内的能量包括:①介质所具有的内能,即 $\rho_0(D - u_0)e_0$;②流入的介质体积与压力所决定的压力位能,即 $p_0 V_0 = p_0 \sigma (D - u_0)$,当面积取一单位时,压力位能为 $p_0(D - u_0)$;③介质流动动能,即 $\rho_0/2(D - u_0)(D - u_0)^2$。

单位时间内从波面右侧流入的能量为

$$\rho_0(D - u_0)e_0 + \rho_0(D - u_0)\frac{1}{2}(D - u_0)^2 + p_0(D - u_0)$$

单位时间内从波面左侧流出的能量为

$$\rho_1(D - u_1)e_1 + \rho_1(D - u_1)\frac{1}{2}(D - u_1)^2 + p_1(D - u_1)$$

则冲击波能量守恒方程为

$$p_1(D - u_1) + \rho_1(D - u_1)\left[e_1 + \frac{1}{2}(D - u_1)^2\right]$$
$$= p_0(D - u_0) + \rho_0(D - u_0)\left[e_0 + \frac{1}{2}(D - u_0)^2\right] \quad (4-1-3)$$

或

$$(e_1 - e_0) + \frac{1}{2}(u_1^2 - u_0^2) = \frac{p_1 u_1 - p_0 u_0}{\rho_0(D - u_0)}$$

为得到冲击波关系式的其他形式,用压强 $p$ 和比容 $v$ 来表示冲击波波速 $D$、波阵面上介质的速度 $u$ 和内能 $e$,由质量守恒式(4-1-1)和动量守恒式(4-1-2)得到

$$u_1 - u_0 = (v_0 - v_1)\sqrt{\frac{p_1 - p_0}{v_0 - v_1}} = \sqrt{(p_1 - p_0)(v_0 - v_1)} \quad (4-1-4)$$

冲击波面过后介质运动速度 $u_1$、与波阵面上的压强 $p_1$、比容 $v_1$ 和波前介质状态参数之间的关系式如下:

$$u_1 - u_0 = (v_0 - v_1)\sqrt{\frac{p_1 - p_0}{v_0 - v_1}} \quad (4-1-5)$$

式(4-1-2)和式(4-1-5)合并、整理得到冲击波速度的表达式,常称为

波速方程，即

$$D - u_0 = v_0 \sqrt{\frac{p_1 - p_0}{v_0 - v_1}} \qquad (4-1-6)$$

式(4-1-6)将直接从质量和动量守恒表达式推导得到的冲击波速度 $D$ 和波阵面上的质点速度与波阵面上的压力($p_1$)及比容($v_1$)联系起来了，因而具有更清楚的物理意义。

将能量守恒方程式(4-1-3)进行类似的变换可得到

$$e_1 - e_0 = \frac{1}{2}(p_1 + p_0)(v_0 - v_1) \qquad (4-1-7)$$

式(4-1-7)体现了冲击波阵面通过前后介质内能的变化($e_1 - e_0$)与波阵面压力($p_1$)和比容($v_1$)的关系，称为冲击波的冲击绝热方程式，又称为雨贡纽(Hugoniot)方程。

式(4-1-5)、式(4-1-6)和式(4-1-7)为冲击波的基本方程式。在推导这三个关系式时只用到三个守恒定律，而根本未涉及冲击波是在哪一种介质当中传播的，因此这三个基本方程式适用于任意介质中传播的冲击波。不过，当用于某一具体介质中传播的冲击波时，尚需与该介质的状态方程联系起来，以便求解冲击波阵面上的参数。

若未受扰动介质的质点速度 $u_0 = 0$，并且 $p_0$、$e_0$ 与波面上介质的 $p_1$ 和 $e_1$ 相比小得可以忽略时，有

$$\begin{cases} u_1 = \sqrt{p_1(v_0 - v_1)} \\ D = v_0 \sqrt{\dfrac{p_1}{v_0 - v_1}} \\ e_1 = \dfrac{1}{2} p_1(v_0 - v_1) \end{cases} \qquad (4-1-8)$$

### 4.1.3 空气中的平面正冲击波

空气可近似地视为理想气体，式(4-1-4)、式(4-1-6)、式(4-1-7)和理想气体状态方程式(1-3-17)组成空气中平面正冲击波的基本关系式：

$$\begin{cases} u_1 - u_0 = \sqrt{(p_1 - p_0)(v_0 - v_1)} \\ D - u_0 = v_0 \sqrt{\dfrac{p_1 - p_0}{v_0 - v_1}} \\ e_1 - e_0 = \dfrac{1}{2}(p_1 + p_0)(v_0 - v_1) \\ p_1 v_1 = RT_1 \end{cases}$$

空气被看作理想气体,其比内能为 $e = c_V T$,由于 $c_p - c_V = R$,$k = c_p/c_V$,则得到

$$e = \frac{pv}{k-1} \tag{4-1-9}$$

空气冲击波的冲击绝热方程式(4-1-7)可写成如下形式:

$$\frac{p_1 v_1}{k_1 - 1} - \frac{p_0 v_0}{k_0 - 1} = \frac{1}{2}(p_1 + p_0)(v_0 - v_1) \tag{4-1-10}$$

对于强度不是很高(中等强度以下)的空气冲击波,可以近似地取 $k_1 = k_0 = k$,则上式可写成

$$\frac{p_1 v_1}{k-1} - \frac{p_0 v_0}{k-1} = \frac{1}{2}(p_1 + p_0)(v_0 - v_1)$$

整理得到

$$\frac{p_1}{p_0} = \frac{(k+1)v_0 - (k-1)v_1}{(k+1)v_1 - (k-1)v_0} \text{ 或 } \frac{v_0}{v_1} = \frac{\rho_1}{\rho_0} = \frac{(k+1)p_1 + (k-1)p_0}{(k+1)p_0 + (k-1)p_1}$$

$$\tag{4-1-11}$$

以上两式形式不同,但具有同样的意义,统称为理想气体中冲击波的冲击绝热方程或 Hugoniot 方程。

空气冲击波的基本方程组:

$$\begin{cases} u_1 - u_0 = \sqrt{(p_1 - p_0)(v_0 - v_1)} \\ D - u_0 = v_0 \sqrt{\dfrac{(p_1 - p_0)}{v_0 - v_1}} \\ \dfrac{p_1}{p_0} = \dfrac{(k+1)v_0 - (k-1)v_1}{(k+1)v_1 - (k-1)v_0} \text{ 或 } \dfrac{v_0}{v_1} = \dfrac{\rho_1}{\rho_0} = \dfrac{(k+1)p_1 + (k-1)p_0}{(k+1)p_0 + (k-1)p_1} \\ p_1 v_1 = RT_1 \end{cases}$$

在已知某一参数情况下,可以用此方程组求解空气中冲击波的其余 4 个参数。需要指出的是,在进行具体计算时,尚需知道绝热指数 $k$。

冲击波压力 $p_1$ 不超过 50 大气压(4.9MPa)时,取 $k = 1.4$ 而不考虑其变化,这样所引起的偏差还不是很大。但是,对于很强的冲击波,就不能再把 $k$ 看成等于 1.4 的常数了。因为,此时波阵面上介质因受冲击压缩而形成的温度很高,必然引起气体分子的离解和电离过程。冲击波越强烈,这种过程进行得也就越剧烈。这种分子离解和电离过程的存在,引起了空气组成的改变,最后导致 $k$ 值的变化。若不考虑 $k$ 值的这种变化,计算出的冲击波参数与实际的偏离就很

大了。

为了计算方便以及更便于对冲击波的性质的理解和分析,将冲击波的基本关系式进行一些变换,把冲击波参数表示为未扰动介质声速 $c_0$ 的函数。以未受扰动气体介质中的声速来表示冲击波参数 $p_1$、$u_1$、$\rho_1$(或 $v_1$)的公式为

$$p_1 - p_0 = \frac{2}{k+1} \rho_0 (D-u_0)^2 \left[1 - \frac{c_0^2}{(D-u_0)^2}\right] \quad (4-1-12a)$$

$$u_1 - u_0 = \frac{p_1 - p_0}{\rho_0(D-u_0)} = \frac{2}{k+1} \rho_0 (D-u_0)^2 \left[1 - \frac{c_0^2}{(D-u_0)^2}\right]$$
$$(4-1-12b)$$

$$\frac{v_0 - v_1}{v_0} = \frac{2}{k+1} \left[1 - \frac{c_0^2}{(D-u_0)^2}\right] \quad (4-1-12c)$$

对于静止气体中传播的冲击波:

$$p_1 - p_0 = \frac{2}{k+1} \rho_0 D^2 \left[1 - \frac{c_0^2}{D^2}\right] \quad (4-1-13a)$$

$$u_1 = \frac{2}{k+1} \rho_0 D^2 \left[1 - \frac{c_0^2}{D^2}\right] \quad (4-1-13b)$$

$$\frac{v_0 - v_1}{v_0} = \frac{2}{k+1} \left[1 - \frac{c_0^2}{D^2}\right] \quad (4-1-13c)$$

这些公式具有很重要的实际意义。例如,在实验研究空气中爆炸冲击波的传播规律时,设法测得距爆炸中心不同距离处的冲击波的传播速度 $D$,就可利用上式计算出相应冲击波的 $p_1$、$u_1$、$\rho_1$(或 $v_1$)。

对于很强(强度很高)的空气冲击波,由于 $p_1 \gg p_0$、$D \gg c_0$,则得到

$$p_1 = \frac{2}{k+1} \rho_0 D^2 \quad (4-1-14a)$$

$$u_1 = \frac{2}{k+1} D \quad (4-1-14b)$$

$$\frac{v_0 - v_1}{v_0} = \frac{2}{k+1} \text{或} \frac{\rho_1}{\rho_0} = \frac{k+1}{k-1} \quad (4-1-14c)$$

### 4.1.4 冲击波 Hugoniot 曲线及冲击波的性质

冲击波是一种状态突跃的传播,在极薄的冲击波波阵面通过后介质状态是突跃变化的。冲击波通过前和通过后介质的状态参数可借助式(4-1-5)、式(4-1-6)和式(4-1-7)三个基本关系式联系起来(式中没有下标的为波阵面

后的参数),即

$$u - u_0 = \sqrt{(p-p_0)(v_0-v)}$$

$$D - u_0 = v_0 \sqrt{\frac{p-p_0}{v_0-v}}$$

$$e - e_0 = \frac{1}{2}(p+p_0)(v_0-v)$$

沿静止介质传播的冲击波,由于 $u_0 = 0$(式中没有下标的为波阵面后的参数),则

$$u = \sqrt{(p-p_0)(v_0-v)} \tag{4-1-15a}$$

$$D = v_0 \sqrt{\frac{p-p_0}{v_0-v}} \tag{4-1-15b}$$

$$e - e_0 = \frac{1}{2}(p+p_0)(v_0-v) \tag{4-1-15c}$$

### 1. 波速线

考察上述基本关系式可以看出,在一定的介质和一定的初态($v_0$,$p_0$)条件下,一定波速的冲击波传过后介质突跃变化所达到的状态($v$,$p$)就是确定的,而且可以用波速方程式(4-1-6)和 Hugoniot 方程式(4-1-7)联立求解来得到。在($v$,$p$)状态平面内这个解是由波速线与冲击绝热曲线相交点所确定的状态,如图 4-1-2 所示。

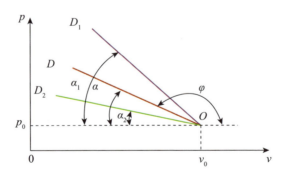

图 4-1-2 冲击波的波速线

波速方程式(4-1-6)描述了冲击波波速 $D$ 与波阵面参数($v$,$p$)之间的关系,称为波速方程,也有人称之为瑞利(Rayleigh)方程。

$$D - u_0 = v_0 \sqrt{\frac{p-p_0}{v_0-v}} \qquad D = v_0 \sqrt{\frac{p-p_0}{v_0-v}} \tag{4-1-16}$$

考察介质速度为零的波速方程,将该式两边平方,并移项整理,得到

$$p - p_0 = \frac{D^2}{v_0^2}(v_0 - v) = -\frac{D^2}{v_0^2}v + \frac{D^2}{v_0^2}$$

$$p = -\frac{D^2}{v_0^2}v + \left(\frac{D^2}{v_0^2} + p_0\right) \qquad (4-1-17)$$

当冲击波的波速 $D$ 一定时,该式为以 $v$ 为自变量、$p$ 为因变量的线性方程,它是在状态平面内为以 $O(v_0, p_0)$ 点为始发点的斜线,而且斜线的斜率为

$$\tan\varphi = -\frac{D^2}{v_0^2}, \text{ 或写为 } \tan\alpha = \frac{D^2}{v_0^2}$$

显然,若波速 $D$ 不同,则相对应的斜线斜率也不同。如图 4-1-2 所示,由于 $\alpha_1 > \alpha$,则 $D_1 > D$;而 $\alpha_2 < \alpha$,则 $D_2 < D$。因此,通过 $O(v_0, p_0)$ 点的不同斜率的斜线是与不同的冲击波波速相对应的。这些斜线称为波速线或瑞利(Rayleigh)线(也可称为米海尔逊线)。

由于在波速方程中,并未涉及介质的性质,所以在初态相同、波速一定时,冲击波传过各种介质所达到的状态均在同一条波速线。也就是说,通过 $O(v_0, p_0)$ 点的某一波速线乃是一定波速的冲击波传过具有同一初始状态 $O(v_0, p_0)$ 的不同介质所达到的终点状态的连线。这就是波速线所包含的物理意义。

### 2. Hugoniot 曲线

在 $(v, p)$ 状态平面上冲击绝热方程式(4-1-7)

$$e - e_0 = \frac{1}{2}(p + p_0)(v_0 - v)$$

可以用以介质初态 $O(v_0, p_0)$ 为始发点的一条凹向 $v$ 和 $p$ 轴的曲线来描述,如图 4-1-3 所示,称这条曲线为冲击波的冲击绝热线,或称为 Hugoniot 曲线。

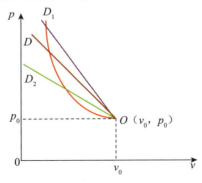

图 4-1-3 冲击波的 Hugoniot 曲线与波速

对于多方气体来说，Hugoniot 曲线可变换为如下形式：

$$\frac{p}{p_0} = \frac{(k+1)v_0 - (k-1)v}{(k+1)v - (k-1)v_0} \quad (4-1-18)$$

进一步变换可改写为

$$\left(p + \frac{k-1}{k+1}p_0\right) = \frac{(k+1)v_0 - (k-1)v}{(k+1)v - (k-1)v_0} \quad (4-1-19)$$

这是一条正双曲线，其中心坐标为 $\left(\frac{(k-1)}{(k+1)}v_0, -\frac{(k-1)}{(k+1)}p_0\right)$。该曲线有两条渐近线，其方程为 $v = \frac{(k-1)}{(k+1)}v_0$ 和 $p = -\frac{(k-1)}{(k+1)}p_0$。由于压强总是正的，即有 $0 \leqslant p < \infty$，所以比容 $v$ 有最大值 $v_{\max} = \frac{(k+1)}{(k-1)}v_0$，最小值 $v_{\min} = \frac{(k-1)}{(k+1)}v_0$。因此，多方气体经冲击压缩后，其密度最多从 $\rho_0$ 增加到 $\rho_{\max} = \frac{(k+1)}{(k-1)}\rho_0$。显然，具有物理意义的只是初态点 $O(v_0, p_0)$ 以上的一段曲线，这一段曲线即为 Hugoniot 曲线。

Hugoniot 曲线是与介质有关并过初态点的一条曲线。换句话说，对于不同的介质和不同的初态点就有不同的 Hugoniot 曲线。对于介质来说，Hugoniot 曲线常常是根据实验数据作出的。如果已知介质的 Hugoniot 曲线，对冲击波传播问题的研究极为方便，在以上的讨论中，没有涉及冲击波的速度，因而冲击波 Hugoniot 曲线上各点的状态，是不同波速的冲击波通过介质后由初态突跃变化到的终点状态。或者说，冲击波的 Hugoniot 曲线，就是不同波速的冲击波传过同一初态的介质后所达到的终点状态连线。由此可知，冲击波的 Hugoniot 曲线不是一条过程线。

### 3. 弱扰动波和等熵线

一切弱扰动波（如声波、稀疏波及极微弱的压缩波）都是以当地声波的速度进行传播的，并且它们的传播过程是等熵的，如图 4-1-4 所示。

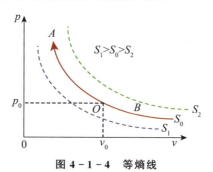

图 4-1-4　等熵线

等熵过程为熵值保持不变的过程。对于理想气体，在等熵过程中状态变化遵守等熵方程式(1-3-19)，即

$$pv^k = 常数$$

该常数的大小取决于初始状态，即

$$pv^k = p_0 v_0^k \tag{4-1-20}$$

不同的初始状态，不同的介质，其常数值是不同的。或者说，在不同的熵值下，该数值不同，而且其数值越大，熵值越大。

所谓等熵线，即由等熵方程所确定的曲线，它表示介质在进行等熵压缩和等熵膨胀时介质状态变化所走过的路径。因此，等熵线为状态变化的过程线。图4-1-4表示的即为不同熵值下的等熵线，熵值越高，等熵线越往右上方移动。由于每条曲线上的熵值相等，所以无论是等熵压缩还是等熵膨胀，它们的状态都沿同一条曲线变化。对于在某介质中传播的弱扰动波（小扰动），若其初态为$(v_0, p_0)$，熵值$S = S_0$，其状态沿$S = S_0$的等熵线变化，且当小扰动波为压缩波时状态沿$OA$线变化，为膨胀波时状态沿$OB$线变化。若有一系列的弱扰动波传过熵值为$S_1$的介质时，介质的状态将沿$S_1$等熵线变化，依此类推。

#### 4．冲击波的性质

冲击波是一种强压缩波，冲击波波阵面前后的状态参数是突跃变化的，也就是说，在很薄的冲击波波阵面两侧，介质的诸参数不是相差一个微小量，而是相差一个有限量。为了深入了解冲击波（或冲击波Hugoniot曲线）的性质，把Hugoniot曲线（冲击绝热线）与等熵线在$(v, p)$状态平面内加以对比。

(1) 冲击绝热线为不同波速的冲击波传过同一种初始状态后介质突跃达到的终态点的连线，它不是过程线。而等熵线是一系列弱扰动波（小扰动）传过后介质状态变化所经历的过程（或路径）线。

(2) 当介质的初始状态相同时，若达到同样的压缩程度，分别按冲击压缩和等熵压缩进行计算所得到的数据列于表4-1-1。

表4-1-1 绝热和等熵压缩的压缩比 $p/p_0$ 值

| | $v/v_0$ | 1.0 | 0.8 | 0.6 | 0.5 | 0.4 | 0.3 | 1/6 |
|---|---|---|---|---|---|---|---|---|
| $p/p_0$ | 等熵 | 1.0 | 1.367 | 2.044 | 2.639 | 3.607 | 5.395 | 12.29 |
| | 绝热 | 1.0 | 1.368 | 2.077 | 2.750 | 4.000 | 7.152 | ∞ |

利用表中数据，在$(v, p)$状态平面上可以作出过初态点$O(1, 1)$的两条曲线（图4-1-5），一条是等熵线，另一条是冲击波Hugoniot曲线。由图可见，

除公共点(即初态点)外,冲击波的 Hugoniot 曲线位于等熵线的右上方。这就是说,除初态点外,Hugoniot 曲线上的各点熵值均大于初态点的熵值,即冲击波传过后介质的熵值增加。

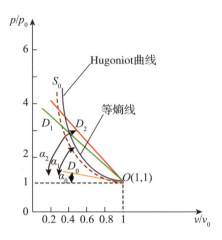

**图 4-1-5　Hugoniot 曲线与等熵线**

(3)不难证明,冲击波的 Hugoniot 曲线和等熵线在初态点 $O$ 处是相切的。

在 $(v, p)$ 状态平面上,由初态点引出的波速线,其坡度 $\tan\alpha$ 均大于初态点的坡度 $\tan\alpha_0$(参看图 4-1-5)。这就是说,冲击波的传播速度总是大于初始介质中的声速,或者说,冲击波的传播速度对波前介质(未扰动介质)而言总是超声速的。这一结论也可以从下式看出来,即 $D > u_0 + c_0$。

(4)相反,对波后介质而言,冲击波的传播速度却永远是亚声速的,即 $D < u + c$。

(5)冲击波传过后介质获得了一个与波传播方向相同的运动速度,即 $u - u_0 > 0$。

### 4.1.5　运动冲击波的正反射

当冲击波在传播过程中遇到障碍物时会发生反射现象。入射波的传播方向垂直于障碍物的表面时,在障碍物表面发生的反射现象称为正反射,此时形成的反射波与入射波的传播方向相反,而且也垂直于障碍物的表面;当入射波的传播方向与障碍物的表面成一定角度时,在障碍物表面上将发生斜反射现象。

#### 1. 固壁上的正反射

最简单的情况即平面冲击波在刚性壁面上的正反射现象,如图 4-1-6 所示。

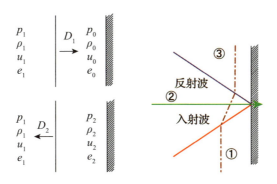

图 4-1-6 冲击波的固壁反射

冲击波以 $D_1$ 的速度向固壁垂直入射,波前的介质状态参数分别为 $p_0$、$\rho_0$(或 $v_0$)、$u_0$ 和 $a_0$,波后的介质状态参数分别为 $p_1$、$\rho_1$(或 $v_1$)、$u_1$ 和 $a_1$;而反射冲击波以 $D_2$ 的速度离开固壁,其波后的介质状态参数分别为 $p_2$、$\rho_2$(或 $v_2$)、$u_2$ 和 $a_2$。

入射波波阵面前后的诸参数关系式:

$$\begin{cases} u_1 - u_0 = \sqrt{(p_1-p_0)(v_0-v_1)} \\ D_1 - u_0 = v_0 \sqrt{\dfrac{p_1-p_0}{v_0-v_1}} \\ \dfrac{v_0}{v_1} = \dfrac{\rho_1}{\rho_0} = \dfrac{(k+1)p_1+(k-1)p_0}{(k+1)p_0+(k-1)p_1} \end{cases} \quad (4-1-21)$$

当入射波波阵面遇到固壁时,由于固壁不变形,所以波后的介质质点将受到固壁的阻挡,速度由 $u_1$ 变为"0",即 $u_2=0$。此时,速度为 $u_1$ 的气体动能将转换为压力势能,从而使固壁处的介质被压紧,压强由 $p_1$ 增大为 $p_2$,密度由 $\rho_1$ 增大到 $\rho_2$。这样受第二次压缩的介质必然反过来压缩已被反射波压缩过的介质,因此便形成了反射冲击波,它离开壁面向左传播。反射波波阵面前后的诸参数关系式:

$$\begin{cases} u_2 - u_1 = \sqrt{(p_2-p_1)(v_1-v_2)} \\ D_2 - u_1 = v_1 \sqrt{\dfrac{p_2-p_1}{v_1-v_2}} \\ \dfrac{v_1}{v_2} = \dfrac{\rho_2}{\rho_1} = \dfrac{(k+1)p_2+(k-1)p_1}{(k+1)p_1+(k-1)p_2} \end{cases} \quad (4-1-22)$$

若取 $u_1=0$,而且根据固壁表面不变形条件可知 $u_2=0$,得到

$$(p_2 - p_1)\left(1 - \frac{\rho_1}{\rho_2}\right) = (p_1 - p_0)\left(\frac{\rho_1}{\rho_0} - 1\right) \quad (4-1-23)$$

将入射波和反射波绝热方程代入求解二次方程，可得两个解，即

$$\frac{p_2}{p_1} = \frac{(3k-1)p_1 - (k-1)p_0}{(k-1)p_1 + (k+1)p_0} \quad (4-1-24a)$$

$$\frac{p_2}{p_0} = 1 \quad (4-1-24b)$$

这里有意义的只是第一个解即式(4-1-24a)，而式(4-1-24b)相当于小扰动的反射情况。式(4-1-24a)即为反射冲击波波阵面压强与入射冲击波波阵面压强之间的关系式。该式也可以写为压差的表达形式，即

$$\frac{p_2 - p_0}{p_1 - p_0} = \frac{(3k-1)p_1 + (k+1)p_0}{(k-1)p_1 + (k+1)p_0} \quad (4-1-25)$$

当入射冲击波很强时，由于 $p_1 \gg p_0$，故可以略而不计。这样，上式可简化为

$$\frac{p_2 - p_0}{p_1 - p_0} = \frac{3k-1}{k-1} \quad (4-1-26)$$

对于空气中的强冲击波来说，如将 $k$ 值代入，则有

$$\frac{p_2 - p_0}{p_1 - p_0} = \begin{cases} 8, & k = 1.4 \\ 13, & k = 1.2 \end{cases} \quad (4-1-27)$$

由此可见，强冲击波在固壁面反射后将使壁面处的压强增加很多，因而冲击波的反射现象加强了冲击波对目标的破坏作用。

当入射冲击波很弱时，即 $p_1 \approx p_0$，可得

$$\frac{p_2 - p_0}{p_1 - p_0} = 2 \quad (4-1-28)$$

这个结论与小扰动波情况是一致的，反射后壁面压差将增加一倍。

推导密度变化的表达式

$$\frac{\rho_2}{\rho_1} = \frac{v_1}{v_2} = \frac{kp_1}{(k-1)p_1 + p_0} \quad (4-1-29)$$

对于很强的冲击波，可以忽略 $p_0$，则上式可简化为

$$\frac{\rho_2}{\rho_1} = \frac{v_1}{v_2} = \frac{k}{k-1} \quad (4-1-30)$$

当强冲击波在固壁反射后，也就是介质经过入射和反射冲击波的两次压缩

后，固壁面附近的介质被压缩的最大倍数可由下面公式求出：

$$\frac{\rho_2}{\rho_0} = \frac{k(k+1)}{(k-1)^2} \tag{4-1-31}$$

对于空气中的强冲击波反射，有 $\frac{\rho_2}{\rho_0} = \begin{cases} 21, & k=1.4 \\ 66, & k=1.2 \end{cases}$。可见经过两次压缩后，介质密度化是相当大的。

### 2. 反射波和入射波的传播速度及强度

在 $u_0 = u_2 = 0$ 的情况下，由动量守恒方程对入射冲击波可以写出

$$p_1 - p_0 = \rho_0 D_1 u_1 \tag{4-1-32}$$

对反射冲击波可以写出

$$p_2 - p_1 = -\rho_2 D_2 u_1 \tag{4-1-33}$$

两式相除，可得

$$D_2 = -\frac{p_2 - p_1}{p_1 - p_0} \frac{\rho_0}{\rho_2} D_1 \tag{4-1-34}$$

整理后得到

$$D_2 = -\frac{2\left(k-1+\dfrac{p_0}{p_1}\right)}{(k+1)+(k-1)\dfrac{p_0}{p_1}} D_1 \tag{4-1-35}$$

当入射冲击波很强，即 $p_1 \gg p_0$ 时，上式可简化为

$$D_2 = -\frac{2(k-1)}{k+1} D_1 \tag{4-1-36}$$

对于空气中的强冲击波来说，有

$$D_2 = \begin{cases} -0.33 D_1, & k=1.4 \\ -0.18 D_1, & k=1.2 \end{cases}$$

由此可知，反射冲击波的传播速度总是低于入射冲击波的传播速度，而且两波的方向相反。

当入射冲击波很弱，即 $p_1 \approx p_0$ 时，由上式可知，反射波的传播速度近似等于入射波的传播速度。这一结论与小扰动波的情况也是一致的。

$$\frac{p_2}{p_1} = \frac{(3k-1)-(k-1)\dfrac{p_0}{p_1}}{(k+1)+(k-1)\dfrac{p_1}{p_0}} \frac{p_1}{p_0} \tag{4-1-37}$$

则由数值计算可知，在 $\dfrac{p_1}{p_0} > 1$ 的情况下，分数项满足

$$\frac{(3k-1)-(k-1)\dfrac{p_0}{p_1}}{(k+1)+(k-1)\dfrac{p_0}{p_1}} < \frac{(3k-1)-(k-1)}{(k+1)+(k-1)} = 1 \qquad (4-1-38)$$

故有

$$\frac{p_2}{p_1} < \frac{p_1}{p_0} \quad \text{或} \quad \frac{p_2-p_1}{p_1} < \frac{p_1-p_0}{p_0}$$

这就是说，反射冲击波的强度总是低于入射冲击波的强度。

### 3. 敞口端的正反射

当冲击波运动到敞口端时，由于波后的压强 $p_1$ 高于外界的环境压强 $p_0$，因而波后介质必将发生膨胀，并伴随有一系列的左传膨胀波产生。又因为压强是突然下降的，所以该膨胀波是中心膨胀波。最后一道膨胀波后的②区，其压强 $p_2 = p_0$，如图 4-1-7 所示。

对于这类问题，使用 $p-u$ 图较为方便。如果已知未扰动区的状态及右传冲击波的强度时，在图 4-1-8 上可以作出点 0 和点 1。因为 $p_2 = p_0$，所以过点 1 的第一族特征线与过点 0 的等压线交于点 2，此即为所要寻求的②区状态。

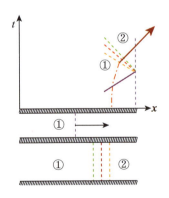
图 4-1-7 敞口端的正反射

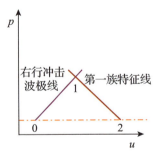
图 4-1-8 敞口端的正反射

关于①区状态的计算方法已经进行过讨论，在此不予重述。至于②区状态的计算，可以利用跨过第二族特征线的相容关系，即

$$u_2 + \frac{2}{k-1}c_2 = u_1 - \frac{2}{k-1}c_1 \qquad (4-1-39)$$

根据多方关系，并考虑到 $p_2 = p_0$，则有

$$\frac{c_2}{c_1} = \left(\frac{p_2}{p_1}\right)^{\frac{k-1}{2k}} = \left(\frac{p_0}{p_1}\right)^{\frac{k-1}{2k}} \quad (4-1-40)$$

由此，可以求出

$$u_2 = u_1 + \frac{2c_1}{k-1}\left[1 - \left(\frac{p_0}{p_1}\right)^{\frac{k-1}{2k}}\right] \quad (4-1-41)$$

以上讨论只适用于 $u_1 < c_1$ 和 $u_2 < c_2$ 的情况。在其他情况下，反射波不可能传入管内，这时管内将保持冲击波的波后状态。

### 4.1.6 运动冲击波的斜反射

当冲击波在二维或三维空间运动时，会碰到倾斜壁面而发生斜反射。例如，一个球形冲击波波面到达固壁面附近的情况[（图 4-1-9(a)]，最初冲击波沿法向与壁面相碰，并且像正冲击波那样被反射回来，随后冲击波的入射角(即波面法线方向与壁面法线方向间的夹角)逐渐增大，但仍能实现正常反射[图 4-1-9(b)]。当入射角增大到某一极限值(即保持正常反射的最大值)以上时，将出现马赫反射[图 4-1-9(c)]。这时，整个反射波前沿将位于壁面之前，而不与壁面直接接触；图中立于壁面上的两只"脚"，是马赫反射中接近于正冲击波的部分，正是它沿壁面传播从而引起壁面上的压强变化。

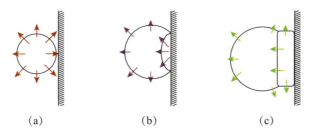

图 4-1-9 球形冲击波的固壁反射

实际上，正冲击波碰到倾斜固壁，如图 4-1-10 所示或者斜冲击波碰到固壁，都会发生斜反射现象。为了弄清运动冲击波的斜反射问题，下面讨论斜反射与斜冲击波的关系。

如图 4-1-10 所示，设一速度为 $D_1$ 的正冲击波碰到倾斜角为 $\varphi_1$ 的固壁。为便于讨论，假设波前(未扰动区)的气体是静止的，即 $u_0 = 0$，其后的气体(①区)由于冲击波的作用而具有速度，方向与波阵面相垂直。由于速度不与壁面平行，所以必然产生一道反射冲击波(OB)。图中②区的气体也具有速度

($u_2$)，但其方向将平行于壁面。也就是说，反射冲击波的作用将使①区气体垂直于壁面的速度分量消失。

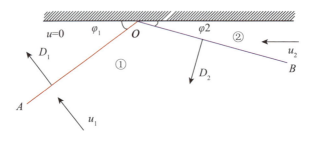

**图 4-1-10  正冲击波与倾斜壁面碰撞**

由于入射冲击波 $OA$ 是运动的，所以反射冲击波 $OB$ 也是运动的，但它们的传播速度不同。如果入射波面在某一时刻 $t$ 位于 $OA$ 位置，在 $t+\Delta t$ 时刻位于 $O'A'$ 位置，则由图 4-1-11 可见，在 $\Delta t$ 的时间间隔内，冲击波向前运动的距离 $O'O''=D_1\cdot\Delta t$，沿壁面运动的距离 $OO'=D_1\cdot\Delta t/\sin\varphi_1$。因此，点 $O$ 的移动速度为

$$u_0 = \frac{D_1}{\sin\varphi_1} \tag{4-1-42}$$

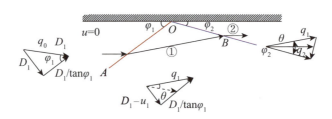

**图 4-1-11  随动坐标系中的斜反射**

如果在随点 $O$ 运动的动坐标系中，即在冲击波不动的情况下讨论问题（图 4-1-11），那么未扰动区中的气体速度为

$$q_0 = |u_0| = \frac{D_1}{\sin\varphi_1} \tag{4-1-43}$$

而速度 $q_0$ 在波面 $OA$ 上的法向分量为 $D_1$，切向分量为 $D_1/\tan\varphi_1$。

当未扰动区的气流穿过 $OA$ 进入①区后，其速度变为 $q_1$，而 $q_1$ 的法向分量为 $D_1-u_1$，切向分量仍然为 $D_1/\tan\varphi_1$，因此有

$$q_1 = \sqrt{(D_1-u_1)^2 + \frac{D_1^2}{\tan^2\varphi_1}} \tag{4-1-44}$$

显然，$q_1$ 折转了一个角 $\theta$。

当①区的气流穿过波面 $OB$ 进入②区后，气流又反转 $\theta$ 角变为沿壁面方向。由于 $q_1$ 和 $q_2$ 在波面 $OB$ 上的切向分量相等，故可写出

$$q_1\cos(\varphi_2+\theta)=q_2\cos\varphi_2 \qquad (4-1-45)$$

由相对运动关系可知：

$$q_2=u_0-u_2$$

$$u_2=\frac{D_1}{\sin\varphi_1}-\frac{\cos(\varphi_2+\theta)}{\cos\varphi_2}\sqrt{(D_1-u_1)^2+\left(\frac{D_1}{\tan\varphi_1}\right)^2} \qquad (4-1-46)$$

式中：角 $\theta$ 和 $\varphi_2$ 可利用气体动力学中关于斜冲击波的公式、图线或数值表求出。

在一般情况下，入射角 $\varphi_1$ 和反射角 $\varphi_2$ 并不相等。对于所讨论的问题，常常是根据已知的 $D_1$ 和 $\varphi_1$ 求角 $\theta$，然后再根据反转相同角度 $\theta$ 的条件求出 $\varphi_2$，并依次求出①区和②区的诸状态参数。

正冲击波的斜反射问题可以用气流通过两个斜冲击波的方法来解决。同理，也可以用这种方法解决斜冲击波的反射问题。但需指出，这种方法只能用在入射角不是很大的情况下。因为当入射角 $\varphi_1$ 增大时，虽然对未扰动区来说，折转角 $\theta$ 仍能小于最大允许的折转角 $\theta_{0\max}$，但对①区来说，折转角 $\theta$ 却可能大于最大允许的折转角 $\theta_{1\max}$，这时将出现马赫反射（非正规斜反射），情况变得十分复杂。在出现马赫反射的情况下，虽然入射波是直线形，但反射波却成为曲线形，并在壁面附近有一个近于垂直的冲击波杆（图 $4-1-12$）；此外，在称为三波点的交点处还有一条滑移线（接触间断面）。实际上，冲击波杆也是曲线形，但其与壁面相交的地方必须垂直于壁面，因为这是不改变流动方向而形成冲击波的唯一可能的形式。为了便于计算，常把马赫反射波系简化为三叉波（图 $4-1-13$）。图中②区和③区只是压强相等，气流运动方向相同（均平行于壁面），但流动速度的大小却不相同。

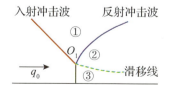

图 $4-1-12$ 马赫反射示意图

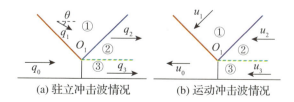

图 $4-1-13$ 三叉波的简化模型

由未扰动区到③区是跨过正冲击波,因此③区的压强容易确定。而由未扰动区到②区是跨过两道斜冲击波,气流两次的折转角应当相等但方向相反,最后的压强应与③区的压强相等。这样,入射冲击波和反射冲击波就可以完全确定,①区、②区和③区的状态参数也可相继求得。

## 4.2 爆轰波理论

爆轰过程仍是爆轰波沿爆炸物一层一层地进行传播的过程;各种爆炸物在激起爆轰之后,爆轰波都趋向于以该爆炸物所特有的爆速沿爆炸物进行稳定的传播,如图 4-2-1 所示。

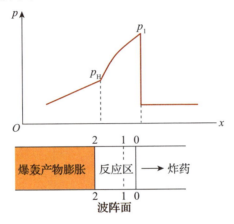

图 4-2-1 爆轰波流动图形

爆轰波乃是沿爆炸物传播的强冲击波,与通常的冲击波主要的不同点是,在其穿过后爆炸物因受到它的强烈冲击而立即激起高速化学反应,形成高温高压爆轰产物并释放出大量的化学反应热能,这些热能又被用来支持爆轰波对下一层爆炸物进行冲击压缩,如图 4-2-2 所示。因此爆轰波是一种伴随着化学反应热放出的强间断面的传播,或者可以说爆轰波是含有化学反应的强冲击波。爆轰过程中,物质的化学反应和介质运动同时发生,整个过程既涉及化学动力学过程,又涉及流体动力学过程。

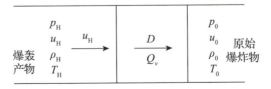

图 4-2-2 爆轰波流动图形

20 世纪初，Chapman、Jouguet 等人不考虑爆轰的化学动力学过程，单纯从流体动力学角度出发，将爆轰波看作未反应物质与反应产物之间的间断面，运用质量、动量、能量守恒方程研究问题，并且提出爆轰波稳定传播的条件，从而发展成为爆轰波 C-J 理论，即爆轰流体动力学理论。该理论不仅能够定性解释爆轰波传播的物理现象，而且建立了一套计算爆轰波参数的理论公式，直到现在仍然得到广泛应用。

由于爆轰波具有一定的厚度，且爆轰波阵面内部必定涉及化学动力学过程，因而 C-J 理论除在计算爆轰波参数上存在不小的误差外，还不能计算爆轰反应区内的参数分布。20 世纪 40 年代 Zel'dovich、Von Neumann 和 Doring 各自独立提出同一种爆轰波模型，简称 Z-N-D 模型。该模型把爆轰波看成由前沿冲击波和紧跟在其后的化学反应区组成，即用冲击波和化学反应区的组合取代了 C-J 理论中简单的突跃间断面。

对于通常的气相爆炸物爆轰波的传播速度一般为 1500~4000m/s，爆轰终了断面所达到的压力和温度分别为数兆帕和 2000~4000K。对于军用高猛炸药，爆速通常在 6000~10000m/s 的范围，波阵面穿过后产物的压力高达数十吉帕，温度高达 3000~5000K，密度增大 1/3。无论是 C-J 理论，还是 Z-N-D 模型，都是一维定常流动模型，实际上并未完全反映爆轰波内所发生过程的真实情况。许多研究表明，爆轰往往是以螺旋爆轰的方式进行，爆轰波不是光滑面，而是存在着复杂的三维波系，这些波系相互作用形成称为胞格结构的状态。

爆轰(detonation)定义为冲击波在活性介质(反应介质)中传播并引起介质的快速化学反应。爆轰波(detonation wave)定义为伴有快速化学反应区的冲击波，冲击波+化学反应区=爆轰波。爆速(detonation velocity)定义为爆轰波沿炸药装药传播的速度。

(1)爆轰波只存在于炸药的爆轰过程中。爆轰波的传播随着炸药爆轰结束而中止。

(2)爆轰波总带着一个化学反应区，它是爆轰波得以稳定传播的基本保证。

(3)爆轰波的波阵面较厚，而冲击波的波阵面较薄。习惯上把图 4-2-1 中的 0-2 区间称为爆轰波波阵面的宽度，其数值约 0.1~1.0cm，视炸药的种类而异。爆轰波具有稳定性，即波阵面上的参数及其宽度不随时间而变化，直至爆轰终了。

爆轰波与冲击波的共性：①波阵面上的状态参数呈突跃式升高；②波速大于未扰动介质中的声速；③介质移动方向与波的传播方向一致，关于爆轰波和冲击波的特征见表 4-2-1。

表 4-2-1　爆轰波与冲击波的特征

| 特　征 | 爆轰波 | 冲击波 |
|---|---|---|
| 传播介质 | 活性介质(炸药)中 | 一般在惰性介质中 |
| 化学反应 | 有 | 无 |
| 能量补充 | 有 | 无 |
| 传播过程状态参数 $p,\rho,T,u,D$ | 恒定 | 迅速衰减 |

## 4.2.1　定常爆轰波 C-J 理论

在 19 世纪末的早期研究中人们就已发现，爆炸物的爆轰过程是爆轰波沿爆炸物的传播过程；并且发现，爆轰一旦被激发，其传播速度很快趋向该爆炸物所具有的特定数值，即所谓理想的特定爆速 $D_i$。在通常情况下爆轰波将以该特定爆速稳定传播下去直至爆炸物爆轰终了。在揭示爆轰波沿爆炸物能够稳定传播的理论探索中，Chapman 和 Jouguet 各自独立地提出的爆轰流体动力学理论是一个获得学术界公认的成功理论，该理论以热力学和流体动力学理论为根据，将爆轰波视为伴随着化学反应热放出的强间断面，提出并论证了爆轰波稳定传播的条件及其表达式，从而为爆轰波参数的理论计算奠定了基础。此理论简称为爆轰波的 C-J 理论。

### 1. 爆轰波的基本关系式

在爆轰波的 C-J 理论模型中假设流动是平面一维的，不考虑热传导、热辐射以及黏滞摩擦的耗能效应；视爆轰波为一强间断面，即冲击波；爆轰波通过后化学反应瞬间完成并放出化学反应热 $Q_e$，反应产物处于热化学平衡及热力学平衡状态；爆轰波波阵面传播过程是定常的，从固定在波阵面的坐标系上看，波阵面后刚刚形成的状态是不随时间变化的。

图 4-2-3 中前沿冲击波连同其后化学反应区的传播速度为 $D$，前沿冲击波之前是未反应的炸药，炸药所处状态初始压力为 $p_0$，密度为 $\rho_0$，单位质量内能为 $e_0$，质点速度取 $u_0$；前沿冲击波后化学反应区内的状态是变化的，化学反应区初始断面处炸药受到冲击压缩，开始化学反应，化学反应区末断面化学反应结束，全部变成爆轰产物，单位质量炸药放出化学能 $Q_e$；化学反应区之后爆轰产物的状态，压力为

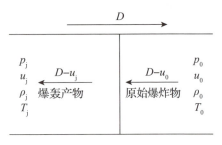

图 4-2-3　爆轰波波阵面

$p_j$，密度为 $\rho_j$，单位质量内能为 $e_j$，爆轰产物的质点速度为 $u_j$。

为了研究问题方便，如图 4-2-3 所示，将坐标原点取在爆轰波阵面上，采用爆轰波不动的相对坐标。在这个坐标系中，炸药以 $D$ 的速度流入爆轰波，爆轰产物以 $D-u_j$ 的速度从爆轰波流出。并且只研究爆轰波前后物质的流动，而不考虑爆轰波内部的化学反应。若以 $U_0$ 及 $U_j$ 分别代表原始爆炸物及爆轰后形成产物单位质量总内能；以 $Q_e$ 及 $Q_j$ 分别表示爆炸物及产物单位质量含有的化学能；以 $e_0$ 及 $e_j$ 代表相应物质的状态内能，则

$$\begin{cases} U_0 = e_0 + Q_e \\ U_j = e_j + Q_j \end{cases}$$

而波阵面通过前后物质总比内能的变化为

$$U_j - U_0 = (e_j - e_0) + (Q_j - Q_e) \tag{4-2-1}$$

式中：$(Q_j - Q_e)$ 的实质是爆轰反应放出的化学能为爆轰热。由于爆轰产物中化学能 $Q_j$ 为零，故上式可改写为

$$U_j - U_0 = (e_j - e_0) - Q_e \tag{4-2-2}$$

鉴于爆轰波本身是一种冲击波间断面，按照质量守恒和动量守恒定律可以写出：

$$\rho_0(D - u_0) = \rho_j(D - u_j) \tag{4-2-3}$$

$$p_j - p_0 = \rho_0(D - u_0)(u_j - u_0) \tag{4-2-4}$$

在波前爆炸物处于静止状态时，用上面两式可得到波速 $D$ 和质点速度 $u_j$ 的表达式

$$D = v_0 \sqrt{\frac{p_j - p_0}{v_0 - v_j}} \tag{4-2-5}$$

$$u_j = (v_0 - v_j)\sqrt{\frac{p_j - p_0}{v_0 - v_j}} \tag{4-2-6}$$

式中：比容 $v = \dfrac{1}{\rho}$。

单位时间内流入爆轰波的能量与爆轰波反应区放出的能量之和等于爆轰波后物质所具有的能量，即

$$\rho_0(D-u_0)U_0 + p_0(D-u_0) + \frac{1}{2}\rho_0(D-u_0)(D-u_0)^2 =$$

$$\rho_j(D-u_j)U_j + p_j(D-u_j) + \frac{1}{2}\rho_j(D-u_j) \cdot (D-u_j)^2$$

$$\tag{4-2-7}$$

在此条件下,借助质量和动量守恒可以推导出爆轰波的 Hugoniot 方程为

$$e_j - e_0 = \frac{1}{2}(p_j + p_0)(v_0 - v_j) + Q_e \qquad (4-2-8)$$

可以看出,爆轰波传播过程中由于爆轰反应热 $Q_e$ 的释放,使得爆轰产物的比内能提高,所以此式也称为放热的 Hugoniot 方程。

式(4-2-5)、式(4-2-6)和式(4-2-8)是根据三个守恒定律建立的爆轰波的基本关系式。如爆轰产物的状态方程 $e = e(p, v)$ 或 $p = p(\rho, s)$ 为已知,就具备了四个方程。但是爆轰波参数有五个,即 $p_j$,$\rho_j(v_j)$,$u_j$,$e_j$ 或温度 $T_j$ 以及 $D$,方程组不封闭,因此,尚需建立第五个方程才能对爆轰参数进行预估和计算。Chapman、Jouguet 在研讨爆轰波沿爆炸物稳定传播所应当遵守的条件时提出并论证了第五个公式,即所谓爆轰波稳定传播的 C-J 条件,从而为爆轰参数的理论计算建立了基础。

### 2. 爆轰波的波速线以及放热的 Hugoniot 曲线

波速方程可写为

$$p_j = p_0 + \frac{D^2}{v_0^2}(v_0 - v_j) \qquad (4-2-9)$$

它在 $p-v$ 平面上可以用从 $O(v_0, p_0)$ 点为始发点的斜线,如图 4-2-4 所示,不同斜率的斜线与不同的波速 $D$ 相对应,称为爆轰波的波速线或瑞利线,其斜率为

$$\tan(\pi - \alpha) = \tan\alpha = -\frac{D^2}{v_0^2} \qquad (4-2-10)$$

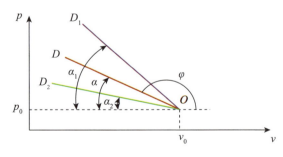

图 4-2-4 爆轰波的波速线

Hugoniot 方程

$$u_j - u_0 = \frac{1}{2}(p_j + p_0)(v_0 - v_j) \qquad (4-2-11)$$

$$e_{\mathrm{j}} - e_0 = \frac{1}{2}(p_{\mathrm{j}} + p_0)(v_0 - v_{\mathrm{j}}) + Q_{\mathrm{e}} \qquad (4-2-12)$$

在 $p-v$ 平面上，Hugoniot 曲线是一条位于 $(v_0, p_0)$ 点上方的凹向 $p$、$v$ 轴的双曲线。该曲线位于原始爆炸物的冲击 Hugoniot 曲线 1 的右上方，如图 4-2-5 所示。由于爆轰反应热 $Q_{\mathrm{e}}$ 放出使得 Hugoniot 方程右侧多出一项，故该曲线不通过爆炸物的初始状态点 $O(v_0, p_0)$，并被称为爆轰波放热的 Hugoniot 曲线。

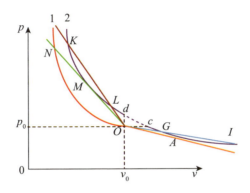

**图 4-2-5　爆轰波放热的 Hugoniot 曲线特征点图**

以爆速 $D$ 传播的爆轰波，波阵面前的原始爆炸物在遭受冲击而尚未发生化学反应时，其状态由 $O(v_0, p_0)$ 突跃到波速线 $ON$ 上的某一点，该点恰恰是该雷莱线与冲击波的 Hugoniot 曲线 1 的交点 $N$。

然而爆轰反应完成后由于爆轰反应热 $Q_{\mathrm{e}}$ 已放出，故爆轰波阵面传过后刚刚形成的爆轰产物的状态必定在放热的 Hugoniot 曲线 2 上的某一点，该点应该是波速线与曲线 2 的相交点或是相切点。显然，若爆速不同，爆轰波阵面传过后爆轰产物所达到的状态点也不同。因此，爆轰波的 Hugoniot 曲线 2 乃是不同强度的爆轰波传过后爆轰产物所达到的终点状态的连线。

需要指出的是，曲线 2 的所有线段并非都是与爆轰过程相对应的。为了阐明这个问题，从初始状态点 $(v_0, p_0)$ 作等压线（水平线）与 Hugoniot 曲线 2 相交于点 $c$，作等容线（垂直线）与 Hugoniot 曲线 2 相交于点 $d$，同时从两个方向上作曲线 2 的两条切线分别相切于点 $M$ 和点 $A$。这样曲线 2 被划分为五段，如图 4-2-5 所示。

先考察 $dc$ 线段，在该线段内有 $v > v_0$，$p > p_0$，故波速线的斜率 $\dfrac{p-p_0}{v-v_0} < 0$，从而可知 $D$ 值为一虚数。这表明此线段不与任何实际存在的过程相对应。因此在图中以虚线表示。

在 $c$ 点以下的线段 $v>v_0$，$p<p_0$，故 $D>0$，但据介质速度公式知质点速度 $u<0$。这表明波的传播方向与产物运动方向相反，符合燃烧过程的特征，故曲线 2 的该部分称为燃烧支或爆燃支。其中 $GA$ 段的 $p-p_0$ 负压值较小，称为弱爆燃支；$AI$ 段的 $p-p_0$ 负压值较大，称为强爆燃支；点 $A$ 的状态与燃烧波速度最大的过程相对应。同时由于点 $A$ 处具有 $-\left(\dfrac{\partial p}{\partial v}\right)_{2.A}=\dfrac{p_A-p_-}{v_0-v_A}$ 的特点，故又称为燃烧过程的 C-J 点，其特点是燃烧过程的定型传播。

在点 $c$ 处有 $v>v_0$，$p=p_0$，故波速 $D=0$，这表明该点与定压燃烧过程相对应。

在点 $d$ 之上的 $LMK$ 线段，其各点都具有 $v<v_0$，$p>p_0$ 的条件，由波速方程和质点速度方程可知其相对应的 $D$ 和 $u$ 皆为正值。此外，由于通过该线段上的任意一点由初始状态点 $O(v_0,p_0)$ 连接起来的波速线与水平线的夹角都要比过 $O(v_0,p_0)$ 等熵线的切线与水平线的夹角 $\alpha_0$ 大，即有 $\dfrac{p-p_0}{v_0-v}>-\left(\dfrac{\partial p}{\partial v}\right)_{S.0}$。

在点 $d$ 处有 $v=v_0$，$p>p_0$，故波速 $D$ 为无穷大。这表明该点与定容的瞬间爆轰过程相对应。

因此 $LMK$ 线段上各点相对应的过程传播速度 $D$ 比原始爆炸物的声速 $c_0$ 要大，这表明该线段各点符合爆轰过程的特点，故称之为爆轰支。其中，$M$ 点称为 C-J 爆轰点，过该点的波速线与可能的最小爆轰速度 $D_{\min}$ 相对应。在 $MK$ 线段部分，$p-p_0$ 值要比 $ML$ 线段各点的 $p-p_0$ 大，故称为强爆轰支或过驱动爆轰支，$M$ 点以下的线段称为弱爆轰支。

从以上对曲线 2 各段物理意义的分析可知，爆轰过程反应产物的终态点必定位于该曲线的爆轰支上。

### 3. 爆轰波稳定传播的 C-J 条件

Chapman 首先提出，稳定爆轰的状态应对应于波速线和 Hugoniot 曲线的相切点 $M$。Jouguet 进一步阐明，爆轰波相对波后产物的传播速度等于当地声速，即

$$D-u_j=c_j \tag{4-2-13}$$

式（4-2-13）即为爆轰波稳定传播的 C-J 条件，该切点 $M$ 对应的爆轰也叫 C-J 爆轰。由该式可知，爆轰波的传播速度为 $D$，爆轰波化学反应区末端面的质点速度为 $u_j$，此状态的弱扰动传播速度为 $c_j$，弱扰动波在此状态下的传播速度恰好等于爆轰波的传播速度，爆轰波阵面后的稀疏波就不会传入爆轰反应区之中，因此反应区内所释放出来的能量就不会发生损失，而全部用来支持爆轰波的定常传播。

$M$ 点除了是爆轰波 Hugoniot 曲线和波速线的切点之外，还是爆轰波 Hugoniot 曲线和过 $M$ 点的等熵线的相切点，即 $M$ 点是爆轰波 Hugoniot 曲线、波速线和过该点等熵线的公切点。

$$\frac{p_j - p_0}{v_0 - v_j} = -\left(\frac{dp}{dv}\right)_M = -\left(\frac{dp}{dv}\right)_S \qquad (4-2-14)$$

这是 C-J 条件的另一种表达式。

### 4. 爆轰波稳定传播的物理意义

爆轰波在炸药中能够稳定传播的原因，完全在于化学反应供给能量，这个能量维持爆轰波毫不衰减地传播下去。假如这个能量受到损失，则爆轰波就会因缺乏能量而衰减。

爆轰波在炸药中传播过后，产物处于高温、高压状态，但是此高温、高压状态不能孤立存在，必定迅速发生膨胀。从力学观点来说，也就是从外界向高压产物传播进一系列的稀疏波，其稀疏波速度在化学反应区末端面上等于 $u_j + c_j$。

若 $u_j + c_j = D$，意味着向爆轰产物传入的稀疏波传播至化学反应区末端面时，在此处与爆轰波的传播速度相等，因而无法再传入化学反应区内，化学反应区放出的能量不受损失，全部用来支持爆轰波的运动，使爆轰波稳定传播。

若 $u_j + c_j > D$，意味着向爆轰产物传入的稀疏波在化学反应区末端面上的速度比爆轰波传播速度快，从而稀疏波可以进入化学反应区，导致化学反应区膨胀而损失能量，这样化学反应区放出的能量就不能全部用以支持爆轰波的运动，使爆轰波衰减。这种情况对应图 4-2-5 中的 $K$ 点，$K$ 点状态的爆轰波速度由 $OK$ 的斜率确定，随着爆轰波的衰减，爆轰波的速度逐渐减小，$OK$ 的斜率 $\tan\varphi = D^2/v_0^2$ 也不断减小，使 $OK$ 逐渐趋向于 $OM$，以致最终与 $OM$ 线重合，使爆轰波达到稳定传播状态。

若 $u_j + c_j < D$，意味着弱扰动传播速度小于爆速，在实际情况下这是不可能实现的。从力学观点来讲，在化学反应区内部，由于不断地层层进行化学反应放出热量，陆续不断地层层产生压缩波，此一系列压缩波向前传播，最终汇聚成为前沿冲击波。在弱扰动速度小于爆轰波速度的情况下，化学反应区内向前传播的压缩波无法达到前沿冲击波，因此前沿冲击波会脱离化学反应区而成为无能源的一般冲击波，所以传播过程中前沿冲击波必然衰减。这种情况对应图 4-2-5 中的 $L$ 点，即使是由于某种原因达到了 $L$ 点的状态，爆轰波也不能稳定传播。

通过上述分析可以明显看出，只有爆轰波波速线和 Hugoniot 曲线相切点所具有的性质，才是爆轰波稳定传播的条件。

## 5. C-J 点 Hugoniot 曲线熵值极小点

由热力学第一定律可知：

$$TdS = de + pdv \tag{4-2-15}$$

将爆轰波的 Hugoniot 方程进行微分，有

$$de = \frac{1}{2}[(v_0 - v)dp - (p + p_0)dv] \tag{4-2-16}$$

代入后得到

$$TdS = \frac{1}{2}[(v_0 - v)dp + (p - p_0)dv] \tag{4-2-17}$$

整理后得到

$$2TdS = (v_0 - v)^2 d\left(\frac{p - p_0}{v_0 - v}\right) \tag{4-2-18}$$

由于 $\dfrac{p - p_0}{v_0 - v} = \tan\alpha$

故有

$$2TdS = (v_0 - v)^2 d\tan\alpha = (v_0 - v)^2(1 + \tan^2\alpha)d\alpha \tag{4-2-19}$$

$$2TdS = (v_0 - v)^2\left(1 + \left(\frac{p - p_0}{v_0 - v}\right)^2\right)d\alpha \tag{4-2-20}$$

最后得到

$$2T\frac{dS}{dv} = (v_0 - v)^2(1 + \tan^2\alpha)\frac{d\alpha}{dv} \tag{4-2-21}$$

如图 4-2-6 和图 4-2-7 所示，在切点 $M$ 以上，当 $v$ 沿 Hugoniot 曲线逐

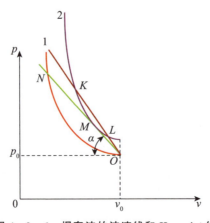

图 4-2-6　爆轰波的波速线和 Hugoniot 线

渐增大时，α 角逐渐减小。即 dα/dv<0。代入式(4-2-21)，可得 dS/dv<0，即在点 M 以上，熵 S 是随 v 的增大而减小的。

如图 4-2-6 和图 4-2-7 所示，在切点 M 以下，当 v 沿 Hugoniot 曲线逐渐增大时，α 角逐渐增大。即 dα/dv>0。代入式(4-2-21)，可得 dS/dv>0，即在点 M 以下，熵 S 是随 v 的增大而增大的。

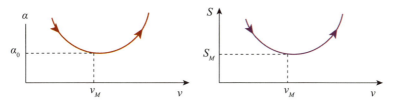

图 4-2-7　爆轰波 Hugoniot 曲线熵值线与等熵线图

由图 4-2-7 可以看出，在切点 M 处具有极值，即 $(dS/dv)_{2,M}=0$ 或 $\alpha = \alpha_{\min}$。因此在该点处有

$$\left(\frac{dS}{dv}\right)_{2,M}=0 \quad 或 \quad S=S_{\min} \quad (4-2-22)$$

式(4-2-22)表明，爆轰波的 Hugoniot 曲线 2 上切点 M 处具有最小的熵值。同时它还表明，在爆轰波的 Hugoniot 曲线 2 和过 M 点的等熵线 $S_M$ 在点 M 处相切。这是因为沿着过点 M 的等熵线 $S_M$，S 随比容 v 的变化为一与 v 轴相平行的水平线；换言之，$S_M$ 沿着等熵线在点 M 处也具有 $\left(\dfrac{dS}{dv}\right)_{2,M}=0$ 的性质。

M 点处 C-J 条件可由波速线和 Hugoniot 曲线相切来证明。

$$-\left(\frac{dp}{dv}\right)_{2,M}=-\left(\frac{dp}{dv}\right)_{S,M} \quad (4-2-23)$$

由波速方程可知：

$$-\left(\frac{dp}{dv}\right)_{2,M}=\frac{p-p_0}{v_0-v}$$

因此在 M 点处应满足如下条件：

$$\frac{p-p_0}{v_0-v}=-\left(\frac{dp}{dv}\right)_{2,M}=-\left(\frac{dp}{dv}\right)_{S,M} \quad (4-2-24)$$

该式表明，M 点为过 M 点的波速线、Hugoniot 曲线和等熵线的公切点。此式为 C-J 条件的另一种表达形式，也可以改写为

$$\frac{p-p_0}{v_0-v}=-\left(\frac{dp}{dv}\right)_{2,M}=-\left(\frac{dp}{dv}\right)_{S,M},\quad v_M\sqrt{\frac{p-p_0}{v_0-v}}=v_M\sqrt{\left(\frac{dp}{dv}\right)_{S,M}}$$

$$(4-2-25)$$

其中等式右边项为

$$v_M \sqrt{\left(\frac{\mathrm{d}p}{\mathrm{d}v}\right)_{S,M}} = c_M = c_j \qquad (4-2-26)$$

而等式左边可写为

$$D - u_j = v_0 \sqrt{\frac{p-p_0}{v_0-v}} - (v_0 - v)\sqrt{\frac{p-p_0}{v_0-v}} = v_M \sqrt{\frac{p-p_0}{v_0-v}} \quad (4-2-27)$$

从而得到

$$D - u_j = c_j \quad 或 \quad D = u_j + c_j$$

切点 $M$ 的状态满足于爆轰波稳定传播的 C-J 条件，因此切点 $M$ 又被称为 Chapman-Jouguet 点，简称 C-J 点。

C-J 点有三个重要性质：

（1）C-J 点 $M$ 为爆轰波 Hugoniot 曲线 2、过点 $M$ 的波速线及等熵线的公切点，其数学表达式为式(4-2-25)。

（2）C-J 点 $M$ 为爆轰波 Hugoniot 曲线 2 上熵值最小的一点，该性质数学表达式为式(4-2-22)。

（3）C-J 点 $M$ 为波速线上熵值最大的一点。

C-J 点 $M$ 的状态为一种自动进行的爆轰化学反应过程的终点状态。而由热力学第二定律可知，一切自动进行的不可逆过程中熵值总是增大的，并且在反应终了时熵值达到最大值。这恰是波速线上 C-J 点 $M$ 处具有最大熵值的原因。

### 6. C-J 点 $M$ 为波速线上熵值最大点

爆轰波面上在强冲击下激发的爆轰化学反应虽然极为快速，但终究要经历一个短暂的过程，在此过程中原始爆炸物的已反应的质量分数 $\lambda$ 逐渐增大，所释放出来的化学反应热 $\lambda Q_e$ 逐渐增多。这样把已经发生了部分爆轰反应的爆轰波 Hugoniot 方程写为

$$e - e_0 = \frac{1}{2}(p + p_0)(v_0 - v) + \lambda Q_e \qquad (4-2-28)$$

式中：$e$ 可表示为 $e = e(p, v, \lambda)$，将式(4-2-28)微分得

$$\mathrm{d}e = \frac{1}{2}[(v_0 - v)\mathrm{d}p - (p + p_0)\mathrm{d}v] + Q\mathrm{d}\lambda \qquad (4-2-29)$$

由热力学第二定律 $T\mathrm{d}S = \mathrm{d}e + p\mathrm{d}v$ 与式(4-2-29)整理得

$$2TdS = [(v_0 - v)dp - (p - p_0)dv] + 2Qd\lambda$$

$$2T\frac{dS}{dv} = (v_0 - v)\frac{dp}{dv} - (p - p_0) + 2Q\frac{d\lambda}{dv} \qquad (4-2-30)$$

将波速方程式(4-2-9)代入式(4-2-30)得到

$$2T\frac{dS}{dv} = (p - p_0)\left(\frac{v_0^2}{D^2}\frac{dp}{dv} + 1\right) + 2Q\frac{d\lambda}{dv} \qquad (4-2-31)$$

C-J 点 $M$ 处有 $\lambda = 1$，则

$$\frac{d\lambda}{dv} = 0 \qquad (4-2-32)$$

将式(4-2-32)和波速线斜率 $-\frac{dp}{dv} = \frac{p_j - p_0}{v_0 - v_j} = \frac{D^2}{v_0^2}$ 代入式(4-2-31)得到

$$\frac{dS}{dv} = 0 \qquad (4-2-33)$$

该式表明，无论是爆轰波的 Hugoniot 曲线 2 上还是在波速线上，熵 $S$ 在 C-J 点 $M$ 处都具有极值。

**7. 熵 $S$ 沿波速线的变化**

将波速线斜率 $-\frac{dp}{dv} = \frac{p_j - p_0}{v_0 - v_j} = \frac{D^2}{v_0^2}$ 代入式(4-2-31)得到

$$Q_e \frac{d\lambda}{dv} = T\frac{dS}{dv} \qquad (4-2-34)$$

如图 4-2-6 所示，波速线 $NMO$ 中，当 $v$ 由点 $N$ 沿波速线向点 $M$ 变化时，$\lambda$ 随 $v$ 的增大而增大，即 $\left(\frac{dS}{dv}\right)_R > 0$；而当 $v$ 沿该线由点 $M$ 向点 $O(p_0, v_0)$ 变化时，$\lambda$ 随 $v$ 的增大而减小，即此时有 $\left(\frac{dS}{dv}\right)_R < 0$；而在 C-J 点 $M$ 处有 $\left(\frac{dS}{dv}\right)_R = 0$，故沿波速线熵 $S$ 在 C-J 点有极大值。

### 4.2.2 爆轰波的 Z-N-D 模型

爆轰波的 C-J 理论把爆轰波阵面看成一个理想的无厚度的强间断面，当它传过后原始爆炸物立即转化成爆轰反应产物并放出化学能。

但实际上，化学反应是有一定速率的，化学反应区有一定的厚度。显然，C-J 理论未顾及爆轰波阵面厚度的存在及其内部发生的化学过程和流体动力学

过程，因此不能用来研究爆轰波阵面的结构及其内部发生的过程。

如图 4-2-8 所示，Z-N-D 模型把爆轰波阵面看成由前沿冲击波和紧跟其后的化学反应区构成，它们以同一速度沿爆炸物传播，反应区的末端平面对应 C-J 状态，称为 C-J 面。

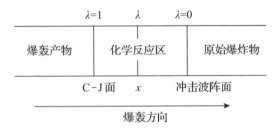

图 4-2-8 爆轰波阵面示意图

按照这一模型，爆轰波面内发生的历程为，原始爆炸物首先受到前导冲击波的强烈冲击压缩，立即由初始状态 $O(v_0, p_0)$ 被突跃压缩到 $N(v_N, p_N)$ 点的状态，温度和压力突然升高，高速的爆轰化学反应被激发，随着化学反应连续不断地展开，反应进程变量 $\lambda$ 从 $N(v_N, p_N)$ 点 $(\lambda=0)$ 开始逐渐增大，所释放的反应热 $\lambda Q_e$ 逐渐增大，状态由点 $N$ 沿波速线逐渐向反应终态点 $M$ 变化，直至反应进程变量 $\lambda=1$，到达反应区的终态，化学反应热 $Q_e$ 全部放出。

对于稳定传播的爆轰波，该终点即为 C-J 点，对于强爆轰，该终点为 $K(v_K, p_K)$ 点。如图 4-2-9(a)所示。

爆轰波的 Z-N-D 模型也可用图 4-2-9(b)来表示。在前导冲击波后压力突跃到 $p_N$(称为 Von Neumann 峰)，随着化学反应的进行，压力急剧下降，在反应终了断面压力降至 C-J 压力 $p_j$。C-J 面后为爆轰产物的等熵膨胀流动区，称为泰勒(Taylor)膨胀波，在该区内压力随着膨胀而平缓地下降。

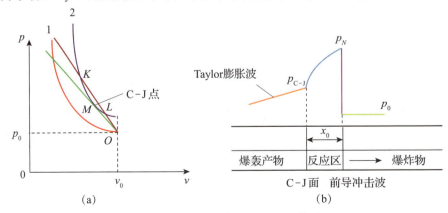

图 4-2-9 爆轰波的 Z-N-D 模型

由此可以看出，该模型假设了反应区内发生的化学反应流是一维的，且反应是均匀的，反应过程不可逆。除此之外，还假设反应区各个断面处的热力学变量都处于热力学平衡状态。虽然 Z-N-D 模型对 C-J 模型进行了修正和发展，但仍然不是完美的模型。实际上，反应区的化学反应不可能那么井然有序，反应区内的密度不均匀、介质的黏性、热传导、扩散等耗散效应的影响，都可能引起爆轰波反应区结构发生畸变，如气体爆轰中观察到螺旋爆轰现象、胞格结构等现象。

### 1. Z-N-D 模型中的 Hugoniot 曲线

在 Z-N-D 模型中 Hugoniot 方程可写为

$$e - e_0 = \frac{1}{2}(p + p_0)(v_0 - v) + \lambda Q_e, \quad \lambda = 0 \sim 1 \quad (4-2-35)$$

上式适用于化学反应区中的任一断面。因此在 $p$-$v$ 平面内，上式是以 $\lambda$ 为参数的一族曲线。不同的 $\lambda$ 对应不同的 Hugoniot 曲线。

$\lambda = 0$ 时，称无反应的 Hugoniot 曲线，或冲击 Hugoniot 曲线；$\lambda = 1$ 时，称完全放热的 Hugoniot 曲线；$\lambda = 0 \sim 1$ 时，称部分放热的 Hugoniot 曲线。

### 2. Z-N-D 模型中的波速线

在 Z-N-D 模型中，化学反应度 $\lambda$ 值从曲线 2 点处($\lambda = 0$)沿着波速线逐渐增至 C-J 点处($\lambda = 1$)，即波速线是化学反应的过程线。C-J 点的状态是自动进行化学反应过程的终点状态，从热力学概念可知，自动进行的不可逆过程熵值是增加的，反应终了熵值最大，因此，沿 R 线，C-J 点处熵值最大。

### 3. 反应区流动的定常解

按照 Z-N-D 模型，爆轰波化学反应区的化学反应是单一的，且不可逆地向前发展，化学反应度由 $\lambda = 0$ 连续地变化到 $\lambda = 1$。

当介质的状态方程为 $p = A\rho^\gamma$ 时 $\left(\text{即 } e = \frac{pv}{\gamma - 1}\right)$，并忽略 $p_0$，则对应一定值的 Hugoniot 方程为

$$\frac{pv}{\gamma - 1} = \frac{1}{2}p(v_0 - v) + \lambda Q_e \quad (4-2-36)$$

波速方程

$$p = -\frac{D^2}{v_0^2}v + \left(\frac{D^2}{v_0} + p_0\right) \quad (4-2-37)$$

即

$$p = -\frac{D^2}{v_0^2}v + \frac{D^2}{v_0}$$

联立 Hugoniot 方程和波速方程，可得到

$$p = \frac{D^2}{(\gamma+1)v_0}\left[1 \pm \sqrt{1 - \frac{2(\gamma^2-1)\lambda Q_e}{D^2}}\right] \quad \text{或} \quad v = \frac{v_0}{\gamma+1}\left[\gamma \mp \sqrt{1 - \frac{2(\gamma^2-1)\lambda Q_e}{D^2}}\right]$$

$$(4-2-38)$$

对于 C-J 爆轰，$\lambda = 1$，且波速线和 Hugoniot 曲线相切，因此只有一个解，即上述式中的根号为 0，即

$$1 - \frac{2(\gamma^2-1)Q_e}{D^2} = 0 \tag{4-2-39}$$

因此

$$D = D_j = \sqrt{2(\gamma^2-1)Q_e} \tag{4-2-40}$$

式中：$Q_e$ 为单位质量爆炸物的定容爆热，其量纲为 J/kg。

由图 4-2-6 可知：

$K$ 点（有意义）对应解

$$\begin{cases} p = \dfrac{D^2}{(\gamma+1)v_0}\left[1 + \sqrt{1 - \dfrac{2(\gamma^2-1)\lambda Q_e}{D^2}}\right] \\ v = \dfrac{v_0}{\gamma+1}\left[\gamma - \sqrt{1 - \dfrac{2(\gamma^2-1)\lambda Q_e}{D^2}}\right] \end{cases} \tag{4-2-41}$$

$L$ 点对应解

$$\begin{cases} p = \dfrac{D^2}{(\gamma+1)v_0}\left[1 - \sqrt{1 - \dfrac{2(\gamma^2-1)\lambda Q_e}{D^2}}\right] \\ v = \dfrac{v_0}{\gamma+1}\left[\gamma + \sqrt{1 - \dfrac{2(\gamma^2-1)\lambda Q_e}{D^2}}\right] \end{cases} \tag{4-2-42}$$

将式 $D = D_j = \sqrt{2(\gamma^2-1)Q_e}$ 分别代入 $K$ 点公式，得到各断面处参数：

$$p(\lambda) = \frac{\rho_0 D_j^2}{(\gamma+1)}(1 + \sqrt{1-\lambda}) \tag{4-2-43}$$

$$v(\lambda) = \frac{1}{\gamma+1}v_0[\gamma - \sqrt{1-\lambda}] \quad \text{或} \quad v(\lambda) = \frac{\gamma}{\gamma+1}v_0\left[1 - \frac{1}{\gamma}\sqrt{1-\lambda}\right]$$

$$(4-2-44)$$

由 $p_0 = \rho D u$,则有

$$u(\lambda) = \frac{D_j}{(\gamma+1)}(1 + \sqrt{1-\lambda}) \quad (4-2-45)$$

又因为 $\frac{pv}{\gamma-1} = c_V T = \frac{1}{2}p(v_0 - v) + \lambda Q_e$,对于 C-J 爆轰,有

$$c_V T_j = \frac{1}{2}p_j(v_0 - v_j) + Q_e \quad (4-2-46)$$

而反应取任意断面处反应物的温度 $T(\lambda)$ 为

$$T(\lambda) = T_j \left\{ \lambda + \frac{\gamma-1}{2\gamma}\left[(1+\sqrt{1-\lambda})^2 - \lambda\right] \right\} \quad (4-2-47)$$

上面解得稳定爆轰波反应区各参数与反应进程变量 $\lambda$ 之间的函数关系。若取 $\gamma = 1.2$ 时,各对比参数 $p/p_j$、$v/v_j$、$\rho/\rho_j$ 及 $T/T_j$ 与 $\lambda$ 间关系曲线如图 4-2-10 所示。

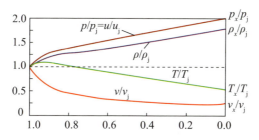

图 4-2-10 爆轰反应区内状态参数随 $\lambda$ 的变化

由图 4-2-10 可知,前导冲击波刚过之后爆炸物突跃到的压力 $p_N$ 约为 C-J 压力的 2 倍。随着爆轰反应的进行,压力逐渐降低,比容逐渐增大。然而,温度在最初是随反应进程逐渐升高的,在接近反应终了的 C-J 面之前升高到一个极大值,而后在 C-J 面处下降到 $T_j$,在爆轰波反应区中温度升高而压力下降的原因是由于在反应过程中存在着介质的膨胀现象。而在反应终了之前温度出现一个极大值的原因是,当爆炸物受到前导冲击波的强烈冲击压缩,温度由 $T_0$ 突升至 $T_N$,随着反应进程变量 $\lambda$ 的增大,放热量迅速增多,温度逐渐升高,在快到反应终了之前达到最高温度,而后由于尚未反应的物质的分子数 $(1-\lambda)$ 已很小,反应速率大大降低,反应所生成的热量不足以补偿膨胀所引起的温度降低,因而导致温度下降。

温度取极大值的条件:

$$\begin{cases} \dfrac{\mathrm{d}T}{\mathrm{d}\lambda} = 0 \\ \dfrac{\mathrm{d}^2 T}{\mathrm{d}\lambda^2} = 0 \end{cases} \qquad (4-2-48)$$

式(4-2-48)中,令 $\dfrac{\mathrm{d}T}{\mathrm{d}\lambda} = 0$,即可确定出现 $T_{\max}$ 时所对应的 $\lambda$ 值。

$$\begin{aligned} \dfrac{\mathrm{d}T}{\mathrm{d}\lambda} &= T_{\mathrm{j}} \left\{ 1 + \dfrac{\gamma-1}{2\gamma} \left[ 2(1+\sqrt{1-\lambda}) \cdot (1-\lambda)^{-1/2}(-1) - 1 \right] \right\} \\ &= T_{\mathrm{j}} \left\{ 1 + \dfrac{\gamma-1}{2\gamma} \left[ -\dfrac{2(1+\sqrt{1-\lambda})}{\sqrt{1-\lambda}} - 1 \right] \right\} = 0 \end{aligned} \qquad (4-2-49)$$

整理后得

$$\sqrt{1-\lambda} = \dfrac{\gamma-1}{2} \qquad (4-2-50)$$

即

$$\lambda = 1 - \dfrac{(\gamma-1)^2}{4} \qquad (4-2-51)$$

由式(4-2-43)、式(4-2-44)和式(4-2-45)可得到不同反应时,爆轰波阵面上参数。

当 $\lambda = 0$ 时,则冲击波后参数表达式为

$$\begin{cases} p(\lambda=0) = \dfrac{2}{\gamma+1}\rho_0 D_{\mathrm{j}}^2 \\ v(\lambda=0) = \dfrac{\gamma-1}{\gamma+1} v_0 \\ u(\lambda=0) = \dfrac{2}{\gamma+1} D_{\mathrm{j}} \end{cases} \qquad (4-2-52)$$

当 $\lambda = 1$ 时,则 C-J 爆轰参数的近似表达式为

$$\begin{cases} p(\lambda=1) = p_{\mathrm{j}} = \dfrac{1}{\gamma+1}\rho_0 D_{\mathrm{j}}^2 \\ v(\lambda=1) = v_{\mathrm{j}} = \dfrac{\gamma}{\gamma+1} v_0 \\ u(\lambda=1) = u_{\mathrm{j}} = \dfrac{1}{\gamma+1} D_{\mathrm{j}} \end{cases} \qquad (4-2-53)$$

由 $u_{\mathrm{j}} + c_{\mathrm{j}} = D$ 可得

$$c_{\mathrm{j}} = \dfrac{\gamma}{\gamma+1} D_{\mathrm{j}} \qquad (4-2-54)$$

由 $pv = \dfrac{RT}{M}$ 可得

$$T_j = \frac{M_j}{R} p_j v_j = \frac{M_j}{R} \frac{\gamma D_j^2}{(\gamma+1)^2} \qquad (4-2-55)$$

## 4.3 爆轰产物的运动

凝聚炸药的爆轰导致很高能量密度爆轰气体产物的形成,而其剧烈的膨胀流动恰恰是造成目标毁伤破坏,或使目标发生推进加速运动的根本原因。本节采用气体一维等熵流动方程,探讨爆轰气体产物一维飞散流动中状态参数的时空分布规律。

### 4.3.1 一维非定常等熵流动方程组

#### 1. 质量方程

利用质量、动量和能量守恒定律建立平面一维等熵非定常流动的方程组。为了使问题的讨论简化,不考虑气体的黏性和热传导,而且忽略质量力的作用。

取直管中长度为 $\delta x$ 的一段微元,并设直管横截面积为 $\sigma$(见图 4-3-1)。根据质量守恒定律,单位时间内流出与流入微元的气体质量之差,等于微元内气体质量的改变量,即

$$-\frac{\partial}{\partial x}(\rho \sigma u)\delta x = \frac{\partial}{\partial t}(\rho \sigma \delta x)$$

其中 $\delta x$ 与时间无关,且 $\sigma$ 为常数(等截面直管),由此得到

$$\frac{\partial}{\partial x}(\rho u) + \frac{\partial \rho}{\partial t} = 0 \text{ 或 } \frac{\partial \rho}{\partial t} + u\frac{\partial \rho}{\partial x} + \rho\frac{\partial u}{\partial x} = 0 \qquad (4-3-1)$$

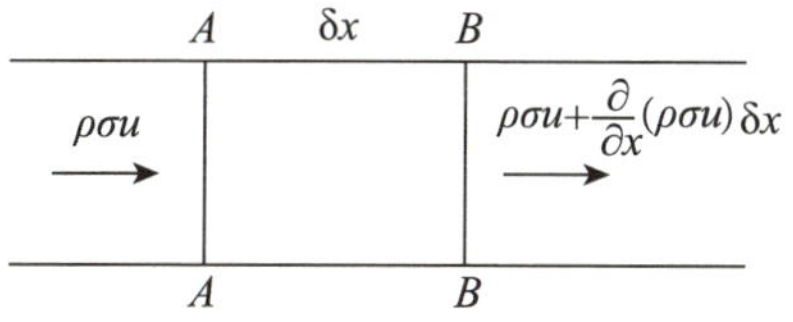

图 4-3-1 气体在直管中的运动

#### 2. 动量方程

在流体力学里把牛顿第二定律的数学表达式称为动量方程(或称为气体流动的运动方程,即欧拉方程)。仍然以直管的情况讨论(图 4-3-2)。

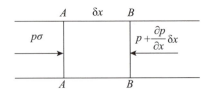

图 4-3-2 微元受力图

根据牛顿第二定律，作用于微元上的力等于微元质量与其加速度的乘积，即

$$\rho\sigma\delta x \cdot \frac{\mathrm{d}u}{\mathrm{d}t} = -\frac{\partial p}{\partial x}\delta x\sigma$$

由于 $u = u(x, t)$，故 $u$ 对 $t$ 的全导数即加速度 $\mathrm{d}u/\mathrm{d}t$ 可写为

$$\frac{\mathrm{d}u}{\mathrm{d}t} = \frac{\partial u}{\partial t} + u\frac{\partial u}{\partial x} \tag{4-3-2}$$

一维非定常流动的欧拉方程（动量方程）：

$$\frac{\partial u}{\partial t} + u\frac{\partial u}{\partial x} + \frac{1}{\rho}\frac{\partial p}{\partial x} = 0 \tag{4-3-3}$$

### 3. 能量方程

热力学第一定律应用于运动流体中的数学表达式称为能量方程。能量方程的表达形式有几种，但它们是相互等价的。

从热力学第一定律出发导出能量方程。在等熵条件下，可利用热力学第二定律

$$T\mathrm{d}S = \mathrm{d}e + p\mathrm{d}v = \mathrm{d}e + p\mathrm{d}\left(\frac{1}{\rho}\right) = \mathrm{d}e - \frac{p}{\rho^2}\mathrm{d}\rho \tag{4-3-4}$$

也可以由等熵条件出发：

$$\frac{\mathrm{d}S}{\mathrm{d}t} = 0 \quad \Rightarrow \quad \frac{\mathrm{d}S}{\mathrm{d}t} = \frac{\partial S}{\partial t} + u\frac{\partial S}{\partial x} \tag{4-3-5}$$

在式(4-3-5)中虽然有 $\mathrm{d}S/\mathrm{d}t = 0$，但这并不意味着 $\partial S/\partial t$ 和 $\partial S/\partial x$ 均为 0。也就是说，虽然每一微元在运动中其熵值保持不变，但各个微元的熵值却不一定相等。为区别起见，$\partial S/\partial t$ 和 $\partial S/\partial x$ 均为零的流场称为均熵流场。在这种流场中，任意时刻、任意位置上的熵值都是相等的。

### 4. 一维流动方程组

式(4-3-1)、式(4-3-3)、式(4-3-5)和式(1-3-17)组成了用欧拉法

描述气体一维等熵非定常流动规律的方程组：

$$\begin{cases} \dfrac{\partial}{\partial t}(\rho u) + \dfrac{\partial \rho}{\partial x} = 0 \text{ 或 } \dfrac{\partial \rho}{\partial t} + u\dfrac{\partial \rho}{\partial x} + \rho \dfrac{\partial u}{\partial x} = 0 \\ \dfrac{\partial u}{\partial t} + u\dfrac{\partial u}{\partial x} + \dfrac{1}{\rho}\dfrac{\partial p}{\partial x} = 0 \\ \rho \dfrac{\mathrm{d} e}{\mathrm{d} t} - \dfrac{p}{\rho}\dfrac{\mathrm{d} \rho}{\mathrm{d} t} = 0 \text{ 或 } \dfrac{\mathrm{d} S}{\mathrm{d} t} = \dfrac{\partial S}{\partial t} + u\dfrac{\partial S}{\partial x} \\ p = \rho R T \end{cases}$$

由质量方程、动量方程、能量方程(或等熵方程)以及气体的状态方程 4 个方程构成的方程组，便可以求解一维等熵流动的 4 个未知参数 $p(x,t)$、$\rho(x,t)$、$u(x,t)$ 和 $T(x,t)$。

### 4.3.2 爆轰产物的一维飞散流动

凝聚炸药爆轰产物一维飞散运动规律对于研究爆轰产物对目标的直接作用和驱动加速具有重要的实际意义。凝聚炸药爆轰产物的等熵方程可近似用下式描述：

$$P = A(S)v^{-\gamma} = A(S)\rho^{\gamma} \quad (4-3-6)$$

式中：$A(S)$ 为只随爆轰产物的熵变化的函数，在产物作等熵流动时，$A(S)$ 为一常数。

爆轰波阵面的参数可近似用式(4-2-53)和式(4-2-54)计算。

为使爆轰产物气体一维等熵流动方程组的物理意义更容易理解，将方程稍加变换。引入声速 $c$ 代替 $p$ 和 $\rho$。

由声速公式 $c = \sqrt{\dfrac{\mathrm{d} p}{\mathrm{d} \rho}}$ 及等熵方程式(4-3-6)可得

$$c^2 = \left(\dfrac{\mathrm{d} p}{\mathrm{d} \rho}\right)_S = A\gamma\rho^{\gamma-1} \quad (4-3-7)$$

将式(4-3-7)两边微分并同时除以 $A\gamma\rho^{\gamma-1}$，得

$$2c\mathrm{d} c = A\gamma(\gamma-1)\rho^{\gamma-2}\mathrm{d}\rho \quad (4-3-8)$$

由 $c^2 = \left(\dfrac{\mathrm{d} p}{\mathrm{d} \rho}\right)_S$ 可知

$$\mathrm{d} p = c^2 \mathrm{d}\rho \quad (4-3-9)$$

将式(4-3-8)代入式(4-3-9)可得

$$\dfrac{\mathrm{d} p}{\rho} = \dfrac{2c}{\gamma-1}\mathrm{d} c \quad (4-3-10)$$

将式(4-3-10)代入连续方程式(4-3-1)可得

$$\frac{2}{\gamma-1}\frac{\partial c}{\partial t} + \frac{2u}{\gamma-1}\frac{\partial c}{\partial x} + c\frac{\partial c}{\partial x} = 0 \qquad (4-3-11)$$

将式(4-3-10)代入欧拉方程式(4-3-2)可得

$$\frac{\partial u}{\partial t} + u\frac{\partial u}{\partial x} + \frac{2c}{\gamma-1}\frac{\partial c}{\partial x} = 0 \qquad (4-3-12)$$

式(4-3-11)和式(4-3-12)联立得到

$$\begin{cases} \dfrac{\partial}{\partial t}\left(u + \dfrac{2}{\gamma-1}c\right) + (u+c)\dfrac{\partial}{\partial x}\left(u + \dfrac{2}{\gamma-1}c\right) = 0 \\ \dfrac{\partial}{\partial t}\left(u - \dfrac{2}{\gamma-1}c\right) + (u-c)\dfrac{\partial}{\partial x}\left(u - \dfrac{2}{\gamma-1}c\right) = 0 \end{cases} \qquad (4-3-13)$$

这个方程组即是以 $u$、$c$ 为变量描述气体一维等熵不定常流动规律的方程组。确定气体一维等熵流动过程中气体各参数的时间、空间变化规律,归结为求解此偏微分方程组。

小扰动波在静止介质中是以声速进行传播的,在一维情况下,静止气体中小扰动波的传播速度为 $c$。在流动介质中,小扰动波的传播速度为介质流动速度 $u$ 与当地声速 $c$ 的叠加,即

$$\frac{\mathrm{d}x}{\mathrm{d}t} = u \pm c \qquad (4-3-14)$$

顺介质流动方向传播的扰动取正号,逆介质流动方向传播的扰动取负号。

在式(4-3-14)条件下,式(4-3-13)可表示为 $u \pm \dfrac{2}{\gamma-1}c$ 对 $t$ 的全导数形式,并且该导数为零,即

$$\begin{cases} \dfrac{\mathrm{d}}{\mathrm{d}t}\left(u + \dfrac{2}{\gamma-1}c\right) = 0 \\ \dfrac{\mathrm{d}}{\mathrm{d}t}\left(u - \dfrac{2}{\gamma-1}c\right) = 0 \end{cases} \text{或} \begin{cases} u + \dfrac{2}{\gamma-1}c = \text{常数} \\ u - \dfrac{2}{\gamma-1}c = \text{常数} \end{cases} \qquad (4-3-15)$$

由此可以看出,方程在式(4-3-14)条件下描述的是两个量的推进规律,即由 $u + \dfrac{2}{\gamma-1}c$ 所确定的状态(或扰动)以速度 $\dfrac{\mathrm{d}x}{\mathrm{d}t} = u+c$ 顺气体流动方向(即 $x$ 轴的正方向)传播;而由 $u - \dfrac{2}{\gamma-1}c$ 所确定的状态(或扰动)以速度 $\dfrac{\mathrm{d}x}{\mathrm{d}t} = u-c$ 逆气体流动方向(即 $x$ 轴的负方向)传播。

按照气体一维等熵流动理论,爆轰气体产物作一维等熵运动时右传简单波、左传简单波的参数方程如下。

右传简单波：

$$\begin{cases} u - \dfrac{2}{\gamma-1}c = 常数 \\ x = (u+c)t + F_1(u) \end{cases} \quad (4-3-16)$$

左传简单波：

$$\begin{cases} u + \dfrac{2}{\gamma-1}c = 常数 \\ x = (u-c)t + F_2(u) \end{cases} \quad (4-3-17)$$

式中：$F_1(u)$、$F_2(u)$ 为 $u$ 的任意函数，由边界条件确定。

### 4.3.3 爆轰波阵面后的一维流动

**1. 引爆面为自由面**

1) $\gamma \neq 3$ 情况

设装在刚壁管中的炸药或用膜隔开的气体爆轰混合物，从左端自由面处进行引爆（图4-3-3）。

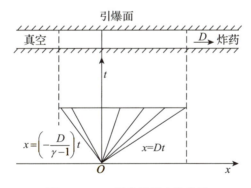

图 4-3-3 爆轰波后产物流动

设原始爆炸物密度为 $\rho_0$，爆速为 $D$。引爆后，爆轰波以 $D$ 的速度向右传播，同时爆轰波阵面后的爆轰产物迅速向左膨胀飞散，即有一簇稀疏波紧紧跟随爆轰波 C-J 面向右传播。

由于其传入的区域为爆轰波阵面后所形成的稳定流动区，故该簇稀疏波为一簇右传简单波，并且是以 $t=0$，$x=0$ 为始发点的中心稀疏波。

因此，可用右传简单波方程来描述，即式（4-3-16）由初始条件 $t=0$，$x=0$，则 $F_1(u)=0$。此时紧跟在爆轰波面后气体产物的参数为 C-J 参数，故式（4-3-16）第一式的常数为

$$u - \frac{2}{\gamma-1}c = u_j - \frac{2}{\gamma-1}c_j = \frac{D}{\gamma+1} - \frac{2}{\gamma-1}\frac{\gamma}{\gamma+1}D$$

$$= -\frac{D}{\gamma-1}$$

于是，式(4-3-16)可写为

$$\begin{cases} u + c = \dfrac{x}{t} \\ u - \dfrac{2}{\gamma-1}c = -\dfrac{D}{\gamma-1} \end{cases} \quad (4-3-18)$$

$$\begin{cases} u = \dfrac{2}{\gamma+1}\dfrac{x}{t} - \dfrac{1}{\gamma+1}D \\ c = \dfrac{\gamma-1}{\gamma+1}\dfrac{x}{t} + \dfrac{1}{\gamma+1}D \end{cases} \quad (4-3-19)$$

由等熵方程 $p = A\rho^\gamma$ 和声速公式 $c^2 = (\partial p/\partial \rho)_s$，则可得产物压力 $p$ 和密度 $\rho$ 的时空分布规律为

$$c_j^2 = A\gamma \rho_j^{\gamma-1} \quad (4-3-20)$$

$$\begin{cases} \dfrac{p}{p_j} = \left(\dfrac{c}{c_j}\right)^{\frac{2\gamma}{\gamma-1}} = \left(\dfrac{\gamma-1}{\gamma}\dfrac{x}{Dt} + \dfrac{1}{\gamma}\right)^{\frac{2\gamma}{\gamma-1}} \\ \dfrac{\rho}{\rho_j} = \left(\dfrac{c}{c_j}\right)^{\frac{2}{\gamma-1}} = \left(\dfrac{\gamma-1}{\gamma}\dfrac{x}{Dt} + \dfrac{1}{\gamma}\right)^{\frac{2}{\gamma-1}} \end{cases} \quad (4-3-21)$$

由于紧跟 C-J 面的第一道稀疏波(波头)以当地的声速向右传播，因此，波头的运动轨迹方程为

$$x = (u_j + c_j)t = Dt \quad (4-3-22)$$

而由于引爆端左侧为真空，有 $p = 0$，$\rho = 0$，故 $c = 0$，故波尾的运动方程可由式(4-3-19)导出，即

$$x = -\frac{1}{\gamma-1}Dt \quad (4-3-23)$$

综上可知，爆轰波阵面后产物的流动是自模拟的，因为流场参数的变化仅仅依赖于组合变量 $x/t$。波头、波尾的运动迹线如图 4-3-3 所示。

2) $\gamma = 3$ 情况

在爆轰产物的绝热指数 $\gamma = 3$ 时，气体等熵不定常流动方程组可简化，相应的特殊解代入式(4-3-16)为

$$\begin{cases} u + c = \dfrac{x}{t} \\ u - c = -\dfrac{D}{2} \end{cases} \qquad (4-3-24)$$

解得

$$\begin{cases} u = \dfrac{x}{2t} - \dfrac{1}{4}D \\ c = \dfrac{x}{2t} + \dfrac{1}{4}D \end{cases} \qquad (4-3-25)$$

$$\begin{cases} p = p_j \left(\dfrac{c}{c_j}\right)^3 = \dfrac{16}{27}\dfrac{\rho_0}{D}\left(\dfrac{x}{2t} + \dfrac{D}{4}\right)^3 \\ \rho = \rho_j \left(\dfrac{c}{c_j}\right) = \dfrac{16}{9}\dfrac{\rho_0}{D}\left(\dfrac{x}{2t} + \dfrac{D}{4}\right) \end{cases} \qquad (4-3-26)$$

该膨胀波波头和波尾的运动轨迹为

$$\begin{cases} x = Dt \\ x = -\dfrac{1}{2}Dt \end{cases} \qquad (4-3-27)$$

### 2. 引爆面为活塞

假设活塞以速度 $V$ 运动，则

(1) 当活塞速度 $V < -D/2$ 时，活塞的运动对产物的运动无影响，产物运动与自由面边界时的情况相同。

(2) 当活塞速度 $-D/2 < V < u_j$ 时，产物的飞散将受阻，这时在活塞附近将出现一个新的运动区域 II，如图 4-3-4 所示。

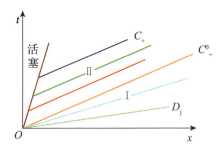

图 4-3-4　引爆面为活塞的爆轰产物流动

I 区的情况与前面相同，在 II 区中（包括活塞面处）$u - c$ 仍保持常数 $-D/2$，而在活塞壁面处，产物质点的速度 $u_b$ 等于活塞速度，即

$$\begin{cases} u_b = V \\ u_b - c_b = -\dfrac{D}{2} \end{cases} \quad (4-3-28)$$

因此，$c_b = V + \dfrac{1}{2}D$。

Ⅱ区的 $C_+$ 特征线为

$$u + c = u_b + c_b = 2V + \dfrac{D}{2} \quad (4-3-29)$$

所以区域Ⅱ是稳定流动区，其解为

$$\begin{cases} u = V \\ c = V + \dfrac{D}{2} \end{cases} \quad (4-3-30)$$

区域Ⅰ和区域Ⅱ的分界线可看作区域Ⅱ中的一条 $C_+$ 特征线，其方程为

$$x = (u+c)t = \left(2V + \dfrac{D}{2}\right)t \quad (4-3-31)$$

当 $V > u_j$ 时，由式(4-3-31)可以看出，$u + c > D$，出现了强爆轰的情况，且区域Ⅰ消失，活塞与爆轰波之间的整个区域皆为稳定流动区域Ⅱ。

### 3. 引爆面为固壁

刚性壁面无运动，可假设活塞速度 $V = 0$ 时的情况，此时气流在活塞壁面处受阻，速度将变为零，即 $u = 0$，这种状态随时间的推移而扩展为一个静止区（Ⅱ），如图 4-3-5 所示，在该区内，

$$\begin{cases} u - c = u_j - c_j = -\dfrac{D}{2} \\ u = 0 \end{cases} \quad (4-3-32)$$

因此，

$$\begin{cases} u = 0 \\ c = \dfrac{D}{2} \end{cases} \quad (4-3-33)$$

Ⅰ区仍为向前简单波区，其解与起爆面为自由面时的解相同。Ⅰ区和Ⅱ区的边界可看作Ⅱ区中的一条 $C_+$ 特征线，即 $u + c = D/2$。这意味着刚壁面的存在只影响 $x/t = D/2$ 区域内的运动。

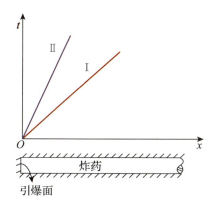

**图 4-3-5　引爆面为刚性壁面时爆轰产物的流动**

假若突然抽掉固壁，则原先处于静止的产物将向外飞散，将从边界上向静止区传入一稀疏波，波头方程为

$$\frac{dx}{dt} = u + c = \frac{D}{2} \qquad (4-3-34)$$

波头方程积分以后正好与原先静止区 Ⅱ 和爆轰波后区域 Ⅰ 分界线 $x = \frac{Dt}{2}$ 相重合。另外不难求出，静止区 Ⅱ 作自由飞散的速度 $u_f = -\frac{D}{\gamma-1}$，这个结果与爆轰产物自由轨迹及速度相同。

$$\begin{cases} x = -\frac{1}{\gamma-1}Dt \\ u_f = -\frac{1}{\gamma-1}D \end{cases} \qquad (4-3-35)$$

以上结果表明：

(1) 一旦抽走固壁就得到与自由端起爆一样的结果。

(2) 自由面和固壁的边界条件只影响区域 $x/t = D/2$ 内产物的运动，而区域 $D/2 \leqslant x/t \leqslant D$ 内的解则是爆轰波后固有的稀疏波，其运动完全由爆轰波本身决定，只有在活塞边界条件下且活塞速度 $V > 0$ 时，该区的解才受到边界条件的影响。

### 4.3.4　有限长度药柱爆轰产物的一维流动

设刚壁管中有一长为 $l$ 的药柱（$\gamma = 3.0$），左端为引爆面，装药两侧皆为真空，如图 4-3-6 所示。在引爆之后当爆轰波尚未达到右端之前，即在 $t \leqslant l/D$

条件下，只存在一簇右传中心稀疏波，其运动规律可用式(4-3-24)来描述，流场中各参数的时空分布为

$$\begin{cases} u = \dfrac{x}{2t} - \dfrac{1}{4}D \\ c = \dfrac{x}{2t} + \dfrac{1}{4}D \end{cases} \quad (4-3-36)$$

$$\begin{cases} p = p_j \left(\dfrac{c}{c_j}\right)^3 = \dfrac{16}{27}\dfrac{\rho_0}{D}\left(\dfrac{x}{2t} + \dfrac{D}{4}\right)^3 \\ \rho = \rho_j \left(\dfrac{c}{c_j}\right) = \dfrac{16}{9}\dfrac{\rho_0}{D}\left(\dfrac{x}{2t} + \dfrac{D}{4}\right) \end{cases} \quad (4-3-37)$$

在 $t = l/D$ 时，爆轰波到达右端面($x = l$)处，这时将有一簇左传稀疏波传入爆轰产物，该簇稀疏波的特征方程式(4-3-17)，其初始条件为 $t = l/D$ 时，$x = l$，任意函数 $F_2(u)$ 为

$$F_2(u) = l - (u-c)\dfrac{l}{D} \quad (4-3-38)$$

由图 4-3-6 可知，该左传稀疏波传入的区域中已有一簇右传稀疏波 $x = (u+c)t$，故左传波所到之处存在两簇相向传播的复合波流动，它们可以用下式描述

$$\begin{cases} x = (u+c)t \\ x = (u-c)t + \left[l - (u-c)\dfrac{l}{D}\right] \end{cases} \quad (4-3-39)$$

解得

$$\begin{cases} u = \dfrac{x}{2t} + \dfrac{x-l}{2\left(t - \dfrac{l}{D}\right)} \\ c = \dfrac{x}{2t} - \dfrac{x-l}{2\left(t - \dfrac{l}{D}\right)} \end{cases} \quad (4-3-40)$$

相应的压力 $p$ 和密度 $\rho$ 的时空分布规律为

$$\begin{cases} \dfrac{p}{p_j} = \dfrac{64}{27}\left[\dfrac{x}{2Dt} - \dfrac{x-l}{2D\left(t - \dfrac{l}{D}\right)}\right]^3 \\ \dfrac{\rho}{\rho_j} = \dfrac{4}{3D}\left[\dfrac{x}{2t} - \dfrac{x-l}{2\left(t - \dfrac{l}{D}\right)}\right] \end{cases} \quad (4-3-41)$$

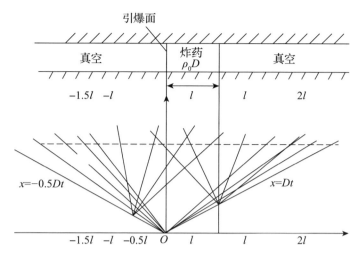

图 4-3-6 有限长度药柱爆轰产物的一维流动

装药内任一断面 $x$ 处左传波到达的时间 $t$ 应为装药爆轰时间 $l/D$ 与左传波波头由 $x=l$ 处传至 $x$ 断面所需时间之和。由于左传波传播速度为当地的 $(u-c)$,即在右传波扰动过的区域内的 $(u-c)=-\dfrac{D}{2}$ 进行传播的,因此,左传波到达 $x$ 断面的时间为

$$t = \frac{l}{D} + \frac{l-x}{D/2} = \frac{3l-2x}{D} \tag{4-3-42}$$

因此,$\dfrac{l}{D} \leqslant t \leqslant \dfrac{3l-2x}{D}$ 时,流动方程为式(4-3-36);$t > \dfrac{3l-2x}{D}$ 时,流动方程为式(4-3-40)。如果假设药柱截面积为 $S$,由于产物的飞散作用从 $x=l$ 处截面上输出的质量 $m$、动量 $I$ 和能量 $E$ 为

$$\begin{cases} m = S \int_{\frac{l}{D}}^{\infty} \rho u \, dt = S \int_{\frac{l}{D}}^{\infty} \frac{2l}{3Dt} \rho_j \frac{l}{2t} dt = \frac{\gamma+1}{\gamma} S \rho_0 \int_{\frac{l}{D}}^{\infty} \frac{l^2}{3Dt^2} dt = \frac{4}{9} S \rho_0 l = \frac{4}{9} M \\ I = S \int_{\frac{l}{D}}^{\infty} (p + \rho u^2) dt = \frac{4}{27} S \rho_0 l D = \frac{16}{27} M u_j \\ E = S \int_{\frac{l}{D}}^{\infty} \left( \frac{u^2}{2} + \frac{\gamma p}{(\gamma-1)\rho} \right) \rho u \, dt = \frac{1}{27} S \rho_0 l D^2 = \frac{1}{27} M D^2 = \frac{16}{27} M Q \end{cases}$$

$$(4-3-43)$$

式中:$M = S l \rho_0$,为药柱的总质量;$Q = \dfrac{D^2}{2(\gamma^2-1)}$,为炸药单位质量的爆热。

当炸药在左边自由端起爆后,最后共有 4/9 的炸药质量从右端面向爆轰波运动的方向飞出去,而其余 5/9 的炸药质量则留在药柱原处以及向相反的方向飞走。产物经右端面向前带走的能量为炸药总能量的 16/27，这表明爆轰的能量相对向爆轰波运动的方向集中。

当起爆面是固壁时，爆轰产物只能从右端 $x = l$ 的截面向外飞散，同理，在 $0 \leqslant t \leqslant \dfrac{2l}{D}$ 只有简单波作用，积分结果为

$$\begin{cases} m = \dfrac{2}{9} M \\ I = \dfrac{4}{9} M u_j \\ E = \dfrac{14}{27} MQ \end{cases}$$

根据 $2l/D \leqslant t \leqslant \dfrac{5l}{D}$ 为复合波作用，积分结果为

$$\begin{cases} m = \dfrac{1}{3} M \\ I = \dfrac{4}{9} M u_j \\ E = \dfrac{1}{3} MQ \end{cases}$$

比较可知，在后一阶段产物质量只有前一阶段的 1.5 倍，动量相当，而能量却只有前者的 64%，这也说明爆轰向前方的作用主要集中在爆轰波过后的很短时间内。

将两阶段结果相加得到产物从 $x = l$ 截面飞散出去的量

$$\begin{cases} m = \dfrac{5}{9} M \\ I = \dfrac{24}{27} M u_j \\ E = \dfrac{23}{27} MQ \end{cases}$$

可见各量都大于起爆面是自由面情况下产物在无限长时间里从 $x = l$ 截面飞散出去各相应的总量。这说明由于固壁的存在，挡住了产物的反向飞散，使得一部分原先向后运动的产物变成向前运动，所以起爆端处的固壁能够加强爆轰的有效作用。

### 4.3.5　装药中间引爆时爆轰产物的一维流动

装药中间引爆将同时向左右两个方向传播，而引爆面假设为不动的固壁，

此时产物质点处于静止状态，并且随着爆轰波的传播，此静止状态将以 $\pm D/2$ 的速度向左右两个方向扩展。图 4-3-7 展示了特征线及不同时刻的 $I_+$ 和 $I_-$ 沿 $x$ 轴的分布情况。

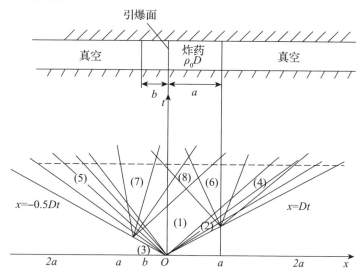

图 4-3-7　中间引爆时爆轰产物流动特征线及流场中出现的流动区

(1)静止区；(2)右传简单波区；(3)左传简单波区；(4)右复合波区；(5)左复合波区；
(6)左传简单波区；(7)右传简单波区；(8)中部复合波区。

可以从图 4-3-7 中看出，当 $t=b/D$ 时，在流场中引爆面两侧将形成宽为 $b$ 的静止区(图 4-3-8)。假设 $a \geqslant 2b$，则静止区的最大宽度为 $3/2b$。但 $t > 1.5a/D$ 时，由于两端传入的稀疏波的扰动，静止区会逐渐消失。

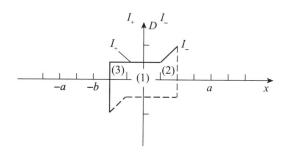

图 4-3-8　$t = \dfrac{b}{D}$ 时刻 $I_+$ 和 $I_-$ 沿 $x$ 轴的分布情况

现在研究 $a=2b$ 时中间引爆后爆轰产物的飞散情况。当 $t=b/D$ 时，左传爆轰波到达右断面后立即有一簇右传中心稀疏波开始传入爆轰产物中。此时 $I_+$ 和 $I_-$ 沿 $x$ 轴的分布如图 4-3-8 所示，流场中存在着静止区(1)、右传简单波区

(2)及左传简单波区(3)共3个不同的区域。

当 $t = a/D$ 时,右传爆轰波到达右断面,立即有一簇左传中心稀疏波以 $t = a/D$、$x = a$ 为始发点开始传入爆轰产物中,此时 $I_+$ 和 $I_-$ 沿 $x$ 轴的分布如图 4-3-9 所示,流场中存在着静止区(1)右传简单波区(2)复合波区(5)及左传简单波区(7)共4个不同的流动区。

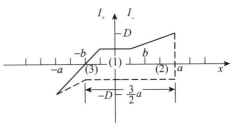

图 4-3-9　$t = -a/D$ 时刻 $I_+$ 和 $I_-$ 沿 $x$ 轴的分布情况

当 $t = 3a/D$ 时,$I_+$ 和 $I_-$ 沿 $x$ 轴的分布如图 4-3-10 所示,此时 $t = a/D$、$x = a$ 处发出的左传中心稀疏波已发生交汇,静止区已经消失。流场中形成了不同的流动区,分别为

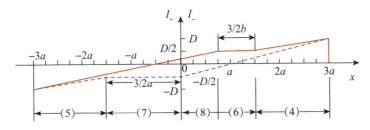

图 4-3-10　$t = -3a/D$ 时刻 $I_+$ 和 $I_-$ 沿 $x$ 轴的分布情况

(1)中部复合波区(8)区。该区中状态参数的变化规律由以下两式联立求解

$$\begin{cases} u + c = \dfrac{x + b}{t - \dfrac{b}{D}} \\ u - c = \dfrac{x - a}{t - \dfrac{a}{D}} \end{cases} \quad (4-3-44)$$

解得

$$\begin{cases} c_{m\mathrm{II}} = \dfrac{1}{2}\left( \dfrac{x + b}{t - \dfrac{b}{D}} - \dfrac{x - a}{t - \dfrac{a}{D}} \right) \\ u_{m\mathrm{II}} = \dfrac{1}{2}\left( \dfrac{x + b}{t - \dfrac{b}{D}} + \dfrac{x - a}{t - \dfrac{a}{D}} \right) \end{cases} \quad (4-3-45)$$

式中:下标 $m\mathrm{II}$ 代表(8)区的参数。

(2)左传简单波(6)区,该区域中状态参数的变化规律由图 4-3-7 中线(1)和(2)相对应的两式联立求解,即

$$\begin{cases} u + c = \dfrac{D}{2} \\ u - c = \dfrac{x - a}{t - \dfrac{a}{D}} \end{cases} \quad (4-3-46)$$

解得

$$\begin{cases} c_{y\text{I}} = \dfrac{D}{4} - \dfrac{x - a}{2\left(t - \dfrac{a}{D}\right)} \\ u_{y\text{I}} = \dfrac{D}{4} + \dfrac{x - a}{2\left(t - \dfrac{a}{D}\right)} \end{cases} \quad (4-3-47)$$

式中：下标 $y\text{I}$ 代表(6)区的参数。

(3)复合波(4)区，该区域为左传中心稀疏波(即图 4-3-7 中的(1))与由 $t=0$、$x=0$ 处发出的右传波(即图 4-3-7 中的(3))相交汇形成的复合波区。该区域当中产物流动参数的变化规律由下两式联立求解，即

$$\begin{cases} u - c = \dfrac{x + a}{t - \dfrac{a}{D}} \\ u + c = \dfrac{x}{t} \end{cases} \quad (4-3-48)$$

解得

$$\begin{cases} c_{y\text{II}} = \dfrac{1}{2}\left(\dfrac{x}{t} - \dfrac{x - a}{t - \dfrac{a}{D}}\right) \\ u_{y\text{II}} = \dfrac{1}{2}\left(\dfrac{x}{t} + \dfrac{x - a}{t - \dfrac{a}{D}}\right) \end{cases} \quad (4-3-49)$$

式中：下标 $y\text{II}$ 代表(4)区的参数。

(4)右传简单波(7)区。它是右传中心稀疏波(即图 4-3-7 中线(1))传入稳定流动区 $I_- = -D/2$(即图 4-3-7 中线(2))中所形成的右传简单波。该区域中产物流动参数的变化规律由下面两式联立求解，即

$$\begin{cases} u + c = \dfrac{x + b}{t - \dfrac{b}{D}} \\ u - c = -\dfrac{D}{2} \end{cases} \quad (4-3-50)$$

解得

$$\begin{cases} c_{z\mathrm{I}} = \dfrac{D}{4} + \dfrac{x+b}{2\left(t-\dfrac{b}{D}\right)} \\ u_{z\mathrm{I}} = -\dfrac{D}{4} + \dfrac{x-b}{2\left(t-\dfrac{b}{D}\right)} \end{cases} \qquad (4-3-51)$$

式中：下标 $z\mathrm{I}$ 代表(7)区的参数。

(5) 复合波区(5)区。它是左传中心稀疏波(即图 4-3-7 中的(1))与 $t=0$、$x=0$ 处发出的左传波(即图 4-3-7 中的线(3))相交汇形成的复合波区。该区域当中产物流动参数的变化规律由下两式联立求解，即

$$\begin{cases} u+c = \dfrac{x+b}{t-\dfrac{b}{D}} \\ u-c = \dfrac{x}{t} \end{cases} \qquad (4-3-52)$$

解得

$$\begin{cases} c_{z\mathrm{II}} = \dfrac{1}{2}\left(\dfrac{x}{t} - \dfrac{x+b}{t-\dfrac{b}{D}}\right) \\ u_{z\mathrm{II}} = \dfrac{1}{2}\left(\dfrac{x}{t} + \dfrac{x+b}{t-\dfrac{b}{D}}\right) \end{cases} \qquad (4-3-53)$$

式中：下标 $z\mathrm{II}$ 代表(5)区的参数。

在此种情况下向两边飞散的爆轰产物质量为 $M$，它们带走的动量为 $I$，能量为 $E$。假设装药横截面积为 $A_0$，则有

$$\begin{cases} M = A_0 \displaystyle\int \rho \mathrm{d}x \\ I = A_0 \displaystyle\int \rho u \mathrm{d}x \\ E = \dfrac{1}{2} A_0 \displaystyle\int \rho u^2 \mathrm{d}x \end{cases} \qquad (4-3-54)$$

由 $c = c_\mathrm{j}\left(\dfrac{\rho}{\rho_\mathrm{j}}\right)$，$\rho = \rho_\mathrm{j}\dfrac{c}{c_\mathrm{j}} = \dfrac{4}{3}\rho_0 \cdot \dfrac{4c}{3D}$，代入得到

$$\begin{cases} M = \dfrac{16\rho_0}{9D}A_0\int c\,\mathrm{d}x \\ I = \dfrac{16\rho_0}{9D}A_0\int cu\,\mathrm{d}x \\ E = \dfrac{8\rho_0}{9D}A_0\int cu^2\,\mathrm{d}x \end{cases} \quad (4-3-55)$$

向右飞散的质量为

$$M_a = \dfrac{16\rho_0}{9D}A_0\left(\int_0^{\frac{1}{2}Dt-\frac{3}{2}b} C_{m\mathrm{II}}\,\mathrm{d}x + \int_{\frac{1}{2}Dt-\frac{3}{2}b}^{\frac{1}{2}Dt} C_{y\mathrm{I}}\,\mathrm{d}x + \int_{\frac{1}{2}Dt}^{Dt} C_{y\mathrm{II}}\,\mathrm{d}x\right)$$

$$(4-3-56)$$

式中：

$$c_{m\mathrm{II}} = \dfrac{1}{2}\left(\dfrac{x+b}{t-\dfrac{b}{D}} + \dfrac{x-a}{t-\dfrac{a}{D}}\right)$$

$$c_{y\mathrm{II}} = \dfrac{1}{2}\left(\dfrac{x}{t} - \dfrac{x-a}{t-\dfrac{a}{D}}\right)$$

$$c_{y\mathrm{I}} = \dfrac{D}{4} - \dfrac{x-a}{2\left(t-\dfrac{a}{D}\right)}$$

代入并积分到 $t \to +\infty$，得到

$$M_a = \dfrac{\rho_0}{9D}A_0(5b+4a) \quad (4-3-57)$$

同理，向左飞散的质量 $M_b$ 为

$$M_b = \dfrac{\rho_0}{9D}A_0(4b+5a) \quad (4-3-58)$$

$b=0$ 时，即左端引爆，$a=1$ 时的情况

$$\begin{cases} M_a = \dfrac{4\rho_0}{9D}A_0 l \\ M_b = \dfrac{5\rho_0}{9D}A_0 l \end{cases} \quad (4-3-59)$$

也可将各区段的 $u$ 和 $c$ 代入后积分得到爆轰产物向两端面飞散的动量和能量计算公式为

$$\begin{cases} I_a = I_b = \dfrac{4}{27} A_0 \rho_0 D(a+b) \\ E_a = \dfrac{1}{27} A_0 \rho_0 D^2 \left(a + \dfrac{11}{16} b\right) \\ E_b = \dfrac{1}{27} A_0 \rho_0 D^2 \left(a + \dfrac{11}{16} b\right) \end{cases} \quad (4-3-60)$$

加入 $b=0$ 时，即左端引爆时，$E_b = \dfrac{11}{16} E_a$。

综上可知，一端引爆时，将有更多的爆轰产物自引爆面向外飞散，但它们却带走较小的动量和能量。这样因为产物的飞散方向与爆轰波的传播方向相反，因此自引爆面向左飞散的速度相对比较小。

## 参考文献

[1] 孙承玮.爆炸物理学[M].北京:科学出版社,2011.
[2] 张宝坪.爆轰物理学[M].北京:兵器工业出版社,2006.
[3] 黄寅生.炸药理论[M].北京:北京理工大学出版社,2016.
[4] 范宝春.极度燃烧[M].北京:国防工业出版社,2018.
[5] 刘彦,吴艳青,黄风雷.爆炸物理学基础[M].北京:北京理工大学出版社,2018.
[6] 胡双启.燃烧与爆炸[M].北京:北京理工大学出版社,2015.

# 第 5 章 火药的燃烧

## 5.1 火药的点火类型与机理

在科研、生产、运输、使用和储存过程中,火药点火是在能量作用下火药局部表面的温度升高到着火点以上,并使该处发生燃烧的过程。火药点火是燃烧的第一阶段,它不但决定武器能否及时启动,而且影响到装药整个工作过程的燃烧规律性。武器中火药装药的实际点火过程是强制点火。

"点火"通常具有两种含义:①达到全面燃烧的过程;②认为达到充分的全面燃烧开始进行的瞬间。因而火药的点火是导致稳态燃烧的过渡过程。

### 5.1.1 点火现象和点火准则

火药的点火是导致稳态燃烧的过渡过程。它有确切的起点,但终点则完全取决于人们对终点所下的定义。外界能量的激发对点火系统是必不可少的,它可以是机械的、化学的、光或电的能量激发,但不论哪一种激发都涉及放热化学反应的瞬间放热过程,以及反应物浓度的瞬态扩散和化学变化,这是点火过程中所固有的,也是达到着火所必需的。所以点火是通过外界能量的激发,从非反应状态到反应状态的过渡过程。因此点火的基本属性是非定常的。点火过程是十分复杂的,包括许多相互作用的物理化学过程,点火过程中所发生的物理化学变化如图 5-1-1 所示。

一般由于热的、化学的或机械的激发将能量传给发射药,经过感应加热期而发生分解,大多数活性变化都发生在表面附近。根据发射药的组分不同,表面可能形成熔化层,由于热传导、热辐射深度吸收、凝聚相的光化分解、表面化学反应和热分解,使熔化层汽化或固相升华。表面的燃料和氧化剂扩散进入周围环境,而周围的气体则向着表面扩散,在不同区域、不同组分之间同时发生各种化学反应。气相反应可以在放出的燃料气体和周围的氧化性气体之间,也

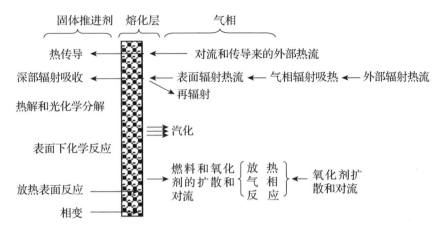

图 5-1-1 点火过程物理化学变化示意图

可以在燃料和火药表面放出的各种氧化性气体之间进行。气相和凝聚相可在表面产生异相反应,接着发生表面反应。上述反应有的是吸热的,有的是放热的。化学反应放出的热量超过散失的热量,使凝聚相和气相温度进一步升高,最后化学反应和热量释放速率失去控制而着火。着火后燃烧能否稳定地进行下去,则依赖于燃烧条件,如果撤去外界能源而不能保持稳态燃烧,则点火过程是不完全的,不能视为点火已经实现。从外部能量对发射药激发开始到持续燃烧的瞬间称为点火延迟期。点火延迟时间是点火研究中的重要参数之一,它通常由无化学反应的加热时间(惰性加热)、混合期(扩散和对流)和反应时间组成。但是点火时间不是各个时期的简单代数和,因为混合过程和化学反应过程并没有明确的界限,它们可能有重叠。根据外界条件和火药组分的不同,点火延迟期的主要部分可以是这两个特征时期中的任何一个,有的甚至没有混合过程。

点火过程有一个确定的起点(即外界能量激励开始),而没有一个确定的终点,所以判定火药何时点火就成了一个很困难的问题。点火判据是判定火药自维持点火发生的临界条件,点火判据的选择会直接影响到计算与试验观察得到的点火时间,从而影响得到的结论。点火判据的选择是点火研究的一个重要方向,目前的研究状况离得到统一的点火判据还差得很远。

在宏观分析时,根据不同的理论分析和模型计算以及不同的实验观察手段,所选用的点火判据有多种,大致可分为以下几类:

(1) 以固相本身出现某种变化达到一定的程度为点火判据。例如:固相表面温度 $T_s > T_{s,ig}$,表面温度陡升,即 $dT_s/dt$ 大于某一常数,表面温度出现拐点 $\dfrac{d^2 T_s}{dt^2} = 0$ 等。

(2) 以气相出现某种变化达到一定的程度为点火判据。如：气相从正常反应到出现火焰，气相区化学反应速度大于某值等。

(3) 以气相区出现某种变化和固相区出现某种变化达到平衡为点火判据。如：以气相反应放出的总热量同固相由于热传导所吸收的热量相平衡作为判据，以点火压力下气相所耗用的能量值接近于固体稳态燃烧时加热层所含的能量值为判据等。

(4) 其他点火判据，如点火延迟期作为点火判据等。

所有这些点火判据，至今还没有人们可以普遍接受的，主要是因为点火不仅依赖于外界能量的给予方式，而且还依赖于火药本身的性能、环境条件（如气体温度、流速、压力及氧化剂浓度等），同时还受到所选用的模型和实验条件限制，即点火不可能是某一量或少数几个量的函数，因而很难找到包含多种影响因素的点火判据。

研究者一般认为，理想的点火判据应具有以下特征：①能使理论与理论之间、实验与实验之间、理论与实验之间具有可比性；②能较好地反映各参数对点火过程的影响；③在实验上便于确定。

### 5.1.2 点火理论模型

根据点火发生的主要物理化学变化过程的不同，点火理论可分为三类：气相点火理论、异相点火理论和固相点火理论。某些研究者为了统一这三类点火理论，又提出了所谓的统一点火理论。它们都有对应的物理数学模型，区别在于所考虑的控制过程、假设条件、点火准则或火药类型的不同。

#### 1. 固相点火理论

费莱兹（Frazer）和海克斯（Hicks）在 1950 年提出了固相点火理论，其基本物理模型：周围环境的外部热通量和（或）固相内部的亚表面化学反应所释放的热量，或两者之一释放的热量促成了固相表层温度的升高。固相点火理论只考虑固相内部的热传导与放热反应，点火延迟只与外界热流及火药导热性能有关，而与气相压力、氧化剂浓度无关。该理论不考虑气相的热量释放和质量扩散，忽略了固相表面反应层的真实物理过程（表层与原始火药不同，产生了化学变化、熔化、发泡等），所以它又称为热点火理论。

麦扎努夫（Merzhanov）和安乌松（Averson）给出了如下的控制方程及定解条件：

固相能量方程

$$\rho_s c_s \frac{\partial T(t,x)}{\partial t} = k_s \frac{\partial^2 T(t,x)}{\partial x^2} + \dot{q}^m \quad (5-1-1)$$

其中，

$$\dot{q}^m = ZQ\exp\left(-\frac{E}{RT}\right)$$

边界条件一般以两种形式给出：

表面温度恒定

$$T(t,0) = 常数 \quad (5-1-2)$$

或表面热流恒定

$$-k_s \frac{\partial T(t,0)}{\partial x} = q_0 = 常数 \quad (5-1-3)$$

无穷远处条件

$$\frac{\partial T(t,\infty)}{\partial x} = 0 \quad (5-1-4)$$

初始条件

$$T(0,x) = T_0 \quad (5-1-5)$$

上述公式中，$\rho_s$、$c_s$、$k_s$ 分别为固相密度、热容量和导热系数；$Q$ 为单位质量的反应热；$Z$ 为指前因子；$E$ 为活化能；$R$ 为气体常数。

固相点火模型的点火准则通常假设为火药表面温度或表面温度增率达到了临界值 $T_s > T_{s,ig}$，或固相表面温度变化率 $dT_s/dt$ 大于某一常数等。

### 2. 气相点火理论

气相点火理论最早由马克阿莱韦（McAlevy）于 1960 年提出。物理模型：热的氧化性环境气体引起燃料（或伴同氧化剂）的最初热分解，燃料气体扩散到环境中，和各种氧化剂或周围的氧化性气体发生化学反应，控制了点火过程，气相释放的热量加强了点火过程，气相点火理论通常由一组质量扩散和能量方程联立求解。

赫兹曼（Hermance）和库玛（Kumar）给出了如下的数学物理模型：

固相能量方程

$$\rho_s c_s \frac{\partial T_s(t,x)}{\partial t} + \rho_s c_s v_s \frac{\partial T_s(t,x)}{\partial x} = k_s \frac{\partial^2 T_s(t,x)}{\partial x^2} \quad (5-1-6)$$

气相能量方程

$$\rho_g c_g \frac{\partial T_g(t, x)}{\partial t} + \rho_g c_g v_g \frac{\partial T_g(t, x)}{\partial x} = k_g \frac{\partial^2 T_g(t, x)}{\partial x^2} + \dot{q}'''$$

(5 - 1 - 7)

组分方程

$$\rho_g \frac{\partial Y_j}{\partial t} + \rho_g v_g \frac{\partial Y_j}{\partial x} = \frac{\partial}{\partial x}\left(\rho_g D \frac{\partial Y_j}{\partial x}\right) + \dot{W}_j'''$$

(5 - 1 - 8)

式中：$\rho$、$c$、$k$ 分别为密度、比热、热传导系数；$v$ 为速度；下标 s，g 分别对应固相和气相；$D$ 为扩散系数；$\dot{q}'''$ 和 $\dot{W}_j'''$ 分别为反应热和 $j$ 组分的质量源项。

气相点火模型采用的点火准则基于气相点火温度 $T_{g,ig}$，气相区温度变化速率大于某一常数，气相反应速率大于某一常数等。

在高热流情况下，固相惰性加热时间较短，混合反应时间较长（复合推进剂的气体产物混合时间较显著），这时的试验结果与气相点火模型计算结果吻合较好，气相点火模型较真实地反映了实际点火过程。在热流大、气体流速低的条件下，火焰最早出现的位置可能会向火药下游漂移，有时火焰出现在远离火药表面的尾迹流区。

### 3. 异相点火理论

异相点火理论最早由安德松（Anderson）在 1963 年提出。其物理模型：反应的主要机理是固相燃料同周围活泼的氧化剂在两相界面上发生的反应。这种理论能较好地解释自燃点火现象。所谓自燃点火是指在室温下，含有一定氧化剂的气体就能使火药在其界面上发生剧烈的化学反应，即自燃，故这种理论也称自燃着火理论。

威廉姆斯（Williams）给出如下形式的数学模型：

固相能量方程

$$\frac{\partial T_s(t, x)}{\partial t} = \alpha_s \frac{\partial^2 T_s(t, x)}{\partial x^2}$$

(5 - 1 - 9)

气相能量方程

$$\frac{\partial T_g(t, x)}{\partial t} = \alpha_g \frac{\partial^2 T_g(t, x)}{\partial x^2}$$

(5 - 1 - 10)

氧化剂组分方程

$$\rho_g \frac{\partial Y}{\partial t} = \frac{\partial}{\partial x}\left(\rho_g D \frac{\partial Y}{\partial x}\right)$$

(5 - 1 - 11)

界面能量平衡方程

$$k_s \frac{\partial T_s}{\partial x}\bigg|_{x=0^-} = k_g \frac{\partial T_g}{\partial x}\bigg|_{x=0^+} + \dot{q}''' + \dot{q}'''_r \qquad (5-1-12)$$

式中：$\alpha = k/\rho c$ 为导温系数；下标 s，g 分别对应于气相和固相；$\dot{q}'''$ 为反应热；$\dot{q}'''_r$ 为辐射热。

异相点火理论采用的点火准则主要有基于表面温度 $T_{s,ig}$ 或表面温度对时间的增率 $dT_s/dt$ 是否达到临界值、固相表面分解速度大于某值等。

#### 4. 统一的点火理论

火药的实际点火过程要比以上模型所假设的理想条件更复杂，研究者希望有一种普遍适用的理论能同时考虑固相、气相和界面异相反应，并有一个统一的足够灵活的点火判据，只是随着具体条件的不同可做出某种简化处理。

Brabley 于 1974 年提出了一个统一点火理论模型，它假设在一个一维系统，离气相较远处（$x>0$）的点火源对准交界面（$x=0$）向固相火药（$x<0$）给热，给热方式有传导、对流、辐射。发生的反应在固相是发生在燃料和氧化剂之间或发生火药的固相热分解，该分解提供了表面反应和气相反应所需的燃料与氧化剂；在界面上则发生两相反应。气相反应则发生在热解放出的燃料和氧化剂之间或热解出的燃料和原来气相中存在的氧化剂之间。反应物或反应产物都发生扩散过程。根据这些设想，Brabley 考虑了气相和固相微元体中的能量守恒方程和组元守恒方程、界面上的能量守恒方程和组分守恒方程、总的能量和质量输运（扩散）方程以及气相、固相、界面上燃料和氧化剂之间的氧化还原质量作用定律。在做了一系列的变换和简化后，通过计算机数值计算得到点火条件。但是 Brabley 只对极简单情况进行求解，而且假设固体火药是均质的，且该模型不能描述环境气体压力对传热点火过程的影响。

Kularin 等提出了不均相的复合火药综合着火模型，以轴对称坐标为准的二维系统，能量来源包括自身反应热效应以及传导、对流和辐射吸收的热量。控制方程对固相分别有氧化剂和燃料的能量守恒方程，气相有总的质量守恒、能量守恒及各物质守恒方程。气相物质包括 $NH_3$、$HClO_4$、气态燃料、气态氧化剂和产物，较仔细地考虑了它们之间的化学反应动力学方程。本模型还考虑了环境压力增速（$dp/dt$）的影响，求解也是数值方法。

这些综合模型虽然考虑的因素比较全面，但问题十分复杂，而且必须知道许多难以获得的热力学、动力学特征值才能求解。

### 5.1.3 点火理论及模型的比较

利用上述各种理论的控制方程，结合初始和边界条件，可以解得点火延迟期、表面温度等各种特征值及它们与各种参变量(如外部热通量、氧化性气体浓度、压力等)的关系。可惜由于数学解析的复杂性,往往得不到一个简单明了的结果。不论何种理论,主要的边界条件在于界面两边上的热量和质量平衡关系,具体形式因假设和理论类型而有所不同。

一般双基火药适用固相反应理论。气相反馈的热量和固相本身反应放热导致固相温度的升高和加热层的建立,忽略了气相反应,数学模型比较简单。实际上它仅考虑了点火过程的一部分,且不能预示周围环境条件(如压力、氧化性气体、浓度等)对点火过程的影响。但是比较真实地描述了电热丝点火和热固体颗粒点火的过程,与低热流下各种火药的点火以及高热流下均质零氧平衡火药(如单、双基药)的点火实验符合较好。双基火药就属于这种情况,分解产物是氧化性组元和可燃组元的预混气体,不存在扩散混合过程,化学反应又很迅速,困难之处在于固相加热层的建立。固相反应理论确定的点火延迟期与实验结果比较一致。对复合火药,当黏结剂和氧化剂的侵蚀温度相当时,延迟期也由惰性加热期所控制,也适用固相点火理论。

气相点火理论较真实地描述了大部分热气流点火、辐射点火过程,能较好地解释气相氧化剂浓度、气体压力及流速对点火延迟的影响,也能较好地解释火焰最早出现偏离火药表面区域的现象。但气相点火模型计算较复杂,同时要求气相化学反应的信息较多,在实际应用中,只能对很复杂的化学反应作一些简化假设。

与固相点火理论、气相点火理论相比,异相点火理论远不成熟,有关异相点火理论的文献也较少。异相点火理论能解释在没有热流作用下的自燃点火现象,能较好地反映气相区氧化剂浓度对点火延迟的影响。

复合火药一般来说更适用气相和异相点火理论,其燃料黏合剂比氧化剂粒子易于烧蚀,燃料同周围环境氧化剂的反应比氧化剂分解要早。燃料气体侵蚀固相氧化剂表面(特别是当周围环境中没有氧化剂时),因此反应速率高,说明该过程适用于异相点火理论;若异相反应速度很慢,则点火反应主要发生在燃料气体和固相氧化剂形成的气体之间,适用于气相点火理论。若于室温下,在固体火药周围引入活性气体,它与火药表面立即反应而自燃,也属异相着火。这种系统不大量耗费外界能量。

三种点火理论的主要区别在于所假设的反应控制机理不同。在低热流下[小于 $0.42\times10^6 J/(m^2 \cdot s)$],固相惰性加热时间较长,这时适合采用固相点火理论;在高热流下,气相区的混合和反应时间较长,适合采用气相点火模型;枪、炮火药大部分是均质火药,它们受热分解的气体中燃料和氧化剂成分是预混的,实际点火时，火药周围气体温度较高，当预混气体积蓄到一定浓度时就能发生反应，所以均质火药的点火控制过程是固相加热分解过程，适宜采用固相点火理论。而对复合推进剂，氧化剂颗粒与燃料浇铸在一起，受热分解时（一般氧化剂和燃料分解温度不一样），气体需要一个混合过程才能反应。在高热流条件下，固相加热时间较短，气相区的混合时间较显著，所以复合推进剂在高热流下应采用气相点火理论。

数学模型的区别在于，化学反应释放能量的源项包含在哪个方程中。固相模型认为，化学反应发生在固相，反应源项包含在固相能量方程中；气相模型认为，化学反应发生在气相，气相能量方程中包含化学反应源项；异相点火模型则认为，化学反应发生在气、固两相的界面上，固相能量方程和气相能量方程中都不包含反应源项，反应源项包含在气、固两相界面能量平衡方程中。

实际点火过程很复杂，可能固相内部、气相区、气固相界面上同时发生着化学反应。在进行理论分析时，只能根据一定的热流条件、外界气流速度及氧化剂浓度等因素，假设主要的反应机理，选择一定的理论模型，而任何一种点火模型都不能描述所有情况下的点火过程。Brabley 提出的一维统一点火理论，虽然不事先假设反应机理，考虑的因素比较全面，但问题十分复杂，而且必须知道许多难以获得的热力学、反应动力学特征参数才能求解，所以无法付诸应用。在某种特定的情况下简化求解，实际又回到气相点火理论模型、固相点火理论模型或异相点火理论模型三者之一。所以点火过程和点火现象的研究，更多要借助于实验手段。

### 5.1.4 发射装药的点火和传火

#### 1. 发射装药点火现象

发射装药在炮膛中的点火一般都有专门的两种结构，一种是点火药包，另一种是点火管。前者置于底火周围，或同时分散于装药的中部和上部，被底火点燃后迅速分散到装药的间隙，使之着火燃烧。这种结构燃烧压力低，热量散失快，点火效果通常不理想，为了提高点火效果发展了点火管点火具。点火药置于金属或可燃材料制成的长管中（称之为金属点火管或可燃点火管）被底火引燃后，先在密闭或半密闭空间中燃烧，达到一定的压力后才冲破内衬经过传火孔或炸裂点火管喷射到药床中，这种结构传火速度快、强度大，常能提高弹道一致性。对于大口径的火炮，有时还需在点火管外添加点火药包，形成混合结构。近年来为了寻求与高膛压火炮匹配的点火结构，以抑制反常的压力现象和危险压力波，人们还采用了中心传火、点火管、点火药包等多种元件复合的复杂点火结构。

在早期的火炮兵器设计中，一般膛压和初速度都比较低，因此装填密度也小，谈不上考虑预防压力反常现象和抑制压力波等问题，所以装药系统对点火条件的要求也比较简单，常规的点火系统就能满足弹道性能的要求。通常是采用底部点火，装有中间药束改善传火性能的常规典型结构。在经典火炮内弹道理论的假设中，认为在充分点火之前，静止的火药床颗粒均匀地分散在药室内，一旦点火，全部药粒均被点燃，而忽略了火药着火，火焰传播过程，这种设想即瞬时点火模型。显然，这种模型只能提供点火药全部燃烧完而发射药尚未点燃这一理想的瞬时点火压力 $p_B$，即

$$p_B = \frac{f_B \omega_B}{V_0 - \dfrac{\omega_B}{\hat{\rho}_P} - \alpha_B \omega_B} \quad (5-1-13)$$

式中：$f_B$、$\omega_B$ 及 $\alpha_B$ 分别为点火药的火药力、装药量及余容；$\hat{\rho}_P$ 为火药物质密度；$V_0$ 为装药药室容积。

这种瞬时点火模型虽然过于理想化，然而也是有一定根据的。因为火焰传播所需时间极短，一般只有几毫秒，甚至更短。以这么短促的时间内火焰阵面传播情况为例，典型的压力波和火焰阵面传播速率约为 300m/s，远远大于点火阶段发射药的法向燃烧速度，因此在经典火炮内弹道中，把点火阶段作为瞬时点燃、全面着火的模型。

近年来，由于火炮武器性能的不断提高，某些火炮的初速达 1500～1800m/s，膛压达 500～700MPa，出现了大药室容积和高装填密度的装药结构及多种元件复合的新型点火结构。在这种条件下，瞬间点燃，全面着火的假设已远离真实的点火过程。通过高速摄影试验证明，即使像简单的金属点火管内黑火药的点火过程，点火管的破孔顺序是从底火部分逐次向上移动的，也不存在同时破孔的现象。

由此可见，实际点火过程存在一个火焰阵面和压力波阵面的传播过程。在这个过程中，火药床不仅发生剧烈的化学反应，而且伴随着质量、动量和能量输运现象以及火药床运动和挤压过程。下面以底部点火为例，分析整个点火过程所发生的现象：当底火引燃点火药后，点火药燃烧产生高温高压的火药气体和炽热的固体颗粒在火药中形成一个压力梯度，这个压力梯度促使点火药气体在火药床中高速渗透，并以对流辐射的形式加热周围的药粒，当药粒表面温度达到着火温度时，这些药粒都被点燃。被点燃的药粒所产生的气体和点火药气体混合在一起继续往未点燃的药粒间渗透，并由于火药床对气体流动产生的阻

力,使压力梯度变得更大。如果火药床比较疏松(即空隙率较大),对气体产生的阻力较小,气体可以比较容易地穿过药粒间隙,压力梯度就比较小。若火药床比较密实,对气体的阻力就大,气体的渗透受到阻碍,压力梯度就会很快地增大,并推动整个火药床以很高的速度向弹底方向运动,火药床受到强烈的挤压而密实于弹底。

实际的点火过程中,在膛内存在一个火焰波阵面和压力波阵面,因为点火气流渗透的区域中火药颗粒并不能立即着火,而是要经过一定时期的能量积累,所以火焰波阵面总是滞后于压力波阵面。由于点火药量一般都比较少,而装药本身一旦点燃就会产生大量的高压气体。膛内点火气体在火药床内的渗透过程是极其复杂的,弹丸运动前,初始药床在膛内形成一个多孔介质,点火气体在药床内的渗透可看作多孔介质中一种气体(火药气体)对另一种气体(空气)的驱替流动。由于点火气体速度很高,是不稳定的湍流运动,渗透前沿不可能保持为一个平面,从而形成所谓的"指形流动"(也称"黏指流动")现象,渗透前沿呈手指形的不规则状态。由于火药是否着火取决于点火气流加热作用的时间,并且火焰波阵面也不可能是一个平面,沿膛内截面亦呈不规则的分布,所以认为点火过程中药床内存在火焰波阵面和压力波阵面是一种理想化的假设。

综合以上的分析可以看出,点火过程是极其复杂的物理化学变化过程,它不仅影响到弹道性能的稳定性,从而影响武器的射击精度,而且由于点火的原因还可能产生很强的压力波,对身管、弹丸和引信的设计带来不利的影响,甚至产生灾难性的膛炸事故。所以深入研究点火传火机理,设计性能良好的点火系统,已成为火炮装药设计安全学的重要研究课题。

### 2. 点火系统的基本性能

为了能达到满意的弹道指标,提高装药安全性,要求点火系统应具有以下性能。

(1)点火系统必须具有足够的能量流率,即要求底火被击发后,在单位时间内产生一定数量的高温气体和炽热的固体颗粒,并能迅速地输送到火药表面,使点火系统和发射药之间进行充分的能量交换,以保证火药迅速地全面点燃,不产生迟发火和瞎火的现象,特别是在恶劣的气候条件下也能进行正常的点火。要求点火完成后,对发射药表面入射的总能量不低于 $5 \text{ J/cm}^2$,火药表面温度超过 500K。

(2)为了尽可能减少压力波和火药对弹丸所产生的冲击载荷,点火系统所产生的燃气流动应该沿着火药床的轴线方向均匀分布,使高温燃气从轴心向火药床四周渗透,尽量抑制点火气流使火药床颗粒局部堆积的现象,形成一个均匀的点火条件和起始燃烧条件。

(3) 点火系统对装药的点火作用必须有良好的再现性,以减少各发弹药设计的差异,保持弹道性能的稳定。

(4) 要求点火系统在很短的时间内,点火药气体和火药床最初燃烧的产物能使药室压力迅速增加到足够程度,促使火药颗粒很快达到稳定燃烧状态,以便保持良好的燃烧特性。但点火又不能过于猛烈,就底部点火结构而言,底火药量有一个限制的选择,否则会产生火药床密集于弹底的现象,严重时将产生压力破碎,使火药由燃烧转变为爆轰,产生灾难性事故。就中心点火管结构而言,点火管排气孔打开压力不能过高,否则会产生类似的不利现象。

要完全达到上述理想状态实属不可能,但应尽量满足这些要求,而且在高低温下都要使点火正常,不产生压力急升、迟发火、瞎火、爆燃和出现强的压力波动,不出现弹丸速度的不规则跳动。

### 3. 影响点火过程的因素

为了能掌握点火过程的各种规律,分析影响点火过程的各种因素,这些因素大致可以分为来自点火系统和装药结构以及两者的匹配等几方面。点火过程中,这些因素不是孤立的,而是互相影响、互相制约的。

1) 影响点火系统的因素

(1) 点火管的几何因素。这些因素包括点火管的内径 $D_d$、长度 $L_d$、传火孔径 $d$ 以及传火孔的分布规律等。一般情况下,如果火药床长度为 $L$,则点火管长度为 $L_d = (0.6 \sim 0.9)L$。点火管的细长比为 $\Delta_d = D_d/L_d$,在点火管设计时要取得适当,它是影响点火性能的重要因素之一。如果 $\Delta_d$ 过小,点火管内气体流动的阻力增大,妨碍了管内火焰的传播,点火药本身也不容易同时点燃,同时点火管内底部的压力也比较高,即点火管内的压力波动比较大,可能会诱发主装药床大幅值的压力波。从一些国外的点火管结构资料来看,细长比约为 $1/25 \sim 1/45$。对于粒状火药床,传火孔一般采用四排孔交错分布;对于带状火药床,传火孔分布在点火管两端较为有利。根据国外的资料及我国目前的研究成果,点火管传火孔集中在点火管前端可能降低大幅值的压力波,把传火孔集中在药室前端,目的是在膛内形成弹底、膛底对称的点火结构。传火孔径 $d$ 通常取 $2 \sim 6$ mm,点火药粒较小时,$d$ 取较小值;点火药粒较大时,$d$ 取较大值。传火孔小,点火火焰短;传火孔大,药粒容易喷出点火管。传火孔的总面积是影响管压的另一个重要因素,对于装填密度较大的火药床,难以点火,这时管压可取得大一些,因此不改变内衬结构,传火孔面积可取得小一些。根据金属点火管资料统计表明，单位点火药质量的传火孔总面积约在 $11\sim 21\text{mm}^2/\text{g}$ 的范围内变化。

(2)点火药的理化因素。点火药的理化因素是指点火药的组分和粒度，燃烧反应热、燃烧温度及燃烧速度等。其中燃烧反应热、燃烧温度主要取决于点火药的组分，常用的点火药有黑火药、多孔性硝化棉以及硝化棉与黑火药的混火药，即奔那药条。硝化棉的燃烧反应热比黑火药大，但黑火药在燃烧过程中除产生高温高压的气体以外，还产生大量灼热的微小固体粒子，这对点火带来一定的优越性。目前一般采用黑火药作为点火药，点火药的粒度对火焰传播和点火持续时间都有很大的影响。点火药的粒度增大，药粒之间的空隙增加，有利于火焰的传播，从而达到均匀一致的点火条件。点火过程除了要求一定的点火能量之外，还要求能量释放有一定的持续时间，即能量释放应有一定的速率，否则会造成点火过猛或延迟点火。在其他条件相同的情况下，粒度越大，点火持续时间越长，如果粒度过小，会造成瞬时作用的过猛点火现象，就会造成膛内的局部压力上升，产生大幅值的压力波。

讨论点火的理化因素，应提到目前常用的可燃点火管。可燃点火管随着管内点火药燃烧和燃气释放的过程而燃烧，其燃气作为点火能源的一部分点燃主装药。可燃点火管主要成分是硝化棉，其燃烧特性(燃烧方式、燃烧速度)和能量特性(燃烧反应热、燃烧温度)等对膛内的点火过程有强烈影响。

可燃点火管的管体强度是影响点火过程的重要因素，它不像金属点火管那样具有较高的强度。由硝化棉纸卷制成的可燃点火管，其管体强度达到 5MPa，但远低于金属点火管的强度。所以在点火过程中，点火管很快被撕裂，使点火药气体轴向快速流动受到了影响。实验发现，要求可燃点火管在点火初期能承受底火气体压力的冲击，而在传火完成后又能迅速地破碎，在这种条件下，点火的一致性比较好。为了解决这个问题，在可燃点火管的膛底放置一段金属支管，用以承受来自底火的冲击，在可燃点火管装点火药段开一些孔，以削弱其强度。

可燃点火管的通气面积 $S_\text{T}$ 也是影响点火性能的重要参数。若可燃点火管中装填的点火药是奔那药条，其截面为

$$S_j = \frac{\pi}{4} n (D^2 - d^2) = \frac{\omega_\text{B}}{L\delta} \qquad (5-1-14)$$

式中：$n$ 为药条根数；$D$ 和 $d$ 分别为药条外径和内径；$\omega_\text{B}$ 为点火药总质量；$\delta$ 为点火药密度；$L$ 为每条药条长度。实验表明，其通气面积取 $S_\text{T} = 1.5 S_j$ 比较理想，即

$$S_j = 1.5 \frac{\omega_B}{L\delta} \qquad (5-1-15)$$

由式(5-1-15)可以看出，点火药能量越大，则通气面积也越大。通气面积足够大是保证低压传火的必要条件，但不能单纯地增加点火药量。在管体强度、底火猛度和药量基本确定的条件下，适当改变点火药的形状尺寸和点火管的直径，是调整通气面积的有效途径。

2）火药床对点火的影响

点火系统和火药床之间的相互作用很复杂，影响因素也很多。这些因素大致可归纳为两个方面：火药的理化性能和火药床的结构。火药的理化性能包括组分、反应热、燃烧温度、分解温度、燃速、火药的燃烧表面、粒度及粒度的热传导性能等。火药的组分不同，热传导性能也不一样，因而火药被点燃的难易程度也不同。导热性能好的，火药表面可以很快达到点火温度，这种火药容易被点燃；反之，导热性能差的，就不容易点燃。火药被点燃后，它生成的气体又和点火药气体混合，再逐次点燃其他药粒，所以火药的反应热、反应温度及燃速对持续点火有一定的影响。火药起始总燃烧表面积对点火过程也有明显的影响。实验证明，起始总燃烧表面积大的装药结构在点火阶段容易产生压力波。目前广泛地采用19孔的大颗粒火药，这样不仅可以减少起始燃烧表面积，而且又可增大火药床的透气性，点火药气体在火药床中的流动造成一个通畅的途径，有利于火焰的传播和点火的一致性。

限于篇幅，关于火药床的结构，包括火药床的空隙率(或装填密度)、药室的长径比、药室的自由空间、有无药包布等因素对点火过程的影响就不再讨论了。

## 5.1.5　固体推进剂的点火

当固体火箭发动机启动时要求点火装置能迅速而又可靠地点燃发动机中的推进剂装药。一旦建立起燃烧工况，就要求在规定的工作条件下整个装药能够保持稳定燃烧。所以固体推进剂燃烧过程由点火和稳定燃烧这两个阶段组成。研究固体推进剂点火包括以下三个方面的内容：

(1)各种点火源的工作原理；

(2)受点火源热激发时固体火箭发动机的点火性能，即点火延迟期、压力(或推力)上升速率和点火期间压力与时间关系的曲线；

(3)沿固体推进剂表面的火焰传播过程。

火箭发动机的点火对较大型的火箭可使用小型固体火箭发动机，发火装置和点火药(也为推进剂)都装在小发动机中;对小型火箭一般都使用点火药盒装置。最近发展了自燃火点火器,即用惰性气体(如氦)将活性氧化剂(如三氟化氯)加压喷至推进剂表面,发生异相放热反应而致着火。

药盒式点火装置依引发方式的不同又有电点火、击发点火和定时点火(用延迟药盘或其他机构使推进剂延迟一段时间才着火)之分。它们的点火过程与火炮装药类似,即将外界的机械、电或化学激励使敏感的引发剂发火,通常经由扩焰药、加强扩焰药等增强火焰,再点燃主要火药。点火药的燃烧产物在推进剂药柱表面传播,使之局部加热和着火,火焰遂和燃烧产物一起沿药柱表面扩展,点火的整个过程根据燃烧室中压力的变化如图 5-1-2 所示,燃烧室压力变化可分为 3 个阶段:

### 1. 点火延迟期

点火延迟期即从点火器发火至推进剂开始着火所经的时间。由于点火器气体的产生,压力开始上升。它与推进剂本身的延迟期不同,包括引燃剂和点火药的变化时间在内,但无疑推进剂的延迟期占着重要比例。这一阶段主要是点火具内点火药的燃烧。

### 2. 火焰传播期

火焰传播期即从推进剂局部着火至药柱全部表面完全着火为止所经历里的时间。这个阶段压力上升很快,主要取决于推进剂的燃速和火焰传播速率,但一般存在着点火药与主装药的同时燃烧。

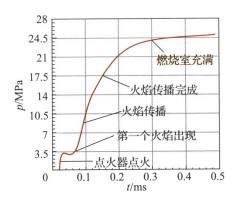

图 5-1-2　推进剂点火阶段 $p$-$t$ 图

### 3. 燃烧室充气时期

燃烧室充气时期指药柱完全点燃至达到平衡压力所经历的时间。这个阶段喷管的燃气流失对整个平衡有着很大的影响，而且主要是装药进行燃烧。

实际上这 3 个阶段难于截然分开，特别是I-II阶段，存在着点火药和推进剂的共同燃烧过程。图 5-1-3 中压力曲线的变化特征取决于单位时间内的质量平衡。

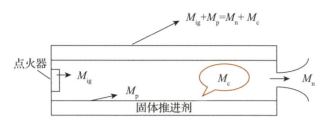

图 5-1-3　发动机燃烧室充气示意图

$$M_{ig} + M_p = M_n + M_c \tag{5-1-16}$$

式中：$M_{ig}$ 为点火器输入的气体；$M_p$ 为推进剂释放的气体；$M_c$ 为充填于燃烧室内的气体；$M_n$ 为喷管排出的气体。

如果代入各个变化率 $M$ 的具体关系，解出压力随时间的增率 $dp/dt$，可以发现它取决于推进剂的装药条件和发动机的结构尺寸。对小型火箭来说因为燃烧室自由容积小，点火器输入的气体速率 $M_{ig}$ 很重要。实际的点火阶段的 $p-t$ 曲线可能有多种情况如图 5-1-4 所示。比较平滑的曲线 2 是人们所希望的，但点火装置设计不当会产生陡峭尖锐的压力峰(曲线 1)，或延迟了点火时间(曲线 3)，严重时可能点火药燃完了，推进剂药剂还没有点着(曲线 4)。所以点火过程对发动机正常工作状态的建立关系非常密切，一般要考虑达到最大压力或达到平均推力一定百分比的时间、延迟期大小、$p-t$(或推力-时间)曲线的形状和上升速率。

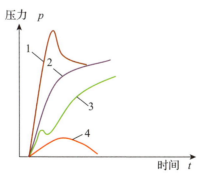

图 5-1-4　实际的点火阶段的 $p-t$ 曲线

点火是在一瞬间和极微小的区域内发生的不稳定过程，包括热传递、流体流动、相变、各种化学成分的质量扩散和化学动力学过程，为了用简单的数学公式描述这样一个复杂的现象，必须从物理上准确把握关键性的几步反应，点火准则必须恰当地模拟这个剧变现象。要掌握控制机制，必须鉴别出复杂众多化学反应中的支配性反应和主要成分。对于复合火药来说，由于相的不均匀性，所有的变化过程还要考虑它的三维性，这就更增加了问题的复杂性，要从实验角度准确地模拟实际点火过程，几乎是不可能的。因为火药紧密接触热的气体和粒子流、一定位置上的热通量都是时间的强函数等原因。使点火理论发展很不成熟，点火准则因着火种类与环境条件而异，点火延迟期大小强烈地依赖于所选择的点火准则。

## 5.2 火焰和燃烧产物的传播

### 5.2.1 点火药燃烧产物沿药床的传播

点火药燃烧产物的流动过程实际是一个高速运动的外界热源逐次点燃火药表面的过程。药床中火焰的传播速度和气体流动速度、压力传递速度并不相同，但是燃烧产物的流动加速了火焰的传播并建立起点火压力。当强制点火的能量足够充分、火药又易于着火时，点火的延迟期很短，火焰传播速度和气体流动速度、压力传递速度之间的差别将缩小。一些实验初步表明，在小粒药床中因气流受到的阻力大，火焰阵面和压力阵面近于重合，在大粒床中火焰阵面稍落后于压力阵面。这里仅讨论点火药燃气的流动。

首先考虑单个药孔内没有摩擦阻力情况下燃气的流动，如图 5-2-1 所示。沿孔内取定坐标系，$x$ 轴在孔轴上，正向指向气体流动方向，原点位于孔长中点。取微单元 $dx$ 作为研究对象。燃烧过程中不但有燃气沿垂直于孔轴的孔断面流进流出，而且还有侧面燃烧产生的燃气加入。

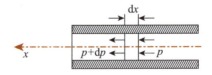

图 5-2-1　孔内燃气流动的示意图

单元体的动量变化：

$$pFdt - (p+dp)Fdt = d(mu) \qquad (5-2-1)$$

式中：$p$ 为孔压；$F$ 为横截面积；$u$ 为气体流速；$m$ 为质量；$t$ 为时间，将式(5-2-1)简化得到

$$mdu + udm = -Fdpdt \tag{5-2-2}$$

对微单元来说：

$$m = F\rho dx, \quad dm = \Omega dx dt$$

式中：$\rho$ 为燃气密度；$\Omega$ 为单位药长单位时间内生成的燃气质量。

将它们代入式(5-2-1)得

$$\rho u du + u\frac{\Omega}{F}dx = -dp \tag{5-2-3}$$

考虑微单元的质量平衡，一般流出量＞流入量，其差值为

$$F[\rho u + d(\rho u)]dt - F\rho u dt = \Omega dx dt$$

$$\rho du + u d\rho = \frac{\Omega}{F}dx \tag{5-2-4}$$

将式(5-2-4)其代入式(5-2-3)得

$$2\rho u du = -dp\left(1 + \frac{u^2}{c^2}\right) \tag{5-2-5}$$

式中：$c = \sqrt{\dfrac{dp}{d\rho}}$ 为声速。将速度与声速的相对值马赫数 $Ma$ 代入式(5-2-5)得到

$$2\rho u du = -dp(1 + Ma^2) \tag{5-2-6}$$

式中：$Ma$ 为马赫数。

一般燃气流速比局部声速小得多，其实可把燃气看作不可压缩流体。

$$\rho \approx \rho_0 \approx 常数$$
$$dp = -2\rho_0 u du$$
$$\int_{p_1}^{p_x} dp = -2\rho_0 \int_{u_1}^{u_x} u du$$
$$u_x - u_1 = \frac{1}{\rho_0}\frac{p_1 - p_x}{u_1 + u_x} \tag{5-2-7}$$

即

$$\Delta u = \frac{1}{\rho_0}\frac{\Delta p}{u_1 + u_x} \tag{5-2-8}$$

特殊情况下 $u_1 = 0$，所以

$$u_x = \left(\frac{1}{\rho_0}\Delta p\right)^{\frac{1}{2}} \tag{5-2-9}$$

当燃气流动中遇有阻力 $N$ 作用时则由式(5-2-8)知

$$u'_x - u_1 = \frac{1}{\rho_0} \frac{\Delta p - N}{t_1 + u'_x} \qquad (5-2-10)$$

$$u'_x = \frac{1}{\rho_0^{\frac{1}{2}}} (\Delta p - N)^{\frac{1}{2}} \qquad (5-2-11)$$

对于多个药粒组成的药床特别是对于紊乱的粒状药床,可把整个药床横截面上的空隙用一等效孔截面来代替,考虑沿药床轴向的流动。流动阻力因药床结构、药粒形状和表面状况的不同有很大变化,只是方程的形式不变。

由式(5-2-10)和式(5-2-11)可知:

(1)两点间的压差决定了流速的不同,但流速的差别并不与压差成正比,随着流速的增大亦即压差的增大影响程度迅速减小。

(2)不同药床结构阻力差别很大,因而同样的压差和位置流速将大不相同。国产 $2^\#$、$3^\#$ 黑药床装于金属管中,当管下端压力为 $(100 \sim 200) \times 0.098 \mathrm{MPa}$ 时,火焰速度约为 $80 \sim 120 \mathrm{m/s}$。美国一些大口径火炮药室中的多孔粒状药床压力波和火焰速度数量级约 $300 \sim 400 \mathrm{m/s}$,远小于局部声速。

### 5.2.2 静止情况下火焰沿药面的传播

火药药粒局部受激发强迫着火后,火焰自动沿药面扩展。设连续移动的火焰周边为沿药粒表面传播的直线,它的传播速率开始随时间单调增大,时间无限长后趋于一极限值。下面推导趋于稳定极限情况下的火焰传播速度和传播时间的解析式。

取空间坐标如图 5-2-2 所示,火焰周边在 $xOz$ 面上沿 $x$ 方向以速率 $u_f = \mathrm{d}x/\mathrm{d}t$ 传播。为了保持坐标原点-初始着火点位置相对于空间不变,设想药粒以火焰传播速度 $u_f$ 逆 $x$ 正向前进,未点燃点一旦达到着火温度 $T_i$ 后立即着火。

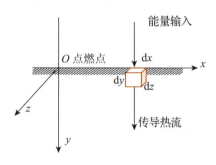

图 5-2-2 火焰沿火药的传播

在 $x$ 处取火焰面与 $xOz$ 坐标面重合的微小单元体 $\mathrm{d}v = \mathrm{d}x\mathrm{d}y\mathrm{d}z$,考察 $\mathrm{d}v$ 内的热平衡。设火药只沿 $y$ 方向向未着火区域药体传导热 $q(x)$,忽略 $x$ 方向热

传导，即

$$\frac{\partial T}{\partial y} \gg \frac{\partial T}{\partial x} \qquad (5-2-12)$$

则热量经 $y=0$ 面输入，$y=0+\mathrm{d}y$ 面输出，因热传导所得净热为

$$q_1 = \lambda \frac{\partial^2 T}{\partial y^2} \mathrm{d}x\mathrm{d}y\mathrm{d}z \qquad (5-2-13)$$

药体以 $u_f$ 从右向左行进，自 $(x+\mathrm{d}x)$ 面带入和 $x$ 面带出的热量差为

$$q_2 = c_{pp}\rho_p u_f \frac{\partial T}{\partial x} \mathrm{d}x\mathrm{d}y\mathrm{d}z \qquad (5-2-14)$$

稳定状态下 $\mathrm{d}v$ 内热平衡，$q_1 + q_2 = 0$，则

$$\lambda \frac{\partial^2 T}{\partial y^2} + c_{pp}\rho_p u_f \frac{\partial T}{\partial x} = 0 \qquad (5-2-15)$$

边界条件：

$$T = T_i, \; x = 0, \; y = 0$$
$$T = T_0 \begin{cases} x = \infty, & 0 < y < \infty \\ y = \infty, & 0 < x < \infty \end{cases} \qquad (5-2-16)$$

表面处热量守恒：

$$\begin{cases} -\lambda \dfrac{\partial T}{\partial y} = q(x) \\ y = 0, \; 0 < x < \infty \end{cases} \qquad (5-2-17)$$

式中：$q(x)$ 为 $x$ 处在单位时间单位面积内传入表面的热量。

采用分离变量法求解得火焰传播速度

$$u_f = \frac{Lq_0^2}{\lambda c_{pp}\rho_p (T_i - T_0)^2} \qquad (5-2-18)$$

式中：$L$ 为装药长度；$q_0$ 为 $x=0$ 处在单位时间单位面积内传入表面的热量；$\lambda$ 为换热系数；$c_{pp}$ 为火药比定压热容，$\rho_p$ 为火药的密度；$T_i$ 为着火温度；$T_0$ 为环境温度。

式(5-2-18)清楚地表明药粒特性和外界条件对火焰传播速度的影响：就药粒性质而言，$\lambda$、$\beta$、$c_{pp}$ 和 $T_i$ 加大则 $u_f$ 减小；就外界条件而言，$T_0$ 升高，$u_f$ 加大。热交换的影响从 $Lq_0^2$ 得到反映，取决于热交换机理。一般情况下忽略点火源对火药的辐射、传导及凝聚相颗粒接触时的热交换，只考虑对流的作用时，有

$$q_0 = h(T_g - T_0) \qquad (5-2-19)$$

式中：$T_g$ 为 $x=0$ 处气体温度，所以式(5-2-18)变为

$$u_f = \frac{Lh^2}{\lambda c_{pp} \rho_p}\left(\frac{T_g - T_0}{T_i - T_0}\right)^2 \quad (5-2-20)$$

火焰沿装药长度 $L$ 的传播时间为

$$t_f = \frac{L}{u_f} = \frac{\lambda c_{pp} \rho_p}{h^2}\left(\frac{T_i - T_0}{T_g - T_0}\right)^2 \quad (5-2-21)$$

由于 $t_{ign} \propto \frac{\lambda \rho_p c}{h^2}$，与式(5-2-9)合并可得 $t_{ign} = \frac{\pi t_f}{4}$，这说明影响点火延迟的因素也同样影响火焰传播时间。

## 5.3 火药燃烧波结构与特性

火药燃烧时，一般根据物理化学反应特征将燃烧区域分为预热区、凝聚相反应区、气相反应区、火焰区等，如图 5-3-1 所示，由于稳态燃烧时整个燃烧区都是平行连续地向火药的未燃区域传播，因此，这里借用了波的传播概念，将整个燃烧区称作燃烧波。燃烧波的结构主要指整个燃烧区由哪几个不同的区域组成，各区的物理、化学变化，有关各区的参数变化等。

### 5.3.1 均质火药的燃烧波结构

火药主要由硝化棉(NC)和硝酸酯充分胶化制成，其物理结构是均匀的，其燃烧火焰属于预混火焰，燃烧波传播的方向假设是一维的。化学反应动力学因素起着控制燃速的关键作用。燃烧波结构如图 5-3-1 所示。

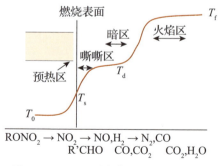

图 5-3-1 均质火药一维燃烧波结构

火药的燃烧波由表面及亚表面反应区、嘶嘶区、暗区、火焰区组成。由于固相表面放热反应产生的热量和气相区传递的热量，使火药固相由初温 $T_0$ 上升到燃烧表面温度 $T_s$。在固相表面处由于表面的分解反应和初始气态产物的放热

反应，产生的热量使温度迅速升高到暗区温度 $T_d$，由于暗区的反应很缓慢，温度基本保持不变，直到火焰区，放热量大的氧化还原反应加速进行，使温度升高到火焰区温度 $T_f$ 并形成发光的火焰区。燃烧波各区的特点如下：

### 1. 表面及亚表面反应区

这是指接近燃烧表面的凝聚相反应区，该区又可分预热区和表面反应区。

(1) 固相预热区是指从燃烧表面(温度 $T_s$)到固相中某处(该处温度 $T_p$)之间的区域。$T_0$ 为实验环境温度，$T_p$ 为预点火温度，其值可根据经验由下式确定：

$$T_p - T_0 = 0.05(T_s - T_0) \tag{5-3-1}$$

固相预热区特征厚度，可按下式定义：

$$X_c = a/u \tag{5-3-2}$$

式中：$X_c$ 为预热区特征厚度；$a$ 为火药的热扩散系数；$u$ 为燃速。

预热区厚度一般小于 0.1mm，并随压力增加而减薄，表 5-3-1 列示出了这一变化规律。

在预热区中主要发生熔化、蒸发、变软等物理变化。

表 5-3-1　H 型双基推进剂的固相参数

| P/MPa | 1 | 2 | 5 | 10 |
|---|---|---|---|---|
| $u$/(cm/s) | 0.19 | 0.34 | 0.67 | 1.06 |
| $T_s$/K | 300 | 340 | 400 | 445 |
| $X_c$/μm | 60 | 35 | 23 | 20 |

(2) 在表面反应区进行的主要是硝酸酯的初始分解反应、分解产物与硝酸酯的反应及初始产物之间的反应，燃烧表面呈蜂窝状，有碳生成。该区化学反应可表示如下：

$$R\text{—}ONO_2 \rightarrow NO_2 + R'\text{—}CHO，吸热反应$$
$$(NC, NG)\quad (HCHO, CH_3CHO, HCOOH)$$
$$NO_2 + CH_2O \rightarrow NO + H_2O + CO，放热反应$$
$$2NO_2 + CH_2O \rightarrow 2NO + H_2O + CO_2，放热反应$$

硝酸酯的分解为吸热反应，$NO_2$ 与醛类的反应为放热反应，放热大于吸热，该区放热量为正值，约占火药总放热量的 10%；该区温度由室温 $T_0$ 上升到燃烧表面温度 $T_s$（(603±45)K)，并且表面温度随压力和初温的增加而增加；整个反应区很薄，并随压力上升而减薄，当压力由 6MPa 上升至 21MPa 时反应区厚度由 0.13mm 下降至 0.06mm。

### 2. 嘶嘶区

由凝聚相分解的气体产物从表面逸出，带出固体、液体微粒，构成有气、固、液并存的异相区，并发出嘶嘶的声响。嘶嘶区的化学反应对火药的燃速有很大影响，可说是燃速控制区，该区的化学反应有：

异相反应 $NO_2 + R' —CHO \rightarrow NO + CO、CO_2、CH_2O、H_2O、H_2$ 等；

均相反应 $NO_2 + H_2、CO、CH_2O \rightarrow NO + CO_2 + H_2O$ 等。

该区反应都是放热反应，如：

$$NO_2 + HCHO \rightarrow NO + H_2O + CO \quad \Delta cH = -180(kJ/mol)$$
$$2NO_2 + HCHO \rightarrow 2NO + H_2O + CO_2 \quad \Delta cH = -406.1(kJ/mol)$$

该区放热量大，可占到火药总放热量的 40% 左右。

该区温度一般为 970~1270K，随压力增加而升高，外边界温度在高压时可达到 1670K。该区总的厚度很薄，因而有陡峭的温度梯度。1973 年久保田浪之介在约 2MPa 下测得高能（爆热为 4576J/g）火药的温度梯度为 $1 \times 10^5 K/cm$，低能（爆热为 2556J/g）的双基药为 $5 \times 10^4 K/cm$。

该区厚度受压力的影响大于凝聚相区，同样随压力增大而减薄，当压力从 1MPa 升至 10MPa 时，该区厚度可由 0.02mm 降至 0.002mm。

### 3. 暗区

该区为气相区，各气体组分基本上无物理变化，由于温度尚不够高（低于 1800K），一氧化氮的还原反应进行得很慢，因而形成了较厚的不发光的暗区。该区放热量很少，所以温度梯度很小。该区厚度较大，并随压力升高，厚度显著减薄。当压力由 0.8MPa 升高到 10MPa 时，该区厚度可由 20mm 急剧下降至 0.2mm。在火药中如果存在可催化一氧化氮还原反应的催化剂时，则可加速暗区中的反应，使暗区厚度减薄。

### 4. 火焰区

该区为一氧化氮的还原反应，经过一预备阶段，随着温度的升高，进入剧烈反应阶段，放出大量的热，放热量约占火药总放热量的 50%。该区是燃烧反应的最后阶段，生成最终产物。由于放热量大，使产物温度达到最高，火焰温度可高达 2800K，并产生强烈的光辐射。该区反应类型主要是一氧化氮的还原反应：

$$NO + CO、H_2、CH_4 \longrightarrow N_2 + CO_2 + CO + H_2O + H_2$$

## 5.3.2 均质火药燃烧理论模型

### 1. 捷尔道维奇物理数学模型

捷尔道维奇将可燃混合气体稳态燃烧理论转用于易发挥性炸药燃烧之后，又将其发展用于均质火药燃烧的。该模型认为，火药是由热分解而不是经过蒸发变成了气体，然后气相燃烧放出大量的热，再传给火药继续汽化和燃烧，因此燃烧实际上主要在气相进行。该模型假设：

(1) 火药的结构是均质、各向同性的；

(2) 火药通过多相反应（无热效应）首先变成富有能量的气态物质，这些物质在靠近火药表面的气相中燃烧并放出热量；

(3) 火焰阵面及燃烧表面是平面，即燃烧是一维的；

(4) 火药的燃烧是稳态的，即其燃速、温度分布等均不随时间变化；

(5) 热迁移仅以热传导方式进行。

火药燃速为

$$u = \sqrt{\frac{2\lambda Zn!}{\rho_p^2 Q(T_f - T_0)} \frac{\rho_0^2 C_0^{n-2}}{} \left(\frac{RT_f^2}{E}\right)^{n+1} e^{-\frac{E}{RT_f}}} \quad (5-3-3)$$

式中：$\lambda$ 为传热系数；$Z$ 为碰撞频率；$\rho_0$ 为未反应物密度；$T$ 为温度；$C_0$ 为未反应物摩尔浓度；$\rho_p$ 为火药密度，$Q$ 为每摩尔未反应物的燃烧热；$T_0$、$T_f$ 分别为初温和终温；$R$ 和 $E$ 为常数。

由此式可以分析各因素对燃速的影响，所得结论与可燃混合气体的燃烧相同，但是需要注意：

$$\rho_0 \propto p \text{ 和 } C_0 \propto p$$

$$u \propto (p^2 p^{n-2})^{\frac{1}{2}} = p^{\frac{n}{2}}$$

令 $\frac{n}{2} = m$，则有

$$u = bp^m \quad (5-3-4)$$

此式形式与燃速经验式相同。

由上式可见，$m$ 是未反应可燃气体反应级数的一半，它取决于燃气因而取决于火药的性质。一般气体反应级数在 1~2 级，所以 $m$ 在 0.5~1，这些是和实验相一致的。然而 $m$ 还和压力有关，由低压到高压，$m$ 从 0 接近于 1（气相反应没有零级反应），对此理论无法解释。

$b$ 是与气相燃烧有关的参数，它取决于燃气性质（从而取决于火药）和初温。

在燃速的实际测定中，$b$ 和 $m$ 是相互关联的参数，而且和试样形状有关（如多孔粒状与简单形状火药），这就掩盖和扰乱了燃烧参数的物理化学实质，变成了经验系数，必须仔细研究。

此外，按此式来看只有压力等于零时燃速才为零，压力甚大时燃速仍有对应值。但事实上，低压下火焰常常熄灭，高压下无限增长形成爆轰。对此理论也无法做出解释。显然这个理论过于简单化。

**2. 萨默菲尔德（Summerfield）物理数学模型**

模型假设：

(1) 燃烧过程是一维过程；

(2) 恒压稳态燃烧；

(3) 忽略火焰对燃烧表面的热辐射。

取物理模型坐标系如图 5-3-2 所示，考虑燃烧表面能量平衡，即

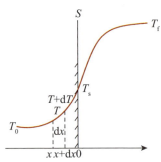

图 5-3-2 萨默菲尔德燃烧模型

$$\lambda_p \left(\frac{dT}{dx}\right)_{s^-} = \lambda_g \left(\frac{dT}{dx}\right)_{s^+} + \rho_p r Q_s \quad (5-3-5)$$

$$\begin{pmatrix}\text{自燃面向固}\\\text{相的热传导}\end{pmatrix} \quad \begin{pmatrix}\text{自气相向燃}\\\text{面的热传导}\end{pmatrix} \quad \begin{pmatrix}\text{固相反应}\\\text{放热}\end{pmatrix}$$

式中：$Q_s$ 为火药固相反应区单位质量放热（吸热）量，下标 p 代表火药，下标 g 代表气相，下标 $s^-$ 代表燃面固相侧，下标 $s^+$ 代表燃面气相侧。

$$r = \frac{\lambda_p \left(\frac{dT}{dx}\right)_{s^-} - \lambda_g \left(\frac{dT}{dx}\right)_{s^+}}{\rho_p Q_s} \quad (5-3-6)$$

要计算燃速，必须知道燃烧界面两侧传导的热量。

在燃烧区内取一微单元 $dx$，考察其热量平衡关系（一维过程，$v=0$），可以得到下列方程：

$$\lambda \frac{d^2 T}{dx^2} - \rho_0 u c_p \frac{dT}{dx} + Q\omega(C, T) = 0 \quad (5-3-7)$$

$$\begin{pmatrix}\text{热传导所}\\\text{致热迁移}\end{pmatrix} \quad \begin{pmatrix}\text{气流所致}\\\text{热迁移}\end{pmatrix} \quad \begin{pmatrix}\text{化学反应}\\\text{热效应}\end{pmatrix}$$

将此式用于凝聚相，忽略热反应热效应，即设 $\omega(C, T) = 0$，又 $\rho u = \rho_p r$，所以得

$$\lambda_p \frac{d^2 T}{dx^2} - \rho_p r c_{pp} \frac{dT}{dx} = 0$$

$$d\left(\frac{dT}{dx}\right) = \frac{\rho_p r c_{pp}}{\lambda_p} dT \qquad (5-3-8)$$

边界条件

$$x = -\infty, \quad T = T_0, \quad \frac{dT}{dx} = 0$$

$$x = 0, \quad T = T_s, \quad \frac{dT}{dx} = \frac{dT_s}{dx}$$

由燃面向固相内部的热迁移量

$$\lambda_p \left(\frac{dT}{dx}\right)_{s^-} = c_{pp} \rho_p r (T_s - T_0) \qquad (5-3-9)$$

将式(5-3-6)用于嘶嘶区得

$$\frac{d}{dx}\left(\lambda_g \frac{dT}{dx}\right)_{s^-} - \rho_g u_g c_{pg} \frac{dT}{dx} + \omega_g Q_g = 0$$

积分计算得到

$$\lambda_g \frac{dT}{dx}\bigg|_{s^+} = Q_g \int_0^{+\infty} \omega_g e^{-\frac{\rho_g u_g c_{pg}}{\lambda_g}} dx \qquad (5-3-10)$$

可以推得,气相反应主要集中在 $x_i \sim x_f$ 一个很窄的区域,除此之外可以忽略。又假设反应服从 Arrhenius 定律,一方面温度随 $x$ 方向增加,另一方面浓度随负 $x$ 方向降低,它们对反应速度的综合影响可看作使 $\omega_g$ 保持不变,即

$$\begin{cases} \omega_g Q_g = 0, & 0 < x \leqslant x_i \\ \omega_g Q_g = \bar{\omega}_g Q_g, & x_i < x \leqslant x_f \\ \omega_g Q_g = 0, & x_f < x \end{cases}$$

若 $x_i = 0$,即反应区从燃烧表面算起,则有

$$\lambda_g \frac{dT}{dx}\bigg|_{s^+} = \frac{\lambda_g}{\rho_g u_g c_{pg}} \bar{\omega}_g Q_g \left(1 - e^{-\frac{\rho_g u_g c_{pg}}{\lambda_g} x_f}\right) \qquad (5-3-11)$$

将式(5-3-6)、式(5-3-7)代入式(5-3-5)并化简得

$$r = \left(\frac{\lambda_g \bar{\omega}_g Q_g}{\rho_p^2 c_{pp} c_{pg} \left(T_s - T_0 - \dfrac{Q_s}{c_{pp}}\right)}\right)^{\frac{1}{2}} \qquad (5-3-12)$$

设气相发生下列二级反应

$$O(氧化剂分子) + F(燃料分子) \rightarrow P(产物)$$

$$\bar{\omega}_g = k\rho_g^2 \varepsilon^2 = \rho_g^2 \varepsilon_O \varepsilon_F Z_g e^{-\frac{E}{RT_g}} \qquad (5-3-13)$$

式中：$\varepsilon_O$、$\varepsilon_F$ 为反应物 O 和 F 的浓度比率。

又因为

$$\rho_g = \frac{p}{R_g T_g}$$

$$r = p\sqrt{\frac{\lambda_g Q_g \varepsilon_O \varepsilon_F Z_g \exp(-E/RT_g)}{\rho_p^2 c_{pp} c_{pg}(T_s - T_0 - Q_s/c_{pp})(RT_g)^2}} \tag{5-3-14}$$

这就是火药燃速 $r$ 与压力 $p$ 的关系式。式中：$Q_s$ 为火药固相反应区单位质量放热（吸热）量，下标 P 代表火药，下标 g 代表气相，$\varepsilon_O$、$\varepsilon_F$ 为反应物 O 和 F 的浓度比率。$\lambda_g$、$c_{pp}$、$c_{pg}$、$\rho_p$、$R_g$ 取决于火药组成，$Q_s$ 取决于燃烧表面热分解机构，$\varepsilon_O \varepsilon_F Z_g \exp\left(-\dfrac{E_g}{R_g T_g}\right)$ 取决于气相反应，而 $T_g = T_0 + \dfrac{Q_s}{c_{pp}} + \dfrac{Q_g}{c_{pg}}$ 为嘶嘶区火焰温度，$T_s$ 随燃速及压力而变化。为了求解上述方程，假设燃烧表面的热分解符合 Arrhenius 规律，则有

$$r = Z_g \exp(-E/RT_s) \tag{5-3-15}$$

和 $r$ 式联立求解能同时得到 $r$ 和 $T_s$，计算结果与实测颇为一致。

### 3. 贝克斯坦德(Beckstead)物理数学模型

基本方程：

表面消失速率(质量燃速)

$$M_s = Z_s \exp\left(-\frac{E_s}{RT_s}\right) \tag{5-3-16}$$

此即 Arrhenius 方程，式中：$T_s$ 为表面温度；$E_s$、$Z_s$ 为固相反应活化能与频率因素。

表面温度 $T_s$ 方程可由燃烧表面的热平衡方程导出。

设在燃面附近燃气中取一微单元 $\mathrm{d}x$，忽略其中的化学反应，由热传导和对流引起的能量平衡可以得到

$$\lambda \frac{\mathrm{d}^2 T}{\mathrm{d}x^2} - \rho u c_p \frac{\mathrm{d}T}{\mathrm{d}x} = 0 \tag{5-3-17}$$

式(5-3-17)和可燃混合气体及固体火药加热层建立的方程完全相同。燃烧表面温度 $T_s$ 的达到由凝聚相反应放热和火焰区对燃烧表面的热反馈两个因素所决定。设不考虑凝聚相热效应时达到的表面温度为 $T_s'(<T_s)$，考察 $T_f \sim (T_s' - T_0)$ 温差下燃气对燃烧表面的热传导，而且因为火焰区离燃烧表面远，所以只考虑暗区对凝聚相的作用，依此在燃烧表面上求解上述方程得到

$$T_s' - T_0 = (T_g' - T_0)\exp\left(-\frac{c_p M_s}{\lambda}\Delta x\right) \tag{5-3-18}$$

凝聚相有热效应时，有

$$T_s - T_s' = -\frac{Q_L}{c_p} \qquad T_g - T_g' = -\frac{Q_L}{c_p}$$

所以 $T_s + \frac{Q_L}{c_p} - T_0 = \left(T_g' + \frac{Q_L}{c_p} - T_0\right)\exp\left(-\frac{c_p M_s}{\lambda}\Delta x\right)$

即

$$T_s = T_0 - \frac{Q_L}{c_p} + \left(T_g' - T_0 + \frac{Q_L}{c_p}\right)\exp\left(-\frac{c_p M_s}{\lambda}\Delta x\right) \qquad (5-3-19)$$

式中：$\Delta x = x_g - x_s$ 为暗区离药面的距离；$T_g$ 为暗区温度；$T_s$ 为表面温度；$T_g'$ 为不考虑凝聚相反应热效应时的暗区温度；$T_s'$ 为不考虑凝聚相反应热效应时的表面温度；$Q_L$ 为凝聚相反应热效应，习惯上取为负值（即 $Q_L<0$）；$c_p$ 为固相和气相平均比定压热容；$\lambda$ 为气相导热系数；$M_s$ 为质量燃速。

若取固-气平均 $c_p$，即 $c_p$ 对凝聚相及气相均可应用。再考虑总的燃烧能量平衡：

$$-Q_L + Q_g = c_p(T_g - T_0) \qquad (5-3-20)$$

式中：$Q_g$ 为气相暗区反应热效应。注意 $T_g$ 中包括凝聚相热效应的作用，且 $Q_L<0$。所以式(5-3-19)可变为

$$T_s = T_0 - \frac{Q_L}{c_p} + \frac{Q_g}{c_p}e^{-\xi} \qquad (5-3-21)$$

$$\xi = c_p M_s \Delta x / \lambda$$

式中：$\xi$ 为无因次火焰距离。

对于预混层流火焰可写成：

$$\xi = c_p M_s \Delta x / \lambda = \frac{c_p M_s^2}{\lambda k \rho^\delta} \qquad (5-3-22)$$

式中：$p$ 为压力；$\delta$ 为反应级数；$k$ 为气相反应速率常数。

$$k = Z_g \exp\left(-\frac{E_g}{RT_g}\right) \qquad (5-3-23)$$

式中：$E_g$、$Z_g$ 分别为暗区反应活化能和频率因素。

有了这几个方程，可用逐次逼近法解出 $M-p$ 关系；因 $M_s$ 在式(5-3-18)和式(5-3-22)中均出现，所以在一定压力下先假设一个 $M_s$，由式(5-3-22)求出 $\xi$，再由式(5-3-21)求出 $T_s$，最后由式(5-3-18)求出 $M_s$。与初设 $M_s$ 相比较，若差异较大，则修理重算，如此循环直至两次 $M_s$ 值相近为止。

这个模型结构简单,方程易于处理,并能由它们求出凝聚相的特征参数:

在真空条件下,选择两个温度,即普通燃面温度 $T_s$ 和参考燃面温度 $T_{sR}$,则将 $T_s$ 和 $T_{sR}$ 分别代入式(5-3-16)后再将两式相比得

$$M_s = M_{sR} \exp\left(-\frac{E_s}{R}\left(\frac{1}{T_s} - \frac{1}{T_{sR}}\right)\right) \quad (5-3-24)$$

在式(5-3-21)中忽略暗区的热反馈得

$$T_s = T_0 - \frac{Q_L}{c_p}$$

$$Q_L = -c_p(T_s - T_0) \quad (5-3-25)$$

显然,若测得 $T_s$,可由式(5-3-25)算得凝聚相热效应 $Q_L$,若同时测得燃速 $M_s$ 及 $T_{sR}$,则可由式(5-3-24)和式(5-3-20)算得 $E_s$、$Z_s$。

按此模型计算的燃速等值和实验结果比较一致,而且改变初温、压力和火药的爆热时都与实际符合得较好。

### 5.3.3 双基推进剂燃烧理论

从 20 世纪末期至今,双基推进剂以硝化棉和硝化甘油为主要组分,由于硝酸酯具有良好的增塑能力,能与硝化棉形成浓溶液均相体系,使得经压延和螺压加工成型的推进剂组成是均匀的,而且双基推进剂的火焰是预混的,受一维化学反应过程控制。

推进剂燃烧涉及一系列在气相和凝聚相同时发生的复杂的物理和化学过程。稳态燃烧是指推进剂的火焰结构不随时间而变化的燃烧过程。要实现稳态燃烧,就必须认识固体推进剂的稳态燃烧特性,进而提出固体推进剂稳态燃烧模型,指导燃烧规律性的研究和配方设计。

双基推进剂燃烧理论模型有赖斯-吉奈尔模型、库恩模型、BDP 模型、维留诺夫模型、久保田超速模型等。

#### 1. 赖斯-吉奈尔模型

赖斯(Rice)和吉奈尔(Ginell)于 20 世纪 50 年代初期提出的双基推进剂稳态燃烧理论,是一个较为系统、完整的理论,并为以后的研究工作打下了一定的基础。该理论的基本观点为:

(1)推进剂燃烧有一固气相分界面,即所谓的燃烧表面。在此表面上的化学反应速度服从 Arrhenius 公式,即

$$\dot{m} = A\exp\left(\frac{-E_s}{RT}\right) \qquad (5-3-26)$$

式中：$A$ 为指前因子；$\dot{m}$ 为质量流率，此处即为质量燃速。其意义为燃烧表面上的化学反应速率是推进剂燃速的控制因素。

（2）基于实验观察结果，把复杂的气相反应区简化为三个不同阶段，如图 5-3-3 所示。

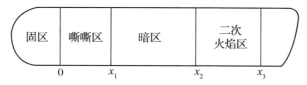

**图 5-3-3　双基推进剂燃烧反应区结构**

在这三个阶段，因化学反应使气体（产物）温度分别升高到

嘶嘶区 $\qquad T'_1 = T_s + \dfrac{Q_1}{c} \qquad (5-3-27)$

暗区 $\qquad T'_2 = T'_1 \qquad (5-3-28)$

二次火焰区 $\qquad T'_3 = T'_1 + \dfrac{Q_3}{c} \qquad (5-3-29)$

式中：$Q_1$ 为嘶嘶区化学反应放热；$Q_3$ 为二次火焰区化学反应放热；$T_s$ 为燃面温度；$T'_1$ 为嘶嘶区温度；$T'_2$ 为暗区温度；$T'_3$ 为火焰区温度；$c$ 为反应气体产物比热容。

（3）在对各气相反应区进行理论分析时，假定化学反应放热集中在本区的高温边界一侧，并且反应完成，在计算中可不计组分扩散的影响。

根据上述观点，在用式（5-3-26）求解质量燃速时，必须引用表面温度 $T_s$ 的关系式 $T_s = T'_s + (T'_1 - T'_s)\exp\left(-\dot{m}c_p\dfrac{x_3}{\lambda_g}\right) + (T'_3 - T'_1)\exp\left(-\dot{m}c_p\dfrac{x_3}{\lambda_g}\right)$，即

$$T_s = T'_s + \frac{Q_1}{c}\exp\left(-\dot{m}c_p\frac{x_3}{\lambda_g}\right) + \frac{Q_3}{c}\exp\left(-\dot{m}c_p\frac{x_3}{\lambda_g}\right) \qquad (5-3-30)$$

式中：$T'_s$ 为因固相化学反应放热推进剂所达到的温度，即 $T'_s = T_1 + \dfrac{Q_3}{c}$，其中 $T_1$ 为推进剂初温。为此可分别按三个气相反应区建立方程式，联立便可求解 $x_1$、$x_3$ 和 $T_s$ 等未知量。

1) 嘶嘶区

嘶嘶区温度分布的表达式为

$$\frac{T - T_s}{T_1 - T_s} = \left[\exp\left(-\frac{v_g}{a_g}X_1\right) - 1\right]^{-1} \times \left[\exp\left(-\frac{v_g}{a_g}X\right) - 1\right] \quad (5-3-31)$$

将式 $\frac{(T - T'_s)}{(T_1 - T'_s)} = \exp\left(-\frac{\dot{m}c_p X_1}{\lambda_g}\right)$ 代入上式右端第一个方括弧内，得

$$\frac{T - T_s}{T_1 - T_s} = \left[\frac{T_1 - T'_s}{T_s - T'_s} - 1\right]^{-1} \times \left[\exp\left(-\frac{v_g}{a_g}X\right) - 1\right] = \left[\frac{T_s - T'_s}{T_1 - T'_s}\right]\left[\exp\left(-\frac{\dot{m}c_p}{\lambda_g}X\right) - 1\right]$$

整理后得

$$\frac{T - T_s}{T_1 - T_s} = \exp\left(-\frac{\dot{m}c_p}{\lambda_g}X\right) \quad (5-3-32)$$

对 $x$ 求微分得

$$\frac{dT}{dx} = -\frac{\dot{m}c_p}{\lambda_g}(T_s - T'_s)\exp\left(-\frac{\dot{m}c_p}{\lambda_g}X\right)$$

将式(5-3-32)代入上式右端得

$$\frac{dT}{dx} = -\frac{\dot{m}c_p}{\lambda_g}(T - T'_s) \quad (5-3-33)$$

嘶嘶区气流速度为

$$v_g = -\frac{dx}{dt} = \frac{\dot{m}}{\rho_g} \quad (5-3-34)$$

由以上两式可得

$$\frac{dT}{dt} = \left(\frac{dT}{dx}\right)\left(\frac{dx}{dt}\right) = (T - T'_s)\frac{\dot{m}^2}{\rho_g^2 a_g} \quad (5-3-35)$$

由理想气体状态方程

$$\rho = \frac{pM}{RT}$$

式(5-3-35)中 $\rho_g$ 与 $a_g$ 都随气体温度而变化，但 $\rho_g$ 与 $T$ 成反比。于是可近似认为 $\rho_g^2 a_g$ 不随 $T$ 变化，即

$$\rho_g^2 a_g = C\rho_s^2 a_s \quad (5-3-36)$$

式中：$\rho_s$ 为燃烧表面处气体密度；$a_s$ 为燃烧表面处气体的热扩散系数。

将式(5-3-36)代入式(5-3-35)，然后积分，其边值条件为

$$t = 0, \quad T = T_s$$
$$t = t_1, \quad T = T_1$$

于是

$$\frac{\rho_s^2 a_s}{\dot{m}^2} \int_{T_s}^{T_1} \frac{\mathrm{d}T}{T - T_s'} = \int_0^t \mathrm{d}t$$

即

$$t_1 = \frac{\rho_s^2 a_s}{\dot{m}^2} \ln\left(\frac{T_1 - T_s'}{T_s - T_s'}\right) \tag{5-3-37}$$

由各气相反应区温度之间的关系可得

$$\frac{T_s - T_s'}{T_1 - T_s'} = \exp(-\xi_1) \tag{5-3-38}$$

将式(5-3-38)代入式(5-3-37)得

$$t_1 = \frac{p^2 M_s^2 a_s}{R^2 T_s^2 \dot{m}^2} \xi_1 \tag{5-3-39}$$

或

$$p = \frac{\dot{m} R}{M_s \xi_1^{\frac{1}{2}}} \left(\frac{T_s^2 t_1}{a_s}\right)^{\frac{1}{2}} \tag{5-3-40}$$

根据赖斯-吉奈尔模型，可认为式(5-3-40)中的圆括号内各项为常数，由推进剂配方确定。若对上式两边取对数，则得质量燃速与压力的关系式，即

$$\ln p = \ln \dot{m} - \frac{1}{2}\ln \xi_1 + \ln\left[\left(\frac{R}{M_s}\right)\left(\frac{T_s^2 t_1}{a_s}\right)^{\frac{1}{2}}\right] \tag{5-3-41}$$

2) 暗区

在求解暗区温度分布的数学表达式时，需要补充一个质量燃速作为压力与暗区距离函数的方程式。暗区温度分布的具体数学表达式为

$$\frac{1}{2}(\dot{m} + n_2 + 1)\ln p = \ln \dot{m} - \frac{1}{2}\ln(\xi_2 - \xi_1) + \frac{1}{2}\ln\left(\frac{KRT_2^2}{M_2 p a_2}\right) \tag{5-3-42}$$

式中：

$$\xi_2 - \xi_1 = \left[\ln\left(\frac{T_2 - T_1'}{T_1 - T_1'}\right)\right]$$

$K = \dfrac{RB}{k_2 M_2}$；$B$，$\dot{m}$ 分别为常数；$n_2$ 为暗区的反应级数。

3）二次火焰区

同理，也可获得二次火焰区的相应表达式

$$\ln p = \ln \dot{m} - \frac{1}{2}\ln(\xi_3 - \xi_2) + \ln\left(\frac{R}{M_2}\right)\left[\left(\frac{T_2^2(T_3 - T_2)}{a_s}\right)^{\frac{1}{2}}\right]$$

(5-3-43)

式中：

$$\xi_3 - \xi_2 = \ln\left(\frac{T_3 - T_1'}{T_2 - T_1'}\right)$$

在以上涉及 $\dot{m}$、$p$、$T_s$、$\xi_1$、$\xi_2$ 和 $\xi_3$ 的五个方程中，即在方程式 $T_s = T_s' + (T_1' - T_s')\exp\left(-\dot{m}c_p\dfrac{x_3}{\lambda_g}\right) + (T_3' - T_1')\exp\left(-\dot{m}c_p\dfrac{x_3}{\lambda_g}\right)$ 与式(5-3-1)、式(5-3-41)、式(5-3-42)和式(5-3-43)中，共有 6 个未知数。如取压力 $p$ 为独立变量，则可从这五个方程中解出 $\dot{m}$、$p$、$T_s$、$\xi_1$、$\xi_2$ 和 $\xi_3$ 作为 $p$ 的函数。但前提是已知推进剂的固相和气相的动力学参数和热物理性质数据。

### 2. 库恩模型

库恩(N. S. Cohen)于 1981 年提出了计算双基推进剂燃烧问题的新模型。此模型不考虑暗区对燃烧的影响，其物理模型为：

(1)凝聚相化学反应不仅限于表面上，在称为泡沫区的亚表面区中一个薄层内也发生化学反应，反应放热随压力而变化，层内温度是变化的。

(2)气相反应区中的嘶嘶区对燃烧起很大作用。在火箭发动机工作压力范围内，火焰反应区的放热对燃烧的影响很小，可忽略不计。

(3)嘶嘶区的化学反应主要为二氧化氮还原为一氧化氮。它不仅在气相中进行，而且在泡沫反应区中就已经开始。

下面分别按泡沫区、气相反应区建立方程式，最后联立求解。

1）泡沫区理论分析

泡沫区是指从燃烧表面到亚表面区具有一定厚度的推进剂薄层。在泡沫区的始端推进剂开始分解，其分解产物立即进行嘶嘶区反应，结果在泡沫区呈净放热反应。在泡沫区能够发生嘶嘶区反应的程度随压力增加而减小。在嘶嘶区，反应随压力的增加对燃烧产生进一步的影响。在泡沫区的凝聚相分解反应，可认为服从 Arrhenius 公式。稳态情况下的质量燃烧速度，实际上就可按

Arrhenius 公式来表示，其相应温度为表面温度。

根据库恩模型的基本假设，有化学反应的泡沫区热传导方程为

$$\lambda \frac{\partial^2 T}{\partial x^2} + \rho_p c u \frac{\partial T}{\partial x} + Q_s \rho_p A_c \exp\left(-\frac{E_c}{RT}\right) = 0 \qquad (5-3-44)$$

式中：$Q_s$ 为泡沫区净放热量；$A_c$ 为泡沫区反应的指前因子；$E_c$ 为泡沫区反应的活化能。

边界条件：

$x=0$（燃烧表面）时

$$\lambda \left(\frac{\mathrm{d}T}{\mathrm{d}x}\right)_s = \rho_p c u (T_s - T_1) - \rho_p u Q_s \qquad (5-3-45)$$

$x=-x_1$（泡沫区开始处）时

$$\lambda \left(\frac{\mathrm{d}T}{\mathrm{d}x}\right)_t = \rho_p c u (T_1 - T_i) \qquad (5-3-46)$$

式中：$T_1$ 为泡沫开始处温度。

为了求解式(5-3-44)选用两个无量纲变量，即

$$\theta = \frac{T - T_1}{T_s - T_1} ; \quad \xi = \frac{\rho_p c u x}{\lambda} = \frac{ux}{a} \qquad (5-3-47)$$

对上述两个无量纲变量分别进行一次或二次微分，然后代入式(5-3-19)，经整理得

$$\begin{aligned}\frac{\mathrm{d}^2 \theta}{\mathrm{d}\xi^2} - \frac{\mathrm{d}\theta}{\mathrm{d}\xi} &= -B\exp\left(-\frac{E_c}{RT_s}\left[1 - \frac{T_s - T_i}{T_s}(\theta - 1)\right]\right) \\ &= -B\exp\left(-\frac{E_c}{RT_s}\right)\exp\left[\frac{E_c}{RT_s}(T_s - T)(\theta - 1)\right] \\ &= -B'\exp[-D(1-\theta)]\end{aligned} \qquad (5-3-48)$$

式中：$B = \dfrac{Q_s A_c a}{C u^2 (T_s - T_1)}$；$B' = B\exp\left(\dfrac{-E_c}{RT_s}\right)$；$D = (T_s - T_1)\dfrac{E_c}{RT_s^2}$。

对于具体推进剂，在给定压力和温度下，式(5-3-48)中的参数 $B'$ 和 $D$ 为常数。此式的边界条件为

$x=0$，即 $\xi=0$，$\theta=1$ 时

$$\left(\frac{\mathrm{d}\theta}{\mathrm{d}\xi}\right)_s = 1 - R_s \qquad (5-3-49)$$

$x=x_t$，即 $\xi=-\xi$ 时

$$\left(\frac{\mathrm{d}\theta}{\mathrm{d}\xi}\right)_{\mathrm{t}} = \theta_{\mathrm{t}} \tag{5-3-50}$$

为了能求出泡沫区中温度的显函式，需对式(5-3-47)做进一步交换，现在定义下列变量：

$$\begin{cases} f = \dfrac{\mathrm{d}\theta}{\mathrm{d}\xi} - \theta \\ \eta = D(1-\theta) \end{cases} \tag{5-3-51}$$

对上式进行微分运算，并经整理后得

$$(f+\theta)\frac{\mathrm{d}f}{\mathrm{d}\eta} = \frac{B}{D}\exp(-\eta) \tag{5-3-52}$$

实际上，泡沫区的 $\theta$ 值接近于 1，式(5-3-52)变为

$$(f+1)\frac{\mathrm{d}f}{\mathrm{d}\eta} = \frac{B}{D}\exp(-\eta) \tag{5-3-53}$$

当 $x=0$，即 $\xi=0$ 时，$\theta = \theta_{\mathrm{s}} = 1$，由式(5-3-49)得

$$f_{\mathrm{s}} = \left(\frac{\mathrm{d}\theta}{\mathrm{d}\xi}\right)_{\mathrm{s}} - \theta_{\mathrm{s}} = 1 - R_{\mathrm{s}} - 1 = -R_{\mathrm{s}} \tag{5-3-54}$$

将式(5-3-52)的变量进行分离，即

$$(f+1)\mathrm{d}f = \frac{B'}{D}\exp(-\eta)\mathrm{d}\eta \tag{5-3-55}$$

积分后得

$$\frac{1}{2}f^2 + f = -\frac{B'}{D} + C \tag{5-3-56}$$

将式(5-3-54)代入式(5-3-56)，并根据式(5-3-51)，当 $\xi = 0$ 时，$\theta = 0$，则得

$$\frac{1}{2}R_{\mathrm{s}}^2 + R_{\mathrm{s}} = -\frac{B'}{D} + C \tag{5-3-57}$$

即

$$C = R_{\mathrm{s}}^2 - R_{\mathrm{s}} + \frac{B'}{D} \tag{5-3-58}$$

代入式(5-3-55)，经整理后即得泡沫区温度梯度的数学表达式

$$f = -1 + \left[(R_{\mathrm{s}}-1)^2 + \frac{2B'}{D}(1-\mathrm{e}^{-\eta})\right]^{\frac{1}{2}} \tag{5-3-59}$$

由式(5-3-45)可得泡沫区开始处的边界条件,即 $x = x_t$,$\xi = \xi_t$,$\eta = \eta_t$ 时,有

$$\left(\frac{d\theta}{d\xi}\right)_t = \theta_t$$

$$f_t = \left(\frac{d\theta}{d\xi}\right)_t - \theta_t = \theta_t - \theta_t = 0$$

代入式(5-3-59)得

$$1 = \left[(R_s - 1)^2 + \frac{2B'}{D}(1 - e^{-\eta_t})\right]^{\frac{1}{2}} \quad (5-3-60)$$

即

$$\frac{2B'}{D} = \frac{1 - (R_s - 1)^2}{1 - e^{-\eta_t}} \quad (5-3-61)$$

将式(5-3-61)代入式(5-3-59)经整理后得

$$\frac{d\theta}{d\xi} = \theta - 1 + \left\{1 - (2R_s - R_s^2)\left[\frac{e^{D(\theta - \theta_t)} - 1}{e^{D(1-\theta_t)} - 1}\right]\right\}^{\frac{1}{2}} \quad (5-3-62)$$

式(5-3-62)即为泡沫区无量纲温度梯度随无量纲温度变化的函数。式中的 $R_s$ 按式(5-3-49)中的定义,为泡沫区净放热与固相区吸热的比值,可视为参量。根据式(5-3-62)可画出无量纲温度梯度的函数关系曲线,如图 5-3-4 所示,计算时取 $D = 8$,$\theta_t = 0.8$。

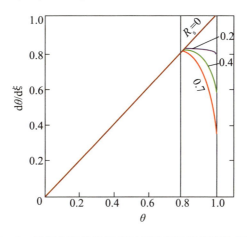

图 5-3-4 固相中有化学反应时无量纲温度梯度的函数关系

2)气相嘶嘶区理论分析

根据理论分析,对于定常的一维有化学反应的能量守恒方程有

$$\lambda_g \frac{d^2 T}{dx^2} - \rho_p u c_g \frac{dT}{dx} + Q_t \omega = 0 \qquad (5-3-63)$$

根据经验可知,在燃烧表面附近,气相区的温度梯度变化不大,温度的二阶导数 $\frac{\partial^2 T}{\partial x^2}$ 值很小,可忽略,故式(5-3-63)变为

$$\rho_p u c_g \frac{dT}{dx} = Q_t \omega \qquad (5-3-64)$$

式中:$\omega$ 为反应物的反应速度;$Q_t$ 为嘶嘶区反应放热。

库恩假设嘶嘶区反应为一级反应,质量反应速率为

$$\omega = MCA_g \exp\left(\frac{-E_g}{RT}\right) \qquad (5-3-65)$$

式中:$C$ 为反应物的摩尔浓度;$M$ 为反应物的分子量。

根据层流火焰的传播理论,当路易斯常数 $Le=1$ 时,火焰区的温度场和浓度场是相似的,即

$$\frac{Y}{Y_s} = \frac{T_d - T}{T_d - T_s} \qquad (5-3-66)$$

式中:$Y$ 为反应物质量分数;$Y_s$ 为燃烧表面处反应物质量分数。

根据定义,$Y_s$ 可以表示为 $Y_s = u_a \beta$,其中 $\beta$ 是对嘶嘶区反应有效的组分百分数。

由此可得反应物的质量分数为

$$Y = \frac{MC}{\rho_p} = Y_s \left(\frac{T_d - T}{T_d - T_s}\right) = u_a \beta \left(\frac{T_d - T}{T_d - T_s}\right) \qquad (5-3-67)$$

即

$$MC = \rho_p u_a \beta \left(\frac{T_d - T}{T_d - T_s}\right) \qquad (5-3-68)$$

将式(5-3-68)代入式(5-3-67),然后再代入式(5-3-64),整理后得

$$\frac{dT}{dx} = k_g \left(\frac{T_d}{T} - 1\right) \exp\left(-\frac{E_g}{RT}\right) \qquad (5-3-69)$$

式中:

$$k_g = \frac{Q_t u_a \beta A_g M p}{\rho_p u c_g (T_d - T_s)} \qquad (5-3-70)$$

对于具体的推进剂,当压力一定时,$k_g$ 是常数。

当 $x=0$ 时，$T=T_s$，代入式(5-3-70)得气相区燃烧表面处的温度梯度为

$$\left(\frac{dT}{dx}\right)_{s,g} = k_g\left(\frac{T_d}{T_s}-1\right)\exp\left(-\frac{E_g}{RT}\right) \qquad (5-3-71)$$

传导热流密度为

$$\lambda_g\left(\frac{dT}{dx}\right)_{s,g} = \lambda_g k_g\left(\frac{T_d}{T_s}-1\right)\exp\left(-\frac{E_g}{RT}\right) \qquad (5-3-72)$$

以上两式中的嘶嘶区末端温度 $T_d$ 值，不宜用平衡组分的计算方法确定，而且目前还不能从理论上进行精确计算。在高压情况下（$p>4.3\text{MPa}$），可用DBP模型计算，即

$$T_d = 1275 + 9.8p + \frac{Q_{ex}}{4} \qquad (5-3-73)$$

式中：$Q_{ex}$ 为推进剂爆热。

而当压力较低（$p<4.3\text{MPa}$）时，可用下述经验公式计算：

$$T_d = (T_d)_{p=4.3} = 148.76(4.3-p) \qquad (5-3-74)$$

燃烧表面是凝聚相与气相的交界面。根据在此面上的能量守恒原则可得

$$\lambda_g\left(\frac{dT}{dx}\right)_s = \lambda_g\left(\frac{dT}{dx}\right)_{s,g} \qquad (5-3-75)$$

由式(5-3-45)得

$$\lambda_g\left(\frac{dT}{dx}\right)_{s,g} = \rho_p cu(T_s - T_1) - \rho_p u Q_s \qquad (5-3-76)$$

整理后得

$$T_s = T_1 + \frac{Q_s}{c} + \frac{\lambda_g}{\rho_p uc}\left(\frac{dT}{dx}\right) \qquad (5-3-77)$$

根据以上对泡沫区与气相区理论分析与推导，可以联立解出推进剂的 $u$、$T_s$、$\lambda_g$、$\left(\frac{dT}{dx}\right)_{s,g}$、$Q_s$、$T_d$、$u_a$、$Q_r$、$\beta$ 和 $\frac{2B'}{D}$ 10 个未知量，而压力 $p$ 为独立变量。

## 5.4 复合推进剂的燃烧

为满足能量进一步提高的需要，在双基推进剂的基础上添加高氯酸铵（AP）、奥克托今（HMX）和铝粉（Al），发展出复合改性双基（CMDB）推进剂。

复合推进剂根据氧化剂的不同，也有以高氯酸铵为基和以硝胺为基的复合固体推进剂之分。双基系列和复合系列推进剂的物理和化学性质是完全不同的，因此其燃烧过程也是不相同的。

研究者在研究固体推进剂稳态燃烧理论的过程中，先后提出不同的物理及数学模型，经不断完善，取得了一定的理论成果。然而，由于固体推进剂燃烧过程的复杂性，到目前为止，研究人员尚未完全掌握其规律性，根据所建立起来的模型进行的定量计算也是相当粗略的。但是这些模型对于指导燃烧理论研究、推进剂配方设计与火箭发动机设计仍具有十分重要的意义。本节将着重阐述复合固体推进剂稳态燃烧理论。

### 5.4.1 高氯酸铵复合火药

高氯酸铵复合火药主要由高氯酸铵、高分子黏结剂（如：聚硫、聚氯乙烯、聚氨酯、聚丁二烯及氟碳黏结剂等）、催化剂、金属燃烧剂及工艺添加剂组成，是非均相的混合物。它的燃烧过程是由一系列同时发生在气相、液相和固相中的化学反应及传热、扩散等物理因素构成的一个复杂过程。因此其燃烧波结构也是不均匀的。与均质火药的预混火焰不同，AP 颗粒和黏结剂分解产物在燃烧表面上方相互扩散形成三维的扩散火焰。因此扩散因素在复合火药中起着很重要的作用。燃烧波结构如图 5-4-1 所示。

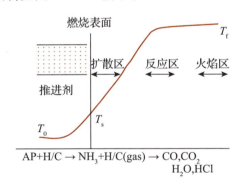

**图 5-4-1 复合推进剂燃烧波结构**

在凝聚相和气相的放热反应提供的热量作用下，火药表面由初始温度 $T_0$ 迅速升高到燃烧表面温度 $T_s$。在燃烧表面以上的气相反应区进行着剧烈的放热氧化还原反应，使温度迅速升高到火焰温度 $T_f$。燃烧波结构基本分成凝聚相反应区、扩散区、气相反应区和火焰区。其燃烧波结构特点如下：

（1）氧化剂和黏结剂在凝聚相中受热各自分解，不预混而进入气相，随压力的升高，AP 晶粒由凸出在黏结剂表面之上而变为凹进表面之下，4.16MPa 是这一变化的分界压力。由于 AP 含量一般占 70% 以上，因此其分解和燃烧特性对火药燃烧特性影响很大。黏结剂的类型和含量对火药的燃烧特性也起重要作用。一般认为金属粉在远离燃烧表面的气相中点燃，通常影响较弱，而主要影响燃烧效率。

(2) 燃烧表面上 AP 分解过程包括吸热解离、升华和放热的气相氧化反应，放热大于吸热，并受压力影响。在低温下（570K 以下），AP 分解过程主要按下式进行：

$$4NH_4ClO_4 \rightarrow 4NH_3 + 4HClO_4 \rightarrow 2Cl_2 + 2N_2O + 3O_2 + 8H_2O$$

(3) 常用黏结剂在火药表面都能熔化成液体，其熔融性能对复合火药的燃速特性影响很大。一般黏结剂热解温度越低，火药燃速越快，压力指数越低。黏结剂沸腾热解后均在表面产生一定量的固体碳，并与液态黏结剂混合在一起。液态黏结剂流延若覆盖氧化剂，将影响氧化剂的热分解。黏结剂的热解机理为弱键的降解机理，而不是分子键的断裂机理。

(4) 在燃烧表面上方，燃料、氧化剂分解为气体并形成扩散火焰，进行扩散混合和二者的气相放热反应。在燃烧表面上方同时存在 AP 火焰（$NH_3/HClO_4$ 反应）和氧化剂/燃料分解气体的扩散火焰，二者是燃烧过程的主要热量来源。扩散过程对 AP 复合火药燃速的影响非常显著。

(5) 与均质火药不同，AP 复合火药没有明显的暗区存在，即使在低压下发光火焰也贴近燃烧表面。火焰区与燃烧表面的距离受压力影响的程度也比均质火药弱。

(6) 和 AP 分解火焰相比，扩散火焰距表面的距离更远，并与扩散混合速度和化学反应速度有关。低压下 AP 火焰的厚度不可忽略，高压下其厚度远小于燃料/氧化剂火焰的厚度，可以忽略。

### 5.4.2 复合推进剂燃烧理论

#### 1. 复合推进剂一维稳态燃烧模型

从宏观角度看，复合推进剂在燃烧过程中，其燃烧表面也是按照平行层方式退移的。根据复合推进剂中氧化剂与黏合剂配比关系，可以对复合推进剂的热物理属性（如密度、比热容、导热系数等）进行某种加权平均，实现复合推进剂的均质化处理，然后可采用一维模型研究复合推进剂的燃烧特性。

1) 物理模型

对复合推进剂进行均质化处理后，可采用一维模型进行描述。将坐标系固定在燃烧表面上,即坐标原点始终保持在燃烧表面上,坐标系随着燃烧表面退移而移动。为便于分析,通常忽略次要因素,采用如下简化假设:

(1)未反应的推进剂是均质、各向同性的致密材料,且推进剂的密度、比热容和导热系数均为常数。

(2)推进剂热分解反应集中在燃烧表面上,反应为零级反应,反应速率遵循 Arrhenius 定律,且推进剂的热分解速率决定燃速。

(3)采用一种基于 BDP 多火焰模型的两步总包反应机理描述气相燃烧。

(4)气相压力在空间上为均匀分布。

(5)将燃烧产物视为理想气体,各组分的路易斯数 $Le$ 均为 1,但具有随温度变化的热物理属性。

(6)只考虑气相对燃烧表面的热传导作用,忽略热辐射。

2) 数学模型

(1)反应机理。

采用零阶表面反应机理描述均质化处理后的复合推进剂在燃烧表面的分解,固相向气相转化的质量流率由 Arrhenius 定律决定,即

$$\dot{m} = \rho_c A_c \exp\left(-\frac{E_c}{RT_s}\right) \tag{5-4-1}$$

式中:$\rho_c$ 为复合推进剂的平均密度;$A_c$ 为分解速率常数;$E_c$ 为分解活化能;$R$ 为通用气体常数;$T_s$ 为燃面温度。

采用两步总包反应机理,分别描述氧化剂(以 AP 为例)分解火焰和氧化剂分解产物与黏结剂(以 HTPB 为例)分解气体反应形成的扩散火焰。两步总包反应式为

$$\overbrace{NH_4ClO_4}^{\widetilde{X}} \rightarrow \overbrace{O_2 + H_2O + HCl + N_2}^{\widetilde{Z}}$$

$$\overbrace{HC}^{\widetilde{Y}} + \overbrace{O_2 + H_2O + HCl + N_2}^{\widetilde{Z}} \rightarrow \overbrace{CO_2 + H_2O + HCl + N_2}^{\widetilde{FP}}$$

将氧化剂表面反应产生的氧化性气体视为物质 $\widetilde{X}$,其分解产物产生的所有物质视为一种混合物 $\widetilde{Z}$,然后黏结剂的热分解气体 $\widetilde{Y}$ 与中间产物 $\widetilde{Z}$ 反应,生成最终产物(FP)。当推进剂中氧化剂/黏结剂含量不同时,燃烧反应具有不同的计量比,基于质量的反应动力学可得

$$\widetilde{X} \xrightarrow{R_1} \widetilde{Z}(\widetilde{R}_1)$$

$$\widetilde{Y} + \beta\widetilde{Z} \xrightarrow{R_2} FP(\widetilde{R}_2)$$

式中：$\beta$ 为氧化剂与黏结剂的质量当量比。

反应速率 $R_1$ 和 $R_2$ 是依赖于压力的，具有如下形式：

$$R_1 = D_1 p^{n_1} X \exp\left(-\frac{E_1}{RT_g}\right)$$

$$R_2 = D_2 p^{n_2} YZ \exp\left(-\frac{E_2}{RT_g}\right)$$

式中：$p$ 为气相压力；$T_g$ 为气相场中各点的温度；$D_1$、$D_2$ 为化学反应速率常数；$n_1$、$n_2$ 为压力指数；$E_1$、$E_2$ 为反应活化能；$X$、$Y$、$Z$ 分别为物质 $\widetilde{X}$、$\widetilde{Y}$、$\widetilde{Z}$ 的质量分数。设 AP 的体积分数为 $\alpha$，氧化剂和黏结剂的密度分别为 $\rho_{AP}$ 和 $\rho_B$，则

$$\beta = \frac{\rho_{AP}\alpha}{\rho_B(1-\alpha)}$$

$$\rho_c = \rho_{AP}\alpha + \rho_B(1-\alpha)$$

(2) 气相控制方程包括质量、组分、能量守恒方程以及状态方程，即

$$\frac{\partial(\rho_g u_g)}{\partial x} = 0 \tag{5-4-2}$$

$$\begin{cases} \rho_g u_g \dfrac{\partial X}{\partial x} = \dfrac{\partial}{\partial x}\left(\dfrac{\lambda_g}{c_p}\dfrac{\partial X}{\partial x}\right) - R_1 \\ \rho_g u_g \dfrac{\partial Y}{\partial x} = \dfrac{\partial}{\partial x}\left(\dfrac{\lambda_g}{c_p}\dfrac{\partial Y}{\partial x}\right) - R_2 \\ \rho_g u_g \dfrac{\partial Z}{\partial x} = \dfrac{\partial}{\partial x}\left(\dfrac{\lambda_g}{c_p}\dfrac{\partial Z}{\partial x}\right) + R_1 - \beta R_2 \end{cases} \tag{5-4-3}$$

$$\rho_g c_p u_g \frac{\partial T}{\partial x} = \frac{\partial}{\partial x}\left(\lambda_g \frac{\partial Y_i}{\partial x}\right) + Q_{g1}R_1 + Q_{g2}R_2 \tag{5-4-4}$$

$$p = \frac{\rho_g RT}{M} \tag{5-4-5}$$

式中：$\rho_g$、$u_g$、$\lambda_g$、$c_p$ 和 $M$ 分别为气体密度、速度、导热系数、比定压热容和摩尔质量，其中 $\lambda_g = 1.08 \times 10^{-4} T + 0.0133 (\mathrm{W \cdot m^{-1} \cdot K^{-1}})$。

(3) 固相能量方程

$$\frac{\lambda_c}{\rho_c c}\frac{\partial^2 T}{\partial x^2} - u\frac{\partial T}{\partial x} = 0 \tag{5-4-6}$$

式中：$c$ 和 $\lambda_c$ 分别为推进剂的平均比热容和平均导热系数。设 AP 和 HTPB 的固相比热容分别为 $c_{AP}$ 和 $c_B$，导热系数分别为 $\lambda_{AP}$ 和 $\lambda_B$，平均化处理结果为

$$c = \frac{\beta}{1+\beta}c_{AP} + \frac{1}{1+\beta}c_B \tag{5-4-7}$$

$$\lambda_c = \lambda_{AP}\alpha + \lambda_B(1-\alpha) \qquad (5-4-8)$$

燃速 $r$ 的形式为

$$r = \frac{\dot{m}}{\rho_c} = A_c \exp\left(-\frac{E_c}{RT_s}\right) \qquad (5-4-9)$$

(4) 燃烧表面耦合关系包括温度连续性方程以及质量通量、能量通量、组分通量平衡关系，即

$$\begin{cases} T\big|_{0^+} = T\big|_{0^-} \\ \rho(u_g + u) = \rho_c u \\ \lambda_g \dfrac{\partial T}{\partial x}\bigg|_{0^+} = \lambda_g \dfrac{\partial T}{\partial x}\bigg|_{0^-} - \rho_c u Q_c \\ \rho(u_g + u) Y_i\big|_{0^+} - \lambda_g/c_p \dfrac{\partial Y_i}{\partial x}\bigg|_{0^+} = \rho_c u Y_i\big|_0 \end{cases} \qquad (5-4-10)$$

式中：下标"$0^+$"代表气相侧；"$0^-$"代表固相侧；"0"代表燃烧表面处。

(5) 其他边界条件包括气相和固相的远场边界，即

$$\frac{\partial T}{\partial x}\bigg|_{-\infty} = \frac{\partial Y_i}{\partial x}\bigg|_{+\infty} = 0 \qquad (5-4-11)$$

式中：下标"$+\infty$"代表气相远场；"$-\infty$"代表固相远场。

### 2. 复合推进剂二维稳态燃烧模型

1) 物理模型

复合推进剂二维周期性三明治结构燃烧模型，氧化剂位于燃面下方 $|x| \leqslant \alpha L$ 区域，黏结剂位于燃面下方 $\alpha L \leqslant |x| < L$ 区域，相当于两层黏结剂包夹一层氧化剂，即所谓的"三明治"结构，如图 5-4-2 所示。根据复合推进剂微尺度燃烧的特点，采用如下简化假设：

(1) 仅考虑推进剂中的氧化剂与黏结剂，将它们当作两种独立组元，且具有不同的定常热物理属性。

(2) 固相内部不发生反应，固相分解转化为气相的相变过程发生在靠近燃烧表面的一个极薄层内。

(3) 采用 Arrhenius 定律描述固相热分解，采用基于 BDP 多火焰模型的两步总包反应机理描述气相燃烧与火焰结构。

(4) 在微尺度上，认为在整个气相空间内压力为均匀分布。

(5) 燃气为理想气体，且气相各组分的路易斯数均为 1，但它们的热物理属性是随温度变化的。

(6) 通过燃面处质量、能量通量平衡以及温度连续性关系处理气相与固相之间的耦合。

(7) 氧化剂/黏结剂交界面作为内部界面处理。

(8) 仅考虑气相对燃烧表面的热传导作用，忽略热辐射。

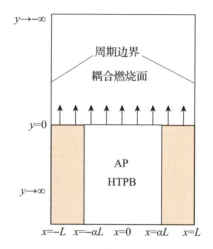

图 5-4-2 复合推进剂二维燃烧模型

2) 数学模型

(1) 化学反应机理。首先利用零阶表面反应机理描述推进剂在燃烧表面的相变过程，氧化剂(以 AP 为例)和黏结剂(以 HTPB 为例)的热分解是相互独立的，即

$$AP(s) \xrightarrow{Q_{C,AP}} NH_4ClO_4(g)$$

$$HTPB(s) \xrightarrow{Q_{C,B}} HC(g)$$

气化速率分别为

$$\begin{cases} u_{m,AP} = \rho_{AP} A_{AP} \exp\left(-\dfrac{E_{AP}}{RT_{AP}}\right) \\ u_{m,B} = \rho_B A_B \exp\left(-\dfrac{E_B}{RT_B}\right) \end{cases} \quad (5-4-12)$$

以上各式中：$Q_{c,AP}$ 和 $Q_{c,B}$ 分别为 AP 和 HTPB 的相变热；$\rho_{AP}$ 和 $\rho_B$ 分别为氧化剂和黏结剂的密度；$A_{AP}$ 和 $A_B$ 分别为分解速率常数；$E_{AP}$ 和 $E_B$ 为分解活化能；$T_{AP}$ 和 $T_B$ 分别为氧化剂和黏结剂燃面温度；$R$ 为通用气体常数。

气相反应机理一维情况相同，不再赘述。

(2)气相控制方程。

质量守恒方程

$$\frac{\partial \rho_g}{\partial x} + \nabla \cdot (\rho_g v) = 0 \qquad (5-4-13)$$

动量守恒方程

$$\begin{cases} \rho_g \dfrac{D v_x}{D t} = -\dfrac{\partial p}{\partial x} + \dfrac{\partial}{\partial x}\left(2\eta_g \dfrac{\partial v_x}{\partial x} - \dfrac{2}{3}\eta_g \nabla \cdot v\right) + \dfrac{\partial}{\partial y}\left[\eta_g\left(\dfrac{\partial v_y}{\partial y} + \dfrac{\partial v_y}{\partial x}\right)\right] \\ \rho_g \dfrac{D v_y}{D t} = -\dfrac{\partial p}{\partial y} + \dfrac{\partial}{\partial y}\left(2\eta_g \dfrac{\partial v_y}{\partial y} - \dfrac{2}{3}\eta_g \nabla \cdot v\right) + \dfrac{\partial}{\partial x}\left[\eta_g\left(\dfrac{\partial v_y}{\partial y} + \dfrac{\partial v_y}{\partial x}\right)\right] \end{cases}$$
$$(5-4-14)$$

组分守恒方程

$$\begin{cases} \rho_g \dfrac{DX}{Dt} = \nabla \cdot \left(\dfrac{\lambda_g}{c_p}\nabla X\right) - R_1 \\ \rho_g = \nabla \cdot \left(\dfrac{\lambda_g}{c_p}\nabla Y\right) - R_2 \\ \rho_g \dfrac{DZ}{Dt} = \nabla \cdot \left(\dfrac{\lambda_g}{c_p}\nabla Z\right) + R_1 - \beta R_2 \end{cases} \qquad (5-4-15)$$

能量守恒方程

$$\rho_g \frac{DT}{Dt} = \nabla \cdot \left(\frac{\lambda_g}{c_p}\nabla T\right) + \frac{Q_{g,1}R_1 + Q_{g,2}R_2}{c_p} \qquad (5-4-16)$$

式中:$v=(v_1,v_2)=(v_x,v_y)$,$v_x$ 和 $v_y$ 分别为 $x$ 方向和 $y$ 方向的气体速度分量;$\rho_g$、$\eta_g$、$\lambda_g$、$c_p$ 分别为气体密度、动力黏度、导热系数和比定压热容,其中 $\lambda_g = 1.08 \times 10^{-4} T + 0.0133 (\mathrm{W \cdot m^{-1} \cdot K^{-1}})$;$R_1$ 和 $R_2$ 分别为两步反应速率;$Q_{g,1}$ 和 $Q_{g,2}$ 分别为相应的反应热。状态方程式采用式(5-4-5)。

(3)固相能量方程。

$$\rho_c c \frac{\partial T}{\partial t} = \lambda_c \nabla^2 T \qquad (5-4-17)$$

式中:$\nabla^2 T = \dfrac{\partial^2 T}{\partial x^2} + \dfrac{\partial^2 T}{\partial y^2}$;$\rho_c$、$c$ 和 $\lambda_c$ 分别为 AP 和 HTPB 的密度、比热容和导热系数,其中

$$\rho = \begin{cases} \rho_{AP} \\ \rho_B \end{cases}, \quad c = \begin{cases} c_{AP} \\ c_B \end{cases}, \quad \lambda = \begin{cases} \lambda_{AP}, & |x| \leqslant \alpha L \\ \lambda_B, & \alpha L \leqslant |x| < L \end{cases}$$

式中:$L$ 为氧化剂/黏结剂"三明治"模型半宽度。

(4)燃面耦合关系。

燃面温度连续性：

$$T|_{0^+} = T|_{0^-}$$

燃面质量通量平衡：

$$\rho_g \boldsymbol{v} \cdot \boldsymbol{n} = \rho_c r \tag{5-4-18}$$

式中：$\boldsymbol{n}$ 为燃面的单位法向量。

氧化剂和黏结剂燃面退移速率分别为

$$r = \begin{cases} r_{AP} = \dfrac{\dot{m}_{m,AP}}{\rho_{AP}} = A_{AP}\exp\left(-\dfrac{E_{AP}}{RT_{AP,s}}\right), & |x| \leqslant \alpha L \\ r_B = \dfrac{\dot{m}_{m,B}}{\rho_B} = A_B\exp\left(-\dfrac{E_B}{RT_{B,s}}\right), & \alpha L \leqslant |x| < L \end{cases} \tag{5-4-19}$$

燃面能量通量平衡，即

$$\lambda_g \dfrac{\partial T}{\partial x}\bigg|_{0^+} = \lambda_g \dfrac{\partial T}{\partial x}\bigg|_{0^-} - \rho_c u Q_c \tag{5-4-20}$$

式中：$Q_c$ 为氧化剂/黏结剂固相的相变热。

(5)远场边界条件。

气相远场：

$$\dfrac{\partial T}{\partial x}\bigg|_{+\infty} = \dfrac{\partial Y_i}{\partial x}\bigg|_{+\infty} = 0, \quad Y_i = X, Y, Z \tag{5-4-21}$$

固相远场：

$$T|_{-\infty} = T|_{+\infty} \tag{5-4-22}$$

气固交界面组分分布：

$$\begin{cases} X = 1, Y = 0, Z = 0, & |x| \leqslant \alpha L \\ X = 0, Y = 1, Z = 0, & \alpha L \leqslant |x| < L \end{cases} \tag{5-4-23}$$

周期性边界：

$$\begin{cases} v_x|_{x=0,\pm L} = 0 \\ \dfrac{\partial F}{\partial x}\bigg|_{x=0,\pm L} = 0 \end{cases}, \quad F = v_y, T, X, Y, Z \tag{5-4-24}$$

**3. 复合推进剂一维非稳态燃烧模型**

在压力快速变化的条件下，复合火药的瞬态燃速将偏离对应压力条件下的稳态燃速,这意味着在压力瞬变条件下,单纯的燃速-压力关系不足以表征复合火药退移速率的大小。从物理上说,由于气相能量释放以及火焰结构的调整,跟随压力瞬时变化而发生改变需要有一定的时间延迟,所以在压力快速变化过程中,压力变化速率越快,温度分布调整到与新的压力状况相适应所需的时间越长。在泄压过程中,有一个异相吹离效应,即化学反应性气体离开燃烧表面,这一异相吹离效应使气相热释放区变厚,并且远离燃烧表面,改变了表面温度梯度和来自火焰的热反馈。本节介绍复合推进剂一维非稳态燃烧模型的建立,分析压力快速变化过程中燃速的变化特性。

1) 物理模型

复合推进剂一维非稳态燃烧模型如图 5-4-3 所示,将坐标系固定在燃烧表面上,也即坐标系随着燃烧表面退移而移动。采用如下简化假设:

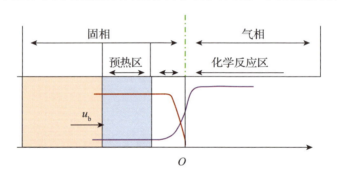

图 5-4-3 复合推进剂一维非稳态燃烧模型

(1) 复合推进剂是均匀的,具有各向同性的结构,除燃烧面外均是绝热的。

(2) 固相的密度、导热系数以及比热容均为常数。

(3) 固相区域分为固相预热区和固相反应区,预热区通过导热使推进剂温度升高,进入固相反应区;固相反应区将推进剂组分转化为气体,进入气相区域。

(4) 固相通过一阶、不可逆 Arrhenius 定律描述推进剂的分解过程。

(5) 气相为热力学理想气体混合物,假设路易斯数为 1。

(6) 在空间上,气相压力分布是均匀的,但它随时间而变化。

(7) 气相相对固相是准稳定的。

2) 数学模型

守恒方程组为

固相组分:

$$\rho_c \frac{\partial Y_1}{\partial t} + \rho_c r_b \frac{\partial Y_1}{\partial x} = \omega_c \qquad (5-4-25)$$

能量方程为

$$\rho_c c_c \frac{\partial T}{\partial t} + \rho_c c_c r_b \frac{\partial T}{\partial x} = \lambda_c \frac{\partial^2 T}{\partial x^2} + \omega_c Q_c \qquad (5-4-26)$$

气相控制方程组为

$$\begin{cases} \dfrac{\partial \rho_g}{\partial t} + \dfrac{\partial \rho_g u_g}{\partial x} = 0 \\ \rho_g \dfrac{\partial Y_i}{\partial t} + \rho_g c_g (u_g + u_b) \dfrac{\partial Y_i}{\partial x} = \dfrac{\partial}{\partial x_i} \left( \rho_g D_{Y,i} \dfrac{\partial Y_i}{\partial x} \right) + \dot{\omega}_{g,i} \\ \rho_g c_g \dfrac{\partial T}{\partial t} + \rho_g c_g (u_g + r_b) \dfrac{\partial T}{\partial x} = \dfrac{\partial}{\partial x} \left( \lambda_g \dfrac{\partial T}{\partial x} \right) + \sum \dot{\omega}_{g,i} Q_{g,i} + \dfrac{\mathrm{d}p}{\mathrm{d}t} \end{cases}$$

$$(5-4-27)$$

式中：$\rho$、$c$、$\lambda$、$D_Y$ 分别为密度、比热容、导热系数和分子扩散系数；$r_b$、$u_g$ 分别为固相燃速和气相速度；$\dot{\omega}$ 为化学反应速率；$Q$ 为放热量；下标 c 代表固相，g 代表气相，$i$ 为组分序号。理想气体状态方程采用式(5-4-5)。

耦合燃面关系：在气固交界面处满足质量通量、热流和组分平衡以及温度连续，即

$$\dot{m} = \rho_c r_b = \rho_g (u_g + r_b) \approx \rho_g u_g \qquad (5-4-28)$$

$$\lambda_g \nabla T \big|_{0^+} = \lambda_g \nabla T \big|_{0^-} \qquad (5-4-29)$$

$$\dot{m} Y_{i,0^-} = \dot{m} Y_{i,0^+} - \rho_g D_{Y,i} \nabla Y_i \big|_{0^+} \qquad (5-4-30)$$

$$T_{0^+} = T_{0^-} \qquad (5-4-31)$$

瞬态燃速表达式：积分固相组分守恒方程(5-4-25)得

$$\int_{-\infty}^{0} \rho_c \frac{\partial Y_1}{\partial t} \mathrm{d}x + \int_{-\infty}^{0} \rho_c r_b \mathrm{d}Y_1 = \int_{-\infty}^{0} \mathrm{d}x \omega_c \qquad (5-4-32)$$

由假设(3)可知，推进剂通过固相化学反应生成气相初始混合物，并在燃烧表面处完全转化为气体，那么在气-固界面处 $Y_1 = 0$，而在远场边界 $Y_1 = 1$。因此，瞬变燃速表达式为

$$r_b = \frac{1}{\rho_c} \int_{-\infty}^{0} \dot{\omega}_c \mathrm{d}x + \int_{-\infty}^{0} \frac{\partial Y_1}{\partial t} \mathrm{d}x \qquad (5-4-33)$$

化学反应速率

固相化学反应速率采用零阶 Arrhenius 定律，其表达式为

$$\dot{\omega}_c = -\rho_c A \exp\left(-\frac{E_c}{RT}\right) \qquad (5-4-34)$$

式中：$A$ 为固相反应指前因子；$E_c$ 为活化能。

气相化学反应采用基于 BDP 模型的两步反应机理，化学反应历程为

$$(R_1): \widetilde{X} \rightarrow \widetilde{Z}$$

$$(R_2): \widetilde{Y} + \beta\widetilde{Z} \rightarrow 生成物$$

其化学反应速率为

$$\dot{\omega}_{g,1} = A_1 p^{n_1} [X] \exp\left(-\frac{E_1}{RT}\right) \tag{5-4-35}$$

$$\dot{\omega}_{g,2} = A_2 p^{n_2} [Y][Z] \exp\left(-\frac{E_2}{RT}\right) \tag{5-4-36}$$

以上各式中：$\beta$ 为基于质量的化学计量系数；$A_1$、$A_2$ 为气相化学反应指前因子；$n_1$、$n_2$ 为压力指数；$E_1$、$E_2$ 为活化能。

### 4. 复合推进剂二维非稳态燃烧模型

本节主要分析在压力下降过程中，推进剂二维火焰结构特征、组分分布、气相热反馈以及燃面温度变化。

1）物理模型

复合推进剂二维"三明治"结构非稳态燃烧模型如图 5-4-4 所示，氧化剂位于燃面下方 $\alpha L < |x| < L$ 区域，黏结剂位于燃面下方 $|x| < L$ 区域，其中 $\alpha$ 为黏结剂体积分数。采用如下基本假设：

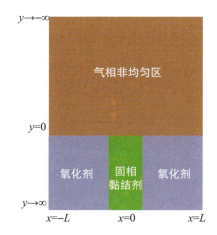

图 5-4-4 复合推进剂二维非稳态燃烧模型

(1) 将固相中的氧化剂与黏结剂当作两种独立的组元，且各自具有不同的定常热物理属性。

(2) 在微观尺度上，认为压力在整个气相空间上均匀分布。但在压力扰动条件下，压力为时间的函数。

(3) 燃气为理想气体混合物，气相中所有组分的路易斯数均为1，但它们的热物理参数是随温度变化的。

(4) 采用零阶 Arrhenius 定律描述推进剂固相热分解；采用 DBP 模型的两步总包反应机制描述气相燃烧过程。

(5) 在高温和高氧化性环境中，炭黑无法存在，因此忽略炭黑的影响；而高温气体辐射对推进剂燃速的影响小于5%，故忽略高温气体红外热辐射的影响。

2) 数学模型

固相控制方程

$$\rho_c c_c \frac{\partial T}{\partial t} + \rho_c c_c r_b \frac{\partial T}{\partial y} = \nabla \cdot (\lambda_c \nabla T) \qquad (5-4-37)$$

式中：$\rho_c$ 为固相密度；$\lambda_c$ 为固相导热系数；$c_c$ 为固相比热容；$r_b$ 为推进剂燃速，其中

$$\lambda_c = \begin{cases} \lambda_{AP} \\ \lambda_B \end{cases}; \quad \rho_c = \begin{cases} \rho_{AP} \\ \rho_B \end{cases}; \quad c_c = \begin{cases} c_{AP} \\ c_B \end{cases}; \quad \begin{array}{l} \alpha L < |x| < L \\ x < |\alpha L| \end{array}$$

气相反应采用基于 BDP 模型的两步反应机理，气相控制方程

$$\begin{cases} \dfrac{\partial \rho_g}{\partial t} + \nabla \cdot (\rho_g \boldsymbol{V}) = 0 \\ \dfrac{\partial (\rho_g v_i)}{\partial t} + \nabla \cdot (\rho_g v_i \boldsymbol{V}) = -\dfrac{\partial p}{\partial x_i} + \dfrac{\partial}{\partial x_j}\left(\eta_g \dfrac{\partial v_i}{\partial x_j}\right) + \dfrac{\partial}{\partial x_j}\left(\eta_g \dfrac{\partial v_j}{\partial x_i}\right) - \dfrac{2}{3} + \dfrac{\partial}{\partial x_i}\left(\eta_g \dfrac{\partial v_j}{\partial x_j}\right) \end{cases}$$
$$(5-4-38)$$

气相组分和能量方程为

$$L(X, Y, Z) = (-\dot{\omega}_{g,1}, \ -\dot{\omega}_{g,2}, \ \dot{\omega}_{g,1} - \beta \dot{\omega}_{g,2}) \qquad (5-4-39)$$

$$L(T) = \left(Q_{g,1} \dot{\omega}_{g,1} + Q_{g,2} \dot{\omega}_{g,2} + \frac{dp}{dt} \dot{\omega}_{g,1}\right)/c_g \qquad (5-4-40)$$

其中，算子 $L$ 定义为

$$L(\varphi) \equiv \frac{\partial (\rho_g \varphi)}{\partial t} + \nabla \cdot (\rho_g \varphi V) - \nabla (\rho_g D_Y \nabla \varphi) \qquad (5-4-41)$$

以上各式中：$\boldsymbol{V} = (v_1, v_2) = (v_x, v_y)$，$v_x$ 和 $v_y$ 分别为 $x$ 方向和 $y$ 方向的气体速度分量；$\rho_g$、$\eta_g$、$c_g$、$D_Y$ 分别为气体密度、动力黏度、定压比热容和混合气体平均二元扩散系数；$\dfrac{dp}{dt}$ 为压力变化速率；$\dot{\omega}_g$ 为化学反应速率，$Q_g$ 为

反应热。

压力随时间的变化关系采用指数形式

$$p(t) = p_f + (p_i - p_f)\exp\left[\frac{(dp/dt)_0}{p_i - p_f}t\right] \quad (5-4-42)$$

式中：$p_i$ 为降压前初始压力；$p_f$ 为最终压力；$(dp/dt)_0$ 为初始降压速率。

耦合燃面关系：在气固交界面处满足质量通量、热流和组分通量平衡以及温度连续，有

$$\begin{cases} \dot{m} = \rho_c r_b = \rho_g(u_g + r_b) \approx \rho_g u_g \\ \lambda_g \nabla T \big|_{0^+} = \lambda_c \nabla T \big|_{0^-} \\ \dot{m} Y_{i,0^-} = \dot{m} Y_{i,0^+} - \rho_g D_Y \nabla Y_i \big|_{0^+} \\ T_{0^+} = T_{0^-} \end{cases} \quad (5-4-43)$$

推进剂燃速表达式

$$r_b = \begin{cases} A_{AP}\exp(-E_{AP}/RT_s) \\ A_B\exp(-E_B/RT_s) \end{cases} \quad (5-4-44)$$

式中：$A_{AP}$、$A_B$ 为热解速率常数；$E_{AP}$、$E_B$ 为热解活化能。

边界条件：对于固相远场边界，取温度为常温 300K；对于气相远场边界，取温度和组分沿 $y$ 方向的梯度为零；对于对称边界，各物理量沿 $x$ 方向的梯度为零，数学表达式为

$$\frac{\partial F}{\partial y}\bigg|_{y \to \infty} = 0, \quad F = T, \; X, \; Y, \; Z \quad (5-4-45)$$

$$\frac{\partial F}{\partial y}\bigg|_{x=0, \pm L} = 0, \quad F = v_x, \; v_y, \; T, \; X, \; Y, \; Z \quad (5-4-46)$$

初始条件：不同初始压力条件下的稳态燃烧结果。

### 5.4.3　硝胺复合推进剂燃烧理论

硝胺复合推进剂是由 HMX、RDX 等硝胺炸药和聚氨酯等黏结剂组成的。由于硝胺的熔点较低，易熔融，并且硝胺含氧量按化学计量是略显负氧平衡的，而 AP 是易分解和富氧的，因此硝胺复合火药的燃烧波结构和燃速特性都与 AP 复合火药有显著的不同。其燃烧波结构和特点可综述如下：

(1) 硝胺推进剂在低压燃烧时，硝胺熔化成块，以致产生一个多平面的表面结构。发光火焰与燃烧表面有一定距离，并随压力的增高发光火焰趋近于燃烧表面。

(2)硝胺推进剂是高富燃料,在燃烧时可以形成厚的黏结剂熔化层,在低燃速下可干扰硝胺表面,黏结剂暴露在一个较弱的氧化合热环境中。

(3)硝胺推进剂燃烧时,硝胺在燃烧表面上熔化并扩散到熔融的黏结剂液层中,然后产生均匀的分解气体并形成预混火焰。RDX 复合推进剂本身结构与 AP 复合推进剂类似是非均质的,但其火焰结构却与均质推进剂类似是均匀的。

(4)硝胺单元推进剂火焰具有较大的能量,而燃烧比 AP 复合推进剂快,因此硝胺的燃烧能够传播到推进剂表面以下相当深的地方,从而改变燃烧表面的结构,这种极端的渗透情况在 AP 复合推进剂中没有观察到。

久保田 HMX-CMDB 推进剂燃烧过程,认为可以应用双基推进剂的燃速公式来计算燃烧特性,需要将燃烧表面的净放热量修改为

$$Q_{s,H} = \alpha_H Q_{s,HMX} + (1 - \alpha_H) Q_{s,DB} \qquad (5-4-47)$$

式中:$Q_{s,H}$ 为含 HMX 的 CMDB 推进剂的表面放热量;$\alpha_H$ 为 HMX 在 CMDB 中的质量分数;$Q_{s,HMX}$ 为 HMX 的放热量。

## 5.5 平台火药的燃烧理论

双基火药中加入铅化物等催化剂,能使燃速在一定压力范围内与压力无关或随压力增加而减小(即 $r = ap^n$ 中 $n = 0$ 或 $n < 0$,分别称为平台效应或麦撒效应)。这对于改进火箭发动机的性能非常有利,已经在火箭中获得广泛的应用,所以称为平台火药(平台推进剂)。

### 5.5.1 燃烧中发生的物理化学过程

平台火药的燃烧反应根据人们提出的平台火药燃烧中控制反应的不同,可分为凝聚相理论和气相理论两个基本模型,实际上还存在着固相-气相理论。但是它们都建立在普通双基火药的燃烧理论基础上,双基火药的基本火焰结构(亚表面反应区-嘶嘶区-火焰区)不变,催化剂的作用只是引起了局部化学反应的变化,从而使热平衡和温度分布发生变化而已。

#### 1. 亚表面光化学反应理论

亚表面光化学反应理论由 Camp 等在 1958 年提出,在 1975 年又得到了进一步的发展,其基本观点是认为双基火药的控制步骤在于凝聚相。火药中引入催化剂后使亚表面凝聚相的反应发生了变化。火药的表层分解由两个平行的因

素引起，即火焰区的紫外光辐射被药体吸收引起的光化学分解，以及气相传给的热引起的热分解。

$$R \underset{[2]\,H}{\overset{[1]\,h\nu}{\longrightarrow}} \quad\quad n(F) \overset{H}{\longrightarrow} V$$

$$\underbrace{\phantom{xxxxxxxxx}}_{\text{亚表面}} \quad\quad \underbrace{\phantom{xxxxxxxxx}}_{\text{表面}}$$

式中：R 为反应物；F 为有机碎片；V 为气体；$h\nu$ 为紫外线辐射；$H$ 为热能；$n$ 为数目。

硝酸酯分解产生的有机碎片在燃烧表面受热，变成气体，进入气相。火药中加入铅化物，吸收紫外线，成为硝酸酯的降解感光剂，加速了降解，提高了燃速（即形成了所谓"超速燃烧"）。但是随着燃速的提高，凝聚相消失速度加快，光化学反应有效作用时间缩短，超速程度下降，产生平台燃烧。压力再增加时，铅化物凝聚在燃烧表面上，妨碍了亚表面对紫外线的吸收，降低了燃速，产生麦撒燃烧。

在火药中加入少量铝粉和碳黑，它们均能增加火焰的光辐射强度，使燃速增大 10%～15%；但当铝粉和碳黑加入量增多时，则燃速降低。这是因为它们使火药变成了不透明体，妨碍了对紫外线的吸收；当火药中加入紫外线吸收剂时，确实提高了燃速。

但是研究表明，不论何种方式，增加气相传给固相的能量（如嘶嘶区的热传导）和其他形式的辐射光量，均能提高燃速，紫外线辐射不是唯一的原因，特别是低压下火药燃烧不产生发光火焰，但铅化物仍能提高燃速，所以至少是低压下超速燃烧与这个理论有关。

### 2. 自由基理论

双基火药的燃速取决于泡沫区的消失速度，这个速度由嘶嘶区向燃烧表面的热反馈控制，不受距离较远的火焰的影响，因此嘶嘶区产生热量的化学反应成为燃烧过程的控制步骤。铅化合物的存在，加速了嘶嘶区的放热反应。

双基火药的燃烧过程分三步：①硝化棉和硝化甘油在泡沫区分解成 $NO_2$ 和自由基，同时大分子自由基立即分解成小分子自由基；②$NO_2$ 与小分子自由基在嘶嘶区中反应，生成 NO 和有机物；③NO 与有机物在火焰中燃烧变成最终产物。

实验表明，铅在 400℃ 以下能与自由基反应生成烷基铅，烷基铅在 600℃ 下能分解成铅与自由基。而泡沫区的温度约为 400℃，金属铅与硝化棉和硝化甘油分解出的自由基结合生成烷基铅；它们与 $NO_2$ 一起进入嘶嘶区，嘶嘶区温度约为 600℃，则产生了分解，生成了铅和自由基。

这些自由基一方面相互碰撞，发生链锁反应而消耗；另一方面与嘶嘶区中的 NO 反应（无铅化物时在嘶嘶区中这一反应不能进行），放出大量的热，增强了泡沫区的给热，使泡沫区反应加快，提高了燃速，产生了超速燃烧。当压力升高时，嘶嘶区自由基浓度升高，自由基间碰撞次数增多，加快了自由基的消失，减少了与 NO 的反应热和嘶嘶区对泡沫区的给热；另外压力提高，气体导热系数加大，又加强了嘶嘶区向泡沫区的传热。两者平衡时，产生平台燃烧。压力进一步增长，压力效应超过了自由基减少的效应时，燃速又随压力升高而增大，产生了与不含铅化合物火药时相同的燃速特性。

泡沫区：

$$R\text{—}O\text{—}NO_2(NC+NG) \xrightarrow{\text{分解}} NO_2 + \text{大分子自由基}$$

$$\downarrow \quad \downarrow$$

$$\text{嘶嘶区} \quad \text{小分子自由基} + \text{铅粉} \xrightarrow{400℃} \text{烷基铅}$$

$$\downarrow \text{分解} \quad \downarrow$$

$$\text{铅化物} \quad \text{嘶嘶区}$$

泡沫区：

$$\text{烷基铅} \xrightarrow{600℃\text{分解}} \text{小分子自由基}$$

$$\downarrow$$

$$NO_2 \rightarrow NO + \text{新的有机物}$$

小分子自由基链锁反应；小分子自由基与 NO 反应放出大量热。

对于高热值火药，嘶嘶区的温度还受到火焰区的强烈影响，温度已经很高，自由基在这样高的温度下碰撞次数多，易于消失，平台效应不明显。但当使用对热更稳定的芳香族铅盐代替脂肪族铅盐后，它的分解吸收了嘶嘶区的大量热，降低了温度，减弱了自相碰撞消失的机会，浓度增加了，又增加了与 NO 的反应，高热值火药也就出现了平台。

但是还没有实验证实实际火药燃烧中自由基的存在，也不能解释麦撒效应，而且很多非铅金属能与自由基反应生成烷基物，但并无平台效应。所以这个理论是不完善的。

### 3. 铅-碳催化理论

Hewkin 等人于 1971 年提出的理论，能解释超速、平台、麦撒燃烧现象和许多其他事实，后来又进行了深入的研究。

双基火药燃烧时,在表面生成碳,碳是气相反应的催化剂。另外铅化物又加速燃烧面附近 NO 的还原反应,产生大量的热,直接影响燃速。铅化物还促进碳的生成。平台推进剂燃烧时,在燃烧面也产生大量的碳。麦撒燃烧时碳量减少,超过麦撒压力时碳消失,不含铅化物的双基药虽然在整个压力范围内燃烧面上都有碳生成,但低压下的碳量比平台火药要少得多。

据此假设:

(1) 双基药中加入铅化物燃烧机理基本不变。

(2) 双基药在凝聚相分解产生一定量的碳,碳进入气相,成为 NO 还原放热反应的催化剂。无碳时,这个反应在暗区进行得极慢。

(3) 铅化物的加入加速 NO 对碳的氧化,使碳消失。

如图 5-5-1 所示的燃烧规律就容易得到说明。图中 $AB$ 是不含铅化物的双基燃速曲线,表面生成的碳是整个压力范围内的催化剂。$CD$ 表示由于铅化物的加入,碳被活化,加速了气相 NO 的还原放热反应,产生了超速燃烧;在 $DE$ 情况下,由于铅化物的作用,碳本身被 NO 氧化而消失,燃速减慢,产生麦撒燃烧;到达 $E$ 点,碳的消耗速度等于燃面上的产生速度,碳不再为 NO 还原反应的催化剂或载体。没有催化剂碳的产生,所以燃速仅随压力增加而增加,但曲线 $EF$ 位于 $AB$ 之下。如果铅化物使碳的消失速度减慢,就能产生平台燃烧。所以问题的关键在于碳的产生与消失。

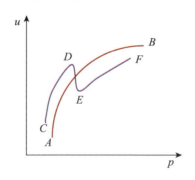

图 5-5-1 平台火药和非平台火药燃速-压力曲线对比

事实证明,由于铅化物的加入,表面附近温度升高,暗区产物中 $N_2$ 增多,NO 减少,燃烧表面有更多的碳化物。1974 年 Hewkin 等人又从实验分析了燃烧表面现象与催化剂之间的关系,进一步证实了上面的理论。他们发现,铜化物消碳速度比铅化物慢,催化剂作用可维持到高压。铅铜同时作用时,碳的消除由铅决定,但加入富氧物质(如高氯酸铵、硝化甘油等)会使碳大大减小,破坏平台效应。相反,使硝化棉交联,促进碳的形成,会使平台效应扩展至更高的压力。但加化学计量比平衡的物质黑索今会使平台效应破坏，原因尚需研究。

由上述观点出发，可以解释若干实验现象：

(1)加入碳。不管有无铅化物存在，碳黑总能提高燃速，但会使含铅化物的火药在低压下的平台或麦撒效应消失。这是因为碳量多，被 NO 氧化消失延迟，使平台效应移至较高的压力区。

(2)热值。含铅火药热值低，产生平台燃烧的压力增大。这是因为这类火药产生的碳和醛较多，NO 浓度和表面温度低，碳只有在高压下才能消失，产生平台燃烧。

(3)硝化棉含量及其含氮量。硝化棉含量高，产生的碳多，使平台区移向高压；硝化棉含氮量高，碳少，使平台移向低压。

(4)铅化物含量。在铅化物含量饱和之前，含量越高，麦撒效应压力低。因为较多的铅化物，提高了低压下的催化作用，并加速碳的消失。

(5)侵蚀燃烧。高速的气流刮走了铅-碳催化剂，降低了铅化物的作用。

(6)铅化物的安定性。稳定的铅化物在高温下才分解成铅或氧化铅，因此高压下或在远离燃面的高温区才会有这类物质，燃面的碳被 NO 氧化消失也将延迟至高压下才能发生，即平台燃烧要在较高压力和燃速下才产生。但该理论的关键假设——碳催化了 NO 还原反应还缺少实验证明。

### 4. 化学计量理论

化学计量理论是 Summerfield 和 Kubota 等人于 1973 年提出的。人们在实验中发现，双基平台火药燃烧时在燃烧表面有碳生成，并随着超速燃烧和平台燃烧的消失而消失。Pollard 等人在对甲醛与 $NO_2$ 的燃烧火焰传播速度研究中得知，气相中 $NO_2$ 与醛类的反应速度对 $NO_2$/醛比例很敏感，$NO_2$ 增多，反应速度增大，$NO_2$ 定量地还原为 NO。火药中加入有铅化物时，燃烧表面铅粒的产生与消失时间和碳粒的生成与消失时间相同。因此他们认为，铅化物在凝聚相受热分解成铅或氧化铅，使硝酸酯的分解历程发生变化，一部分硝酸酯分解产生碳而不是醛，碳比醛难氧化，这样使 $NO_2$/醛比例向着化学当量值靠近，提高了反应速度，放出了大量的热，提高了嘶嘶区温度，也就增强了向凝聚相的热反馈，增大燃速。

据研究，分子比 $NO_2 : CH_2O = 1 : 1.4$ 时气体混合物燃速最大：

$$5CH_2O + 7NO_2 \rightarrow 3CO + 2CO_2 + 5H_2O + 7NO$$

随着压力提高，凝聚相消失加快，铅化物有效作用时间缩短，生成的碳少了，$NO_2$/醛比例就要远离化学当量比，降低了燃速，产生平台燃烧。平台消失时，碳也观察不到了。

这个理论认为，铅的催化作用发生在凝聚相（热分解），但催化结果却因碳的生成改变了气相的化学组成，因而改变了嘶嘶区化学反应速度，所以实际上是凝聚相-气相理论。

该理论可以说明铅化物对高热值火药影响较小，原因在于能量高（如硝化甘油含量高，硝化棉氮量高）时，分解产物的 $NO_2$ 比例较大，使 $NO_2$/醛比例接近了化学当量值。可以预见，这个比例若恰为当量值时，铅化物将无影响。该理论有一定的理论依据，但是并没有证明铅化物如何改变了硝酸酯的分解历程，也不能解释麦撒现象。

上述都是代表性的平台火药燃烧理论，除此之外还有很多其他理论。人们使用各种方法对催化剂对燃速发生的作用特性、燃烧区的结构和反应、燃烧区的温度分布等作了大量的测定和分析，这些结果为正确认识平台火药的燃烧机理提供了很好的基础。但就单项工作而言，往往带有很大的局限性，远不能解释出全部的现象，有的还互相矛盾。综合上述理论，可以发现它们都认为平台火药的燃烧区仍然具备非平台火药的结构，催化剂的作用只是改变了燃烧的化学反应，从而改变了各区的温度分布和热量传递，引起了燃速特性的变化，而且平台作用主要在凝聚相和嘶嘶区发生，与火焰区关系不大。但一谈到具体的内容就有很大的分歧：究竟是发生在凝聚相还是气相，究竟是什么样的物理化学变化，等等。这就提出了各种不同的理论。目前看来，化学当量理论和铅-碳催化理论有较充分的实验依据，并能解释较多的实验现象。

### 5.5.2 平台火药燃烧的物理-数学模型

以溶塑火药燃烧萨默菲尔德模型延伸研究平台火药的燃烧过程。

含催化剂的火药，凝聚相的分解可分为两条平行的途径，一是不受催化剂影响的途径 I，设嘶嘶区为二级反应，反应的浓度 $x_1$、$y_1$ 等于燃烧面上非活性组分 $A_1^*$ 的质量分数 $\varepsilon_1$；二是受催化剂影响的途径 II，产生活性组分 $x_2$、$y_2$（反应速度较快），其浓度等于燃烧面上活性组分 $A_2^*$ 的质量分数 $\varepsilon_2$，分解的量与催化剂用量及其在凝聚相中的有效作用时间成正比，也设嘶嘶区为二级反应。

假设火药不含催化剂，完全按途径 I 的方式解决，那么依照式(5-3-14)可求得其燃速，当气相中氧化性和燃料性组分相等，$\varepsilon_F = \varepsilon_O = \varepsilon_1$，令 $Z_g = Z_1$，$E_g = E_1$，$Q_g = Q_1$，气相又是二级反应时

$$r = \left[ \frac{\lambda_g Q_1 \varepsilon_1^2 Z_1 \exp\left(-\dfrac{E_1}{RT_g}\right)}{\rho_p^2 c_{pp} c_{pg} \left(\dfrac{T_s - T_0 - Q_s}{c_{pp}}\right)(RT_g)^2} \right]^{\frac{1}{2}} p \quad (5-5-1)$$

$$T_s = T_0 + \frac{Q_s}{c_{pp}} + \frac{Q_1}{c_{pp}}$$

式中：下标 1 表示嘶嘶区循途径 I 的反应。

设凝聚相为一级反应，则依 Arrhenius 方程有

$$r = Z_{1s} \exp\left(-\frac{E_{1s}}{RT_{1s}}\right) \quad (5-5-2)$$

式中：$Z_{1s}$、$E_{1s}$ 为燃烧表面反应途径 I 的指前因子和活化能。

## 5.6 液体推进剂的燃烧理论

HAN 基推进剂是以硝酸羟胺(HAN)为氧化剂，脂肪族胺的硝酸盐为燃料，再加上水以及微量添加剂组成的单元液体推进剂。选取不同种类的燃料，再加上不同的组分配比，就可以制得不同的 HAN 基液体推进剂。典型的 HAN 基液体推进剂有：以三乙醇胺硝酸盐(TEAN)为燃料的 LP1845、LP1846；以羟乙基肼硝酸盐(HEHN)为燃料的 AF-135 系列单元推进剂。

利用液体燃料的武器系统一般采用液雾燃烧推进方式，液体推进剂的喷雾状态和液滴燃烧特性是影响其弹道性能的重要因素。

### 1. 物理模型

液体推进剂的液滴燃烧特点与一般燃料滴明显不同。它先在液相中分解释放出可燃性气体，再在气相中形成扩散火焰。将液滴燃烧分为 3 个区，即液滴因分解释放出可燃性气体的预热区、可燃性气体燃烧区和燃尽区，如图 5-6-1 所示。为便于研究分析，采用简化假设：①单滴在静止空气中燃烧，呈球对称特点，且过程是准定常的；②把液相反应释放可燃性气体的过程作为准蒸发过程处理；③忽略热辐射，且不考虑气体在高温下的离解；④单滴燃烧化学反应满足 Arrhenius 定律，且假设火焰区很薄，可当成绝热火焰处理；⑤把气相产物分为两部分，由液滴分解释放出的可燃性气体和燃烧产物、空气；⑥物性参数取平均值，且路易斯数为 1。

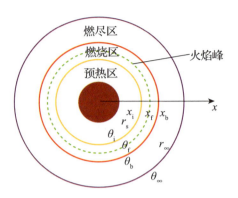

图 5-6-1 液滴燃烧分区模型示意图

**2. 数学模型**

根据物理模型,可得液滴气相场中的基本方程(连续性、能量、扩散、状态方程)和边界条件为

$$4\pi r_s^2 \rho_s v_s = 4\pi r^2 \rho v = \dot{m} = 常数 \tag{5-6-1}$$

$$\dot{m} \bar{c}_p \frac{dT}{dt} = \frac{d}{dr}\left(4\pi r^2 \bar{\lambda} \frac{dT}{dr}\right) + 4\pi r^2 W_1 Q_1 \tag{5-6-2}$$

$$\dot{m} \frac{df_1}{dr} = \frac{d}{dr}\left(4\pi r^2 \overline{D\rho} \frac{df_1}{dr}\right) - 4\pi r^2 W_1 \tag{5-6-3}$$

$$\begin{cases} r = r_s, \quad 4\pi r^2 \bar{\lambda} \dfrac{dT}{dr} = \dot{m} \tilde{q}, \quad -4\pi r^2 \overline{D\rho}\left(\dfrac{df_1}{dr}\right)_s + \dot{m} f_1 |_s = \dot{m} \\ \ln(P f_1)|_s = -\dfrac{\Delta \widetilde{H}}{R T_s} + 常数, \quad r \to \infty, \quad T \to T_\infty, \quad f_1 = 0 \end{cases} \tag{5-6-4}$$

式中:$Q_1$ 和 $W_1$ 为化学反应热和反应速率;$\tilde{q}$ 为准蒸发热;$f_1$ 为可燃性气体质量分数;$\Delta \widetilde{H}$ 为准蒸发潜热。

为便于求解,引入几个无量纲量。

质量流量分数:$\varepsilon_1 = \dfrac{\dot{m}_1}{\dot{m}} = \dfrac{\dot{m} f_1 - 4\pi r^2 \overline{D\rho}\left(\dfrac{df_1}{dr}\right)}{\dot{m}}$

无量纲温度:$\theta = \dfrac{\bar{c}_p(T - T_s) + \tilde{q}}{Q_1}$

无量纲坐标:$x = \dfrac{r_s}{r}$

无量纲燃速：$\bar{u}_m = \dfrac{\dot{m}\bar{c}_p}{4\pi r_s \lambda}$

利用这几个无量纲量来简化基本方程，可把它们化为 3 个一阶微分方程，即

$$\frac{d\varepsilon_1}{dx} = \frac{1}{\bar{u}_m}\left(\frac{\bar{c}_p}{\bar{\lambda}}\right)\frac{\lambda_s^2}{x^4}W_1 \qquad (5-6-5)$$

$$\frac{d\theta}{dx} = \bar{u}_m(1 - \theta - \varepsilon_1) \qquad (5-6-6)$$

$$\frac{df_1}{dx} = \bar{u}_m(\varepsilon_1 - f_1) \qquad (5-6-7)$$

相应的边界条件也可化为

$$\begin{cases} x = 1, & \theta = \theta_s, & \varepsilon_1 = 1 \\ x = 0, & \theta = \theta_\infty, & f_1 = 0, & \varepsilon_1 = 0 \end{cases} \qquad (5-6-8)$$

整理得到液滴质量燃速为

$$\dot{m} = 4\pi r_f^2 \sqrt{2A\left(\frac{\bar{\lambda}}{\bar{c}_p}\right)\left[\Gamma(m+1) + n\Gamma(m+2)\frac{RT_f}{E}\right]\left(\frac{\rho_s T_s}{T_f}\right)^n \left(\frac{\bar{c}_p T_f}{Q_1}\right)^{m+1}\left(\frac{RT_f}{E}\right)^{m+1} e^{-\frac{E}{RT_f}}} \qquad (5-6-9)$$

### 3. 影响液体推进剂燃速的环境因素

1) 压力对液体推进剂燃速的影响

压力对液体推进剂燃速的影响非常大。在液体推进剂的理化性能和燃烧前的初始温度一定时，液体推进剂的表观燃烧速度与压力的关系可近似表示为

$$u = b + ap^n \qquad (5-6-10)$$

式中：$a$，$b$ 为燃速常数；$n$ 为燃速指数。$a$，$b$ 和 $n$ 的值取决于推进剂的配方、燃烧室的温度以及压力。

在实际使用中，对于大多数液体推进剂来说，在其工作压力范围内，表观燃速与压力满足指数关系，即

$$u = ap^n \qquad (5-6-11)$$

对于同一种液体推进剂，当初始温度相同时，随着压力的增加，燃速指数 $n$ 在一定范围内有增大的趋势。

2) 初温对液体推进剂燃速的影响

液体推进剂的燃烧速度除了受到压力的影响，还受到液体推进剂初始温度

的影响。一般情况下，初温越高，燃速越大，其影响程度随着液体推进剂的配方和压力范围的差异而有所不同。

在压力保持不变的情况下，液体推进剂的燃烧速度随初始温度的变化关系为

$$\theta_p = \frac{\left(\frac{\partial u}{\partial T}\right)_p}{u} = \left(\frac{\partial \ln u}{\partial T}\right)_p \quad (5-6-12)$$

式中：$\theta_p$ 为每单位温度的燃速变化率，即恒压下的燃速敏感性，单位为 $K^{-1}$。

当火箭发动机内液体推进剂的初始温度改变时，液体推进剂按上式变化。但是在火箭发动机中主要是反映压力的变化，所以 $\theta_p$ 不能充分表达推进剂初温对火箭发动机性能的影响，为此使用下面的温度敏感度来估算温度的影响，即

$$\tau_\Omega = \frac{\left(\frac{\partial p}{\partial T}\right)_\Omega}{p} = \left(\frac{\partial \ln p}{\partial T}\right)_\Omega \quad (5-6-13)$$

式中：$\tau_\Omega$ 表示每单位温度下燃烧室压力的相对变化，即 $\Omega$ 常值条件下的压力温度敏感度，单位为 $K^{-1}$；$\Omega$ 表示推进剂燃烧表面积与喷管喉部面积的比值。

$\tau_\Omega$ 只取决于液体推进剂的燃速特性，由推进剂的燃烧机理确定，值得注意的是，初始温度的变化永远不会改变液体推进剂内固有的化学能量，仅仅是改变了液体推进剂燃烧的化学反应速率。另外，液体推进剂的化学组成、催化剂、物理结构等因素也都会对液体推进剂燃速产生影响。

## 5.7 发射药的燃烧

发射药是枪炮等身管武器的能源，发射药具有尺寸小、样本量大、燃烧压力高的特点，因为发射药在高压条件下的燃烧与火箭发动机的固体推进剂不同，发射药的燃烧速率一般不通过配方和燃烧催化剂加以调节，仅需稳定燃烧即可，对发射药的能量释放规律通过形状尺寸、表面处理和装药结构来加以控制。

发射药包括以有机溶剂溶塑 NC 制的单基药，以 NG、硝化二乙二醇等具有爆炸性的增塑剂增塑 NC 制的双基药或混合酯火药。溶塑火药中的氧化元素与可燃元素均寓于火药主成分的同一分子中。单、双基发射药虽然不是以分子状态分散，但是能够比较均匀地分散于发射药中。发射药燃烧时确实存在多个明显的物理化学变化区，即：凝聚相加热区Ⅰ、凝聚相反应区Ⅱ、气相加热反应区Ⅲ、火焰区Ⅳ、燃烧产物区Ⅴ。若将这五个燃烧区整个地看成火药燃烧时的

火焰结构,则它可以看作是一种波,称之为燃烧波。

发射药是火炮射击的能源,它是具有一定形状尺寸的固体物质。当给予适当的外界作用时,它能在没有任何助燃剂参与下,急速地发生化学变化,有规律地放出大量气体和热能,其本质过程是一种变质量变容积的能量转换过程。为研究主要矛盾,建立发射过程物理数学模型。

### 5.7.1 发射过程理论模型

假设:

(1)假设发射药颗粒组成的固相连续地分布在发射药燃气中,也可以把发射药颗粒当作一种具有连续介质特性的拟流体处理。这种将颗粒相和气相相互渗透的连续介质特性假设,称为双流体模型假设。

(2)在武器膛内流动时,流动参量均是轴向坐标 $x$ 和时间 $t$ 的函数。

(3)发射药颗粒床由单一粒状药组成,发射药的几何形状形状和尺寸严格一致。

(4)发射药燃烧产物组分保持不变,燃气热力学参数,如余容、比热比均保持为常量。

(5)固体发射药颗粒不可压缩,即发射药的密度为常数。

(6)对于阻力、热传导及化学反应等微观过程,假设为两种平均状态的函数,可用经验方法处理。

根据以上假设,采用控制体的方法,写出气固两相的守恒方程组。

#### 1. 气相连续方程

$$\frac{\partial \phi \rho_g}{\partial t} + \nabla \cdot (\varphi \rho_g \boldsymbol{u}_g) = \dot{m}_c + \dot{m}_k + \sum_k \dot{m}_{ign,k} \qquad (5-7-1)$$

式中:$\rho_g$ 为气相物质密度;$\phi$ 为气相孔隙率;$\boldsymbol{u}_g$ 为气相运动速度矢量;$\dot{m}_c$、$\dot{m}_k$、$\sum_k \dot{m}_{ign,k}$ 分别为单位体积内发射药的燃气生成速率、可燃药筒的燃气生成速率以及各点火元件的点火燃气生成速率。

$$\dot{m}_c = \rho_p \dot{r} A_p \qquad (5-7-2)$$

式中:$\rho_p$ 为颗粒物质密度;$\dot{r}$ 为火药燃烧速度;$A_p$ 为单位体积内固相颗粒的表面积-固相比表面积,即

$$A_p = \frac{\rho_p (1-\phi) S_p}{M_p} \qquad (5-7-3)$$

式中：$S_p$、$M_p$ 分别为单颗发射药颗粒的表面积与质量。

### 2. 固相连续方程

$$\frac{\partial (1-\phi)\rho_p}{\partial t} + \nabla \cdot [(1-\phi)\rho_p \boldsymbol{u}_p] = -\dot{m}_c \tag{5-7-4}$$

式中：$\boldsymbol{u}_p$ 为固相的运动速度矢量。

### 3. 气相动量守恒方程

$$\frac{\partial \phi \rho_g \boldsymbol{u}_g}{\partial t} + \nabla \cdot (\phi \rho_g \boldsymbol{u}_g \boldsymbol{u}_g) + \phi \nabla \cdot p = \left( \dot{m}_c \boldsymbol{u}_p + \dot{m}_k \boldsymbol{u}_k + \sum_k \dot{m}_{\text{ign},k} \cdot \boldsymbol{u}_{\text{ign},k} \right) - f_s + \nabla \cdot \boldsymbol{\tau}_g$$

$$(5-7-5)$$

式中：$p$ 为气相压力；$\boldsymbol{u}_k$ 为可燃药筒生成的燃气在武器身管内的流动速度矢量；$\boldsymbol{u}_{\text{ign},k}$ 为各种点火元件生成的燃气在武器身管内的流动速度矢量；$f_s$ 为单位体积内气固两相间的阻力；$\boldsymbol{\tau}_g$ 为气相黏性应力张量，$\boldsymbol{\tau}_g = 2\mu_g \varepsilon_g + \lambda(\nabla \cdot \boldsymbol{u}_g)I$，其中 $\varepsilon_g$ 为气相应变率张量，$\nabla \cdot \boldsymbol{\tau}_g = \nabla \cdot (2\mu_g \varepsilon_g) + \nabla \cdot (\lambda_g \nabla \cdot \boldsymbol{u}_g)$。

### 4. 固相动量守恒方程

$$\frac{\partial (1-\phi)\rho_p \boldsymbol{u}_p}{\partial t} + \nabla \cdot ((1-\phi)\rho_p \boldsymbol{u}_p \boldsymbol{u}_p) + (1-\phi)\nabla \cdot p + (1-\phi)\nabla \cdot F = -\dot{m}_c \boldsymbol{u}_p + f_s + \boldsymbol{\tau}_p$$

$$(5-7-6)$$

式中：$F$ 为颗粒间应力，同样有 $\boldsymbol{\tau}_p = 2\mu_p \varepsilon_p + \lambda(\nabla \cdot \boldsymbol{u}_p)I$ 及 $\nabla \cdot \boldsymbol{\tau}_p = \nabla \cdot (2\mu_p \varepsilon_p) + \nabla \cdot (\lambda_p \nabla \cdot \boldsymbol{u}_p)$。

### 5. 气相能量守恒方程

$$\frac{\partial \phi \rho_g \left(e_g + \frac{\boldsymbol{u}_g^2}{2}\right)}{\partial t} + \nabla \cdot \left( \phi \rho_g \boldsymbol{u}_g \left(e_g + \frac{p}{\rho_g} + \frac{\boldsymbol{u}_g^2}{2}\right) \right) \frac{\partial}{\partial x} + p \frac{\partial \phi}{\partial t} = \dot{m}_c \left(e_p + \frac{\boldsymbol{u}_p^2}{2} + \frac{p}{\rho_p}\right) +$$

$$\dot{m}_k H_k + \sum_k \dot{m}_{\text{ign},k} \cdot H_{\text{ign},k} + \nabla \cdot (\boldsymbol{\tau}_g \boldsymbol{u}_g) - f_s \boldsymbol{u}_p - \bar{A}_p q + \nabla \cdot (\phi k_g \nabla T_g)$$

$$(5-7-7)$$

式中：$e_g$ 为气相比内能；$e_p$ 为固相的化学潜能，表示发射药燃烧释放出的化学能，即

$$e_p = \frac{f}{k-1} \tag{5-7-8}$$

式中：$f$ 为火药力；$k$ 为火药燃气的比热比；$H_k$ 为可燃药筒生成燃气的滞止

焓；$H_{ign,k}$ 为各种点火元件燃气的滞止焓；$q$ 为单位面积气固两相的热交换，气相传给固相的热量为正，反之为负。式中克服黏性应力做功 $\nabla \cdot (\tau_g u_g)$ 和气相热传导 $\nabla \cdot (\phi k_g \nabla T_g)$ 这两项源项比其他源项小，有时可忽略。

守恒方程组中包含了 $\rho$、$p$、$u_g$、$u_p$、$\phi$、$e_g$、$f_s$、$q$、$\dot{r}$、$F$、$S_p$ 及 $M_p$ 12 个变量，还需要补充辅助方程才能使方程组封闭。

(1) 由于惯性和黏性的作用在燃气和颗粒之间产生的相间阻力 $f_s$；相间阻力对于发射药燃气是其阻力，而对于颗粒相则是推动力。发射药自然装填后有一定的孔隙率，相间阻力可采用孔隙率进行计算。

(2) 高温发射药燃气向发射药颗粒能量输送的相见热交换 $q$，包括对流换热和辐射换热。

(3) 高温高压的发射药燃气状态方程；通常采用诺贝尔-阿贝尔（Noble-Abel）状态方程。

(4) 以当地压力函数表示的火药燃烧速率 $\dot{r}$；通常采用指数燃烧定律，$\dot{r} = a + bp^n$。

(5) 根据几何燃烧定律确定的形状函数，即 $S_p$ 与 $M_p$ 的函数关系式；由单颗发射药几何燃烧定律可得到相对燃烧面积 $\sigma$ 和相对燃烧体积 $\Psi$ 的关系式计算，

$$\sigma = \frac{S_p}{S_1} = 1 + 2\lambda Z + 3\mu Z^2 \qquad (5-7-9)$$

$$\Psi = 1 - \frac{M_p}{M_1} = \chi Z(1 + \lambda Z + \mu Z^2) \qquad (5-7-10)$$

式中：$S_1$ 与 $M_1$ 分别为火药颗粒的起始燃烧面积和起始质量；$S_p$ 与 $M_p$ 分别为燃烧任意瞬间的燃烧面积和火药颗粒的质量；$\chi$、$\lambda$ 和 $\mu$ 为火药的形状特征量，只与发射药的形状和尺寸有关；$\chi = 1 + \alpha + \beta$；$\lambda = -\dfrac{\alpha + \beta + \alpha\beta}{1 + \alpha + \beta}$；$\mu = \dfrac{\alpha\beta}{1 + \alpha + \beta}$；$\alpha = \dfrac{e_1}{b}$；$\beta = \dfrac{e_1}{c}$；$e_1$、$b$ 和 $c$ 分别为发射药弧厚、宽度、长度的一半。

(6) 发射药颗粒间相互挤压而产生的颗粒间应力 $F$；发射药颗粒间相互挤压与碰撞而产生的颗粒间应力。

(7) 发射药表面温度，发射药点火通常采用固相点火理论模型，点火判据采用固相表面温度。

## 5.7.2 发射药能量释放控制

### 1. 发射药燃烧

燃烧过程中发射药燃气生成量的变化规律可以分解为燃气生成量随药粒厚

度变化规律和沿药粒厚度燃烧快慢的变化规律。前者仅与药粒的形状尺寸有关，称为燃气生成规律，与其相应的表达此规律的函数称为燃气生成函数或形状函数；后者称为燃烧速度定律，相应的函数称为燃烧速度函数。

在封闭条件下发射药燃烧速率直接依靠温度和压强而定。当温度和压强增加时，发射药燃烧速率增加。火炮系统材料受到发射药燃气压强的限制，那么控制发射药燃烧速率就变得非常必要了。

发射药在燃烧过程中药粒上各点均以相同的燃速垂直于燃烧表面向里推进，不同时刻的燃烧表面相互平行，即发射药在燃烧过程中是按照平行层的燃烧规律垂直于燃烧表面逐层进行燃烧的。即几何燃烧定律。

几何燃烧定律是理想化的燃烧模型，有三个假设条件：①装药的所有药粒具有均一的理化性质，以及完全相同的几何形状和尺寸；②所有药粒表面都同时着火；③所有药粒具有相同的燃烧环境，燃烧面各个方向上燃烧速度相同。因此只要通过一个药粒的燃气生成规律的研究，就可以表达出全部药粒的燃气生成规律。而一个均质药粒的燃气生成规律将完全由其几何形状和尺寸所确定。根据几何燃烧定律，只要通过一个药粒的燃气生成规律的研究，就可以表达出全部药粒的燃气生成规律。

气体生成速率取决于燃烧的表面积。对一定质量的发射药，原始燃烧表面积取决于各个药粒的形状和尺寸。当燃烧继续时，燃烧速率以及压强变化取决于药粒燃烧表面积变化趋势，也就是说由燃烧继续时燃烧的外露表面是增加还是减少而定。

发射药药粒被定义为增面、恒面、减面燃烧药粒，如图 5-7-1 所示。具体的燃烧面变化规律与药形有关。

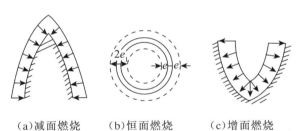

(a)减面燃烧　　(b)恒面燃烧　　(c)增面燃烧

图 5-7-1　发射药燃烧过程燃面变化示意图

具体的燃烧面变化规律与药形有关：

(1)减面燃烧：直角柱体类型，发射药都是从外表面逐层向内燃烧或外侧燃烧占主要因素，如片状药、棒状药等。

(2)恒面燃烧：单孔管状药孔内的燃烧是增面的，其增加的值恰好抵消了外表面燃烧的减面值，如果忽略两个端面燃烧的影响，近似于恒面燃烧。

(3)增面燃烧：若药粒孔数增多，孔内燃烧面的增加超过孔外燃烧面的减少，则为增面性燃烧的药形，如多孔火药等。

### 2. 简单形状发射药的形状函数

药粒的形状函数是指 $\Psi$ 发射药已燃质量百分数和 $\sigma$ 发射药相对燃烧面积与 $Z$ 发射药已燃相对厚度的关系。

$$\Psi = f_1(Z) \qquad (5-7-11)$$
$$\sigma = f_2(Z) \qquad (5-7-12)$$

由于式(5-7-9)和式(5-7-10)，发射药粒的燃气生成规律由其几何形状和尺寸所确定，确立了形状函数关系就能确定发射药燃气释放关系即能量释放规律。

简单形状的发射药种类虽然很多，但是作为几何形状的变化，形状函数还是有共同规律的，式(5-7-9)和式(5-7-10)为简单形状发射药的形状函数，表5-7-1列出了简单形状发射药的形状特征量。

表 5-7-1  简单形状火药的形状特征量

| 火药形状 | 火药尺寸 | 比例 | $\chi$ | $\lambda$ | $\mu$ |
|---|---|---|---|---|---|
| 管状 | $2b=\infty$ | $\alpha=0$ | $1+\beta$ | $-\dfrac{\beta}{1+\beta}$ | 0 |
| 带状 | $2e_1<2b<2c$ | $1>\alpha>\beta$ | $1+\alpha+\beta$ | $-\dfrac{\alpha+\beta+\alpha\beta}{1+\alpha+\beta}$ | $\dfrac{\alpha\beta}{1+\alpha+\beta}$ |
| 方片状 | $2e_1<2b=2c$ | $1>\alpha=\beta$ | $1+2\beta$ | $-\dfrac{2\beta+\beta^2}{1+2\beta}$ | $\dfrac{\beta^2}{1+2\beta}$ |
| 方棍状 | $2e_1=2b<2c$ | $1=\alpha>\beta$ | $2+\beta$ | $-\dfrac{1+2\beta}{2+\beta}$ | $\dfrac{\beta}{2+\beta}$ |
| 立方体 | $2e_1=2b=2c$ | $1=\alpha=\beta$ | 3 | 1 | 1/3 |

表中的药形系列表明，从管状药演变到立方体火药，形状特征量有规律地变化，$\lambda$ 的符号和数值是影响燃烧面变化特征的主要标志($\chi$ 等效)。

(1) $1<\chi\leqslant 3$，$\chi$ 从略大于1增加到3；$\lambda<0$；但 $|\lambda|$ 从略大于0增加到1；而 $\mu$ 从0增加到1/3。

(2)相对比较 $|\lambda|>\mu$，系数 $\mu$ 高次项的影响小于低次项，从而使 $\lambda$ 的符号和数值成为影响燃烧面变化特征的主要标志。

(3)因为简单形状发射药 $\lambda<0$，表明随着燃烧进行，$Z$ 值增加，燃烧表面

积 $\sigma$ 由起始值 1 逐渐减小，即燃烧面在燃烧过程中不断减小，称为燃烧减面性。所有简单形状火药都属于燃烧减面性发射药，只是减面性的程度不同而已。从管状药到立方体药，随着 $|\lambda|$ 的增加，减面性也愈加明显。

(4) 简单形状发射药尺寸说明：方片状药是宽度和长度相等的带状药，方棍状药是宽、厚相等的带状药，立方体药是长、宽、高均相等的带状药等。例如，管状药可以看作用带状药卷起来的一种发射药。因为宽度方向封闭了，在其燃烧过程中宽度不再碱小，所以可以看作宽度为无穷大的带状药。

药粒的形状对膛内的压力变化有显著地影响。减面性越大的发射药，在燃烧过程的初始阶段放出的气体也越多，后期生成的气体越少，相应的膛内压力变化在开始阶段就上升得快，使起始膛内压力迅速上升，并产生较高的最大压力；在后期也下降得快，弹丸速度增加的慢，会使武器身管质量增加，弹道性能降低。表 5-7-1 中由管状药到立方体发射药，形状特征量 $\chi$ 从略大于 1 增加到 3。图 5-7-2 为相对燃烧面积 $\sigma$-$Z$ 图，图中 $\sigma$ 随 $Z$ 不断减小，所以这类发射药称为减面性燃烧火药。图中管状药减面性最小，带状、方片状和方棍状药其次，立方体药最大。图 5-7-3 为已燃百分数 $\Psi$~$Z$ 图，反映了燃气的生成规律，所有曲线都是上升的，且减面性越大的药形曲线上凸的程度越大。表明越是减面性强的发射药，初始阶段生成的气体越多，后期生成的气体越少。相应的膛内压力变化在开始阶段就上升得快，在后期也下降得快。如果采用减面性小的药形，膛内的压力变化就会比较平缓。

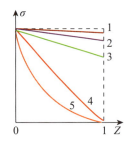 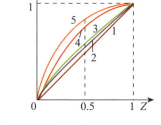

图 5-7-2 简单形状发射药的 $\sigma$-$Z$ 曲线　　图 5-7-3 简单形状发射药已燃质量百分数的 $\Psi$-$Z$ 曲线

1—管状药；2—带状药；3—方片状药；4—棍状药；5—立方体药。

### 3. 多孔火药的形状函数

如果采用减面性小的药形，在燃烧过程中燃烧表面积是恒定不变的或者是逐渐增加的，则燃气生成速率也是稳定的或是递增的，膛内的压力变化就会比较平缓。常用的多孔火药有 7 孔、14 孔、19 孔等。根据几何燃烧定律可推出多孔火药的形状函数，多孔形药粒的燃烧存在两个阶段，即分裂前的主体燃烧阶段和分裂后的碎粒燃烧阶段。多孔药燃烧的增面性，只存在于主体燃烧阶段。在碎粒燃烧阶段，则是强烈的减面性。分别建立不同燃烧阶段的形状函数。

1) 增面燃烧阶段的形状函数

$$\begin{cases} \Psi = \chi Z(1 + \lambda Z + \mu Z^2) \\ \sigma = 1 + \lambda Z + \mu Z^2 \end{cases} \begin{cases} 0 \leqslant e \leqslant e_1 \\ 0 \leqslant Z \leqslant 1 \\ 0 \leqslant \Psi \leqslant \Psi_s \end{cases} \quad (5-7-13)$$

式中：$\begin{cases} \chi = \dfrac{Q_1 + \Pi_1}{Q_1}\beta \\ \lambda = \dfrac{n - 1 - 2\Pi_1}{Q_1 + 2\Pi_1}\beta \\ \mu = -\dfrac{(n-1)}{Q_1 + 2\Pi_1}\beta^2 \end{cases}$ ; $\begin{cases} \Pi_1 = \dfrac{D_0 + nd_0}{2c} \\ Q_1 = \dfrac{D_0^2 - nd_0^2}{(2c)^2} \\ \beta = e_1/c \end{cases}$ ; $\begin{cases} \Pi_1 = \dfrac{L}{2\pi c} \\ Q_1 = \dfrac{S_T}{\pi(2c)^2/4} \end{cases}$ ; $n$ 代表孔数；

$\Pi_1$ 代表药粒圆周长（包括内、外径）和以药粒长 $2c$ 为直径的圆周长之比；$Q_1$ 代表药粒端面积和以药粒长 $2c$ 为直径的圆面积之比；$\beta = \dfrac{e_1}{c}$；$e_1$ 和 $c$ 分别为药粒弧厚和长度。

当药粒孔数和尺寸发生变化时，这些形状特征参量的具体值也随之发生变化。$n = 1$ 为单孔管状药，$n = 0$ 为实心圆柱状药。

多孔火药和减面燃烧发射药的形状特征量，$\lambda$ 值和 $\mu$ 值的符号正好相反。多孔火药的 $\lambda$ 为正号，$\mu$ 为负号，而减面燃烧形状发射药的 $\lambda$ 为负号，$\mu$ 为正号；并且它们的 $\lambda$ 绝对值又都大于 $\mu$ 的绝对值。

2) 分裂后的形状函数

一般对药粒分裂后的曲边三角形燃烧进行近似处理，假定燃烧形状函数为 $Z$ 的二次函数，即

$$\begin{cases} \Psi = \chi_s Z(1 + \lambda_s Z) \\ \sigma = 1 + 2\lambda_s Z \end{cases} \quad (5-7-14)$$

$$\begin{cases} \chi_s = \dfrac{1 - \Psi_s Z_b^2}{Z_b - Z_b^2} \\ \lambda_s = \dfrac{\Psi_s}{\chi_s} - 1 \end{cases} \quad (5-7-15)$$

式中：$1 \leqslant Z \leqslant Z_b = \dfrac{e_1 + \rho}{e_1}$，$\Psi_s \leqslant \Psi \leqslant 1$，$e_1 \leqslant e \leqslant e_1 + \rho$；$Z_b$ 为破碎药粒全部燃

完时的已燃相对厚度;$\rho$ 为碎粒断面的内切圆半径。

### 4. 混合装药能量释放规律

混合装药是指采用两种以上不同形状、尺寸、配方组成发射药进行的装药。榴弹炮或高膛压类型武器中经常采用混合装药。

任何两种以上混合装药,其能量释放的渐增性不会优于其中一种渐增性较好的装药。可用能量释放规律性来证明此结论。

首先考虑两种装药,为方便计算,设两种装药有完全相同的化学组成。即除几何形状外,其他因素完全相同。两种装药的相对重量比分别为 $m_1$、$m_2$,两种药质量分数之和为1,$m_1 + m_2 = 1$。则 $\Psi - Z$ 关系分别为

$$\Psi_1 = f_1(Z_1) \tag{5-7-16}$$

$$\Psi_2 = f_1(Z_2) \tag{5-7-17}$$

假设压力全冲量 $I_{k_1}$ 和 $I_{k_2}$,并有 $I_{k_1} > I_{k_2}$。当燃烧压力指数为1时,显然有

$$\frac{Z_1}{Z_2} = \frac{I_{k_1}}{I_{k_2}} \tag{5-7-18}$$

这样第二种装药先燃烧完,而两种装药混合在一起时,$\Psi - Z$ 关系成为

$$\Psi = m_1 \Psi_1 + m_2 \Psi_2 = m_1 f_1(Z_1) + m_2 f_2(Z_2) \tag{5-7-19}$$

由于第一种装药后燃烧完,则相对厚度由 $Z_1$ 来表示,对上式积分得

$$A_{\Psi(h)} = \int_0^1 (m_1 f_1(Z_1) + m_2 f_2(Z_2)) dZ = m_1 A_{\Psi_1} + \int_0^1 m_2 f_2(Z_2) dZ \tag{5-7-20}$$

由上式可知,当 $Z_1 = I_{k_2}/I_{k_1}$ 时,$Z_2 = 1$,并且在 $I_{k_2}/I_{k_1} \leq Z_1 \leq 1$ 时,有

$$\int_0^1 m_2 f_2(Z_2) dZ = \int_0^{\frac{I_{k_2}}{I_{k_1}}} f_2(Z_2) dZ + \left(1 - \frac{I_{k_2}}{I_{k_1}}\right) = \frac{I_{k_2}}{I_{k_1}} A_{\Psi_2} + \left(1 - \frac{I_{k_2}}{I_{k_1}}\right) \tag{5-7-21}$$

式(5-7-20)和式(5-7-21)合并得到

$$A_{\Psi(h)} = m_1 A_{\Psi_1} + m_2 A_{\Psi_2} \frac{I_{k_2}}{I_{k_1}} + \left(1 - \frac{I_{k_2}}{I_{k_1}}\right) \tag{5-7-22}$$

显然当 $I_{k_2} = I_{k_1}$、$A_{\Psi_1} = A_{\Psi_2}$ 时,$A_{\Psi(h)} = A_{\Psi_1} = A_{\Psi_2}$ 为一种装药,可得到

$$A_{\Psi(h)} = A_{\Psi_1} + m_2 \left[\frac{I_{k_2}}{I_{k_1}} A_{\Psi_2} - A_{\Psi_1} + \left(1 - \frac{I_{k_2}}{I_{k_1}}\right)\right] = A_{\Psi_1} + m_2 \left[\frac{I_{k_2}}{I_{k_1}} (A_{\Psi_2} - 1) + 1 - A_{\Psi_1}\right] \tag{5-7-23}$$

若 $A_{\Psi_2} > A_{\Psi_1}$，则 $A_{\Psi(h)} = A_{\Psi_1} + m_2(A_{\Psi_2}-1)\left(1-\dfrac{I_{k_2}}{I_{k_1}}\right) \geqslant A_{\Psi_1}$，这表明采用两种以上不同弧厚的发射药，燃烧增面性只能是减弱。对于三种以上的不同弧厚的混合装药情况，用相同的方法也可以得到这个结论，只需要将第 $n$ 种装药和前面的 $n-1$ 种混合装药看成是两种装药的混合即可。

对于两种不同弧厚，不同形状火药的混合装药情况，注意 $I_{k_2}/I_{k_1} = 1$ 时，由上式可得

$$A_{\Psi(h)} = A_{\Psi_2} + m_2(A_{\Psi_1} - A_{\Psi_2}) \tag{5-7-24}$$

可知 $A_{\Psi(h)} > \min(A_{\Psi_1} \cdot A_{\Psi_2})$。表明积分值 $A_{\Psi(h)}$ 总大于两种装药中积分值 $A_{\Psi_1}$ 较小的一种，即燃烧渐增性比采用一种具有较强燃烧渐增性的差。

对于不同火药力的情况，设有相同的 $I_{k_1}$ 值，相同的 $\Psi$-$Z$ 关系，即 $A_{\Psi_1} = A_{\Psi_2}$，$f_1 > f_2$。若以第二种装药为标准，则

$$\Psi = \dfrac{[m_1 f_1 f_1(Z_1) + m_2 f_2 f_2(Z_2)]}{m_1 f_1 + m_2 f_2} \tag{5-7-25}$$

由于 $Z_2 = Z_1$，$A_{\Psi(h)} = A_{\Psi_1}$，即积分值 $A_\Psi$ 不发生变化。即燃烧渐增规律未发生变化。故相当于一种火药力为 $f = m_1 f_1 + m_2 f_2$ 的装药，但体系的能量对于火药力为 $f_1$ 的装药来说是降低了。

### 5. 特殊装药方式

膛内压力一直保持为最大压力 $p_m$ 不变，认为是理想的平台发射。但在技术上可以实现的是达到最大压力以后下降趋势缓慢，这样才能得到较大的 $p$-$l$ 曲线下面积，即有较大的初速 $v_g$，但必要条件是火药达到最大压力后有较强的燃烧渐增性。多孔火药和混合装药均达不到理想效果。

假设膛内压力达到最大值后，点燃一种新的装药，这种火药的 $\Psi$-$Z$ 关系和弹道特性将会是什么结果呢？

假设有一种相对分数为 $m_2$ 的薄弧厚发射药，与主装药除形状不同外，其他性能完全相同。薄弧厚发射药在射击初期并不发生燃烧，在膛内压力达到最大值以后或者主装药燃烧到 $Z_0 \geqslant Z_m$ 时才被点燃，并且薄弧厚发射药还要先于主装药燃完。此时能量释放函数为

$$\Psi = \begin{cases} m_1 \Psi_1, & 0 \leqslant Z_1 \leqslant Z_0 \\ m_1 \Psi_1 + m_2 \Psi_2, & Z_0 \leqslant Z_1 \leqslant 1.0 \end{cases} \tag{5-7-26}$$

积分上式得到

$$A_{\Psi(m)} = m_1 A_{\Psi_1} + m_2 \int_0^1 \Psi_2 \mathrm{d}Z \qquad (5-7-27)$$

积分式 $A_{\Psi_2} = \int_0^1 \Psi_2 \mathrm{d}Z_2$ 与上一节类似，在正比定律下，$Z_1$ 与 $Z_2$ 存在如下关系：

$$Z_1 = \frac{I_{k_2}}{I_{k_1}} Z_2 + Z_0 \qquad (5-7-28)$$

为了保证薄弧厚发射药先于主装药燃烧完毕，在 $Z_2 = 1.0$ 时，有 $Z_1 \leqslant 1.0$，于是

$$Z_0 = 1 - \frac{I_{k_2}}{I_{k_1}} \qquad (5-7-29)$$

将式(5-7-29)代入 $\int_0^1 \Psi_2 \mathrm{d}Z_1$ 中，可有

$$A_{\Psi_2} = \int_{Z_0}^{Z_0 + \frac{I_{k_2}}{I_{k_1}}} \Psi_2 \mathrm{d}Z_1 + \int_0^{Z_0} \Psi_2 \mathrm{d}Z_1 = \frac{I_{k_2}}{I_{k_1}} A_{\Psi_2} + 1 - Z_0 - \frac{I_{k_2}}{I_{k_1}}$$

$$(5-7-30)$$

式中：$A_{\Psi_2} = \int_0^1 \Psi_2 \mathrm{d}Z_2$，将式(5-7-30)代入式(5-7-27)中可得

$$A_{\Psi(m)} = m_1 A_{\Psi_1} + \left[ \frac{I_{k_2}}{I_{k_1}} A_{\Psi_1} + 1 - Z_0 - \frac{I_{k_2}}{I_{k_1}} \right] = A_{\Psi_1} + m_2 \left[ \frac{I_{k_2}}{I_{k_1}}(A_{\Psi_2} - 1) + 1 - A_{\Psi_1} - Z_0 \right]$$

$$(5-7-31)$$

若 $A_{\Psi_1} = A_{\Psi_2}$ 时，则上式为

$$A_{\Psi(m)} = A_{\Psi_1} + m_2 \left[ \left(1 - \frac{I_{k_2}}{I_{k_1}}\right)(1 - A_{\Psi_1}) - Z_0 \right] \qquad (5-7-32)$$

可以看到，当 $m_2 = 0$ 时，为一种装药的燃烧情况，对上式来说满足 $A_{\Psi(m)} \leqslant A_{\Psi_1}$ 的条件为

$$\left(1 - \frac{I_{k_2}}{I_{k_1}}\right)(1 - A_{\Psi_1}) \leqslant Z_0 \qquad (5-7-33)$$

$Z_0$ 的取值范围为

$$\left(1 - \frac{I_{k_2}}{I_{k_1}}\right)(1 - A_{\Psi_1}) \leqslant Z_0 \leqslant \left(1 - \frac{I_{k_2}}{I_{k_1}}\right) \qquad (5-7-34)$$

由于一般情况下 $A_{\Psi_1} > 1/2$，则对于 $Z_0$ 有一个较大的可以调节的范围，只要 $Z_0$ 分别满足：

$$\frac{1}{4} \leqslant Z_0 \leqslant \frac{1}{2}$$

$$\frac{3}{8} \leqslant Z_0 \leqslant \frac{3}{4}$$

就能得到比一种装药有更强的燃烧渐增性的装药。对于 $A_{\Psi_1} \neq A_{\Psi_2}$ 的情况，也可以作类似讨论。

## 5.8 火药燃烧速度的控制方法

### 5.8.1 火药燃速压力指数的控制

通常火药都是在规定压力下燃烧的，因此从火药一开始用于武器起，就遇到了燃速与压力的关系问题。燃速压力指数反映燃速对压力变化的敏感性，用 $n$ 表示。

$$n = \frac{\mathrm{d}\ln u}{\mathrm{d}\ln p} \tag{5-8-1}$$

火药的燃速压力指数 $n$ 是表征火药燃速和压力关系的重要参数。$n$ 值的大小不仅与火药种类、组分有关，而且与压力大小有关。由火药燃速与压力的关系式可知，火药的燃速不仅与压力有关，而且火药的燃速系数与压力指数对它也有很大的影响。火药燃速的压力指数大小反映了火药燃速对压力变化的敏感性，$n$ 越大说明该火药对压力变化越敏感。武器特别是火箭与导弹对火药燃速的压力指数要求比较严格，只有燃速压力指数 $n<1$ 的火药才适宜用于火箭发动机。对于炮用火药，因其在火炮药室中燃烧时，在弹丸飞离炮口以前没有大量的燃气流出，故允许使用燃速压力指数 $n \leqslant 1$ 的火药。

火药的燃速压力指数越小，火药燃速对压力的变化越不敏感。当火药燃速压力指数 $n=0$ 时，火药燃速即与压力无关，这种火药即所谓的"平台"火药。"平台"火药是某些火箭与导弹发动机追求的一种火药，这种火药的燃速不仅对压力变化不敏感，而且初温变化对它的影响也很小。这就为火箭发动机设计带来很大益处。

火药燃速压力指数不仅有 $n<1$、$n=1$、$n>1$ 与 $n=0$ 的情况，而且还有 $n$ 值为负（$n<0$）的情况，这种燃烧现象称为"麦撒"燃烧。

压力指数的调节问题实质上是燃速的调节问题。凡是影响燃速的因素都可以影响到压力指数，只是影响幅度大小不同而已。若低压范围燃速提高幅度大，而高压范围燃速的提高幅度小，则压力指数变小。

当然调节的实质是改变火药燃烧化学反应中不同压力范围和物理化学因素的影响程度来改变燃速。

### 1. 火药成分

溶塑火药中硝化甘油双基药压力指数大于单基药，且随硝化甘油含量的增加而增大。

高氯酸铵混合火药压力指数取决于氧化剂，AP 含量低、粒度小时压力指数降低，但过细时却又变大。

硝胺复合火药压力指数随压力升高而突变，且可能大于 1。

高氯酸铵改性双基 CDMB 或同时含惰性分子黏结剂的复合双基药 CDB 随 AP 含量增加，压力指数不变或下降。

硝胺改性双基药若为不含催化剂的平台火药，则压力指数与硝胺加入量无关；若原双基药为平台火药，则硝胺含量的增加使麦撒区消失，平台效应减弱，低压力指数向低压范围延伸，但超速区及高压区压力指数与原双基药近似，燃速下降。

### 2. 加入附加物

双基药中加入铝、铜化合物及锡酸盐可以获得平台或麦撒效应，使压力指数和燃速温度系数都大大降低。

复合火药加入亚铬酸铜、铬酸铜铵、磷酸钙等附加物降低燃速压力指数。

AP 改性双基药中加入芳香族化合物（如硝基苯、硝基萘）、芳香族胺化合物（如苯二胺及其同族化合物）、有机酸重金属盐（碳原子 12～18 的脂肪酸的锡、铅、铜、锑盐）和重金属氧化物（如铅、锑的氧化物），压力指数由 0.5～0.8 降至 0.3 以下，且燃速不易受压力和环境温度等条件的影响。

### 3. 药形尺寸

火炮装药由大量小尺寸药粒组成，测定的压力指数是若干药粒在整个燃烧过程中的总效果，药孔内气流的侵蚀效应有着重要的影响，使压力指数发生变化。

由表 5-8-1 中药形对压力指数影响可知，药形复杂时，$n$ 下降。由表 5-8-2 中装填密度对压力指数影响可知，装填密度减小则 $n$ 下降。由表 5-8-3 中发射药长度对压力指数影响可知，药长增加则 $n$ 降低。

表 5-8-1 药形对压力指数的影响

| 药形 | 单孔长管药 | 多孔粒状药 |
|---|---|---|
| 压力指数 | 0.90～1.00 | 0.80～0.83 甚至更小<br>(如 4/7、5/7、$\Delta=0.20 \text{g/cm}^3$ 时为 0.65 左右) |

表 5-8-2 火药装填密度 $\Delta$ 对燃速特性的影响(4/7 单基药)

| 装填密度 $\Delta/(\text{g/cm}^3)$ | 0.08 | 0.12 | 0.20 |
|---|---|---|---|
| $u-p$ 形式 | $0.174 p^{0.543}$ | $0.126 p^{0.625}$ | $0.098 p^{0.660}$ |

表 5-8-3 药长对燃速特性的影响(双芳-3 18/1)

| $L/2d$ | 7.56 | 15.12 | 30.24 | 60.48 |
|---|---|---|---|---|
| $u-p$ 形式 | $0.58\times10^{-2} p^{1.008}$ | $0.93\times10^{-2} p^{0.948}$ | $1.17\times10^{-2} p^{0.915}$ | $1.32\times10^{-2} p^{0.904}$ |

注：$L$ 为长度，$d$ 为孔径。

### 5.8.2 火药燃烧温度系数的控制

因为火药可能在温度不同的地区和不同季节使用，而同一地区不同季节与同一季节不同地区的温差可能很大，有些地区(例如沙漠地区)甚至昼夜温差也很大，所以需要考虑初温对火药燃速的影响。

不同火药的燃速与初温的关系各异。甚至同一种火药具有不同的形状尺寸时燃速与初温的关系也不相同。

初温对均质火药燃速的影响也可以由火药火焰结构的物理化学参数变化定性地加以证明，初温升高时，均质火药的燃烧表面温度 $T_s$ 升高。因为均质火药的燃速与燃烧表面温度 $T_s$ 有单值关系，故火药的燃速增加。

燃速温度系数是指在一定压力条件下，某一初温范围内火药温度变化 1K 时所引起的燃速的相对变化量，用 $\sigma_p$ 表示，单位 $K^{-1}$。其数学表达式为

$$\sigma_p = \left[\frac{\partial \ln u}{\partial T}\right]_p \tag{5-8-2}$$

压力温度系数是一定的面喉比($K_N$)条件下，在某一初温范围内推进剂初温变化 1K 时燃烧室压力的相对变化量，用 $\pi_K$ 表示，单位为为 $K^{-1}$。数学表达式：

$$\pi_K = \left[\frac{\partial \ln p}{\partial T}\right]_{K_N} \tag{5-8-3}$$

$K_N$ 为一定值时，在某一温度范围初温变化 1K 时所引起的装药的燃速相对变化量，以 $\sigma_K$ 表示，单位为 $K^{-1}$。

$$\sigma_K = \left[\frac{\partial \ln r}{\partial T_0}\right]_{K_N} = \frac{\partial \ln u_1}{\partial T_0} + n\left[\frac{\partial \ln P}{\partial T_0}\right]_{K_N} = \sigma_P + n\pi_K \qquad (5-8-4)$$

影响因素分析:

### 1. 发射药组分

在发射药中,初温对燃速的影响体现为对燃速系数的影响。

单基火药

$$u_{1(t)} = u_{1(15)} + 0.00013\Delta t \qquad (5-8-5)$$

双基火药

$$u_{1(t)} = u_{1(15)} + 0.00018\Delta t \qquad (5-8-6)$$

式中:$u_{1(t)}$ 为 $t$ 温度下的燃速系数(mm/s 或 kg/cm$^2$);$u_{1(15)}$ 为 15℃温度下的燃速系数(mm/s 或 kg/cm$^2$);$\Delta t = t - 15$。

复合火药由于其所用的黏结剂不同,氧化剂颗粒大小各异,它们的燃速与初温的关系比均质火药要复杂得多。人们曾经研究过复合火药模拟物的燃速与初温的关系,由结果可知:①黏结剂种类对火药燃速温度系数的影响不大,氧化剂与黏结剂颗粒大小对其影响比较显著;②氧化剂与可燃物的比例 $a$ 对火药的燃速温度系数影响较大,在相同条件下,火药的燃速温度系数随 $a$ 的增加,先是迅速降低而后缓慢上升,$a>1.5$ 以后,不变或稍有下降;③$a=0.5$ 时燃速温度系数最低。

复合火药燃速温度系数与 $a$ 及氧化剂分散度的关系反映了燃速与火药组分及结构的关系。所以从降低复合火药温度系数考虑,要求复合火药应有合适的氧化剂/可燃物的比值,氧化剂颗粒越细越好。

### 2. 附加组分

HTPB 中加入 $Fe_2O_3$ 和 LiF 后,LiF 增加了 $\sigma_p$ 而 $Fe_2O_3$ 降低了 $\sigma_p$。LiF、CC 加入 AP-CTPB 和 Al-PU-Al 复合药中都能在一定压力范围内明显降低 $\sigma_p$。

### 3. 氧化剂和金属可燃物粒度的影响

AP 的粒度对 $\sigma_p$ 有一定的影响。HTPB 复合火药在使用粗粒度 AP 时,增加 Al 含量或使用较细的 Al 粉都能降低燃速温度系数。

### 4. 药形尺寸的影响

药形简单,内孔加大时,由于气流速度减小,也有利于减小 $\sigma_p$。

## 参考文献

[1] 王伯羲,冯增国,杨荣杰.火药燃烧理论[M].北京:北京理工大学出版社,1997.
[2] 严传俊,范玮.燃烧学[M].西安:西北工业大学出版社,2008.
[3] 威廉斯 F A.燃烧理论[M].北京:科学出版社,1976.
[4] 范宝春.极度燃烧[M].北京:国防工业出版社,2018.
[5] 余永刚,薛晓春.发射药燃烧学[M].北京:北京航空航天大学出版社,2016.
[6] 张福祥.火箭燃气射流动力学[M].哈尔滨:哈尔滨工程大学出版社,2004.

# 第6章 凝聚炸药爆轰

## 6.1 凝聚炸药爆轰反应机理

所谓凝聚炸药是指液态炸药和固态炸药。与气体爆炸物相比，除形态不同外，凝聚炸药还具有密度大、爆速高、爆轰压力大、能量密度高等特点，因而爆炸的破坏性强、威力大。此外，凝聚炸药的体态便于存储、运输、成型加工和使用，因而在军事和民用上获得了广泛的应用。

爆轰波的 C-J 理论没有考虑爆轰波阵面内所发生的化学反应历程及化学反应机理，而是理想地假定爆轰波内化学反应速度为无穷大，爆炸物一旦跨过爆轰波阵面，立即释放全部化学反应热 $Q_e$。爆轰波的 Z-N-D 模型也是理想地认为，爆轰反应区内所发生的化学过程是均匀有序的，并没有具体考虑在冲击波作用下爆炸物爆轰化学反应激发的机理及其扩展的历程。因此，该模型不能科学合理地解释爆轰波沿爆炸物，特别是各种凝聚炸药传播过程中所出现的一系列复杂的现象。

凝聚炸药爆轰波反应区内快速化学反应激发和扩展机理与炸药的化学组成和物理状态紧密相关。在爆轰波传播过程中，炸药首先受到前沿冲击波的冲击压缩作用，使得炸药的压力和温度骤然升高，但是各类炸药的化学结构及其装药的物理状态不同，激发爆轰化学反应的机理会有较大的差别。在实验研究的基础上，提出了以下三种爆轰反应传播的机理：

### 1. 整体反应机理

在强冲击波作用下，波阵面上的炸药受到强烈的绝热压缩，受压缩的炸药层各处都均匀地升高到很高的温度，因而化学反应在反应区的整个体积内进行，故称为整体反应机理。

能进行这类反应的炸药一般是物理结构很均匀的均质炸药，即在炸药装药的任一体积内其成分和密度都是相同的，不含气泡的液体炸药以及致密的固体单体炸药，如液态硝基甲烷、注装 TNT、单晶体太安等属于这种类型。

因为整体化学反应是依靠冲击波压缩使压缩层中炸药的温度均匀升高而引起的，而凝聚炸药的压缩性比较差，绝热压缩时的温度升高并不明显，所以必须有较强的冲击波才能引起整体反应。例如，硝化甘油高爆速爆轰时，压缩区炸药薄层的温度可达 1000℃，在这样高的温度下，化学反应区可以在 $10^{-7} \sim 10^{-5}$ s 的时间内完成，这与测得反应区宽度是相对应的。

### 2. 表面反应机理

在强冲击波作用下，波阵面上的炸药受到强烈的绝热压缩，但在被压缩的炸药层中温度的升高是不均匀的，因而化学反应首先从被称为"起爆中心"的地点开始，进而传到整个炸药层。由于起爆中心容易在炸药颗粒表面以及层中所含气泡的周围形成，因而这种反应机理称为表面反应机理。

固体粉状炸药、松散体压装炸药、含有大量气泡的液体炸药和胶体炸药，爆轰时多是按表面反应机理进行。当受冲击波压缩时，炸药颗粒之间产生摩擦和变形，使颗粒以及气泡接触表面处炸药的局部温度升得很高，在炸药颗粒表面首先发生高速的化学反应，而后以一定的速度向颗粒内部扩展。这种过程和火药颗粒在炮膛内燃烧相似，因此可以按逐层燃烧的规律分析表面反应的机理。

### 3. 混合反应机理

这种机理主要是物理性质不均匀的混合炸药，特别是由氧化剂及可燃物构成的机械混合炸药发生爆轰时所特有的。这种反应不是在化学反应区整个体积内进行，而是在一些分界面上进行的。

由单体炸药组成的混合炸药爆轰时，首先是各组分自身反应，放出大部分热量，然后反应产物互相混合进一步反应产生最终产物，在这种情况下，各组分的自身反应起决定作用，它的一些变化规律与单体炸药相同，其爆速基本上是组成它的单体炸药爆速的算术平均值。

由不同组分组成的混合炸药，例如由氧化剂和可燃物或炸药与非爆炸组分组成的混合炸药，其反应可能是某些组分先分解，分解产物渗透或扩展到其他组分质点的表面，并与之反应，也可能是不同组分的分解产物之间的反应。

由以上分析可知，这类炸药的爆轰传播过程与各成分颗粒大小以及混合均匀程度密切相关，颗粒越大，混合越不均匀，越不利于这类炸药化学反应的进展，从而使爆轰传播速度下降。炸药的密度过大，也不利于这类混合炸药爆轰的传播。因为装药密度大，炸药各组分之间的间隙小，影响各组分气体分解产物的扩散混合，导致反应速度下降甚至爆轰熄灭。

即使在同一炸药的爆轰过程中，也可能出现两种不同形式的反应。其中，一个对应低爆速，一个对应高爆速。低爆速在这些物质中所激起的冲击波可以自发地发展为高爆速冲击波。如在压力较低范围内的爆轰反应是由药粒表面的燃烧及分解产物的第二次反应所形成的。当爆轰压力和速度增加时，药粒便受到体积压缩，其温度随之升高，当压力达到某一定值时，发生体积反应。在这种情况下，表面反应和体积反应可能同时发生。随着压力再增加，整体反应便占优势，在非颗粒状的固态或液态炸药中，整体反应有优势。细小的空隙或气泡对压缩的能量有较大的影响，能够降低炸药所受的压力，但对较高压力下的体积加热影响不大，所以充气对液体炸药起爆的最初阶段有影响，可以增加炸药对爆轰的敏感度，但对爆轰的传播则是由整体反应所控制。

## 6.2 爆轰参数的计算

### 6.2.1 爆轰方程组

第4章的C-J理论以及Z-N-D模型，对凝聚相炸药的爆轰具有一定的适用性，由于在凝聚相炸药爆轰时仍然存在着C-J条件，可将气相爆轰流体动力学理论中波速$D$关系式(4-2-5)、质点速度$u_j$关系式(4-2-6)和放热的Hugoniot方程式(4-2-8)用于研究凝聚相炸药的爆轰过程，并以此建立凝聚相炸药的爆轰参数方程。

$$D = v_0 \sqrt{\frac{p_j - p_0}{v_0 - v_j}}$$

$$u_j = (v_0 - v_j)\sqrt{\frac{p_j - p_0}{v_0 - v_j}}$$

$$e_j - e_0 = \frac{1}{2}(p_j + p_0)(v_0 - v_j) + Q_e$$

C-J条件式(4-2-13)或式(4-2-14)：

$$\frac{(p_j - p_0)}{v_0 - v_j} = -\left(\frac{\partial p}{\partial v}\right)$$

或

$$u_j + c_j = D$$

### 6.2.2 爆轰产物状态方程

凝聚炸药爆轰在$10^{-7}$s级时间内，化学反应基本就达到平衡状态，化学反应基本上就达到C-J平衡状态。此时高温高压的爆轰产物密度比凝聚相炸药本身密度还高约30%，这种处于C-J状态的爆轰产物分子平动和转动自由能均被抑制，只存在振动自由度，类似固体并且具有金属性质。此时分子间相互作用的势能对压力的影响极为突出，只考虑热压力的理想气体状态方程已失去意义。因此建立描述凝聚炸药爆轰产物热力学行为的状态方程是高能炸药的热点问题。

状态方程的建立是个复杂的化学物理问题，涉及一系列基本理论，加上爆轰过程的某些细节还不够清楚，因此近代状态方程的建立多以统计力学为理论基础，采用近似模型，以建立理论或半经验的状态方程。具有代表性的有：①稠密气体模型；②液体模型；③固体模型。

#### 1. 真实气体状态方程

稠密气体必须考虑分子间的作用力，不宜再采用理想气体状态方程。真实气体状态方程有许多不同的形式，以Virial状态方程为例：

$$pV = nRT\left[1 + \frac{B(T)}{V} + \frac{C(T)}{V^2} + \frac{D(T)}{V^3} + \cdots\right] \quad (6-2-1)$$

式中：$B(T)$、$C(T)$、$D(T)$分别称为第二、第三、第四 Virial 系数，它们都是温度的函数。

假设分子如同刚性小球，分子间不存在吸引力，按照这种所谓刚球模型计算 Virial 系数，最后得 Virial 方程为

$$pV_m = RT\left[1 + \frac{b}{V_m} + 0.625\left(\frac{b}{V_m}\right)^2 + 0.287\left(\frac{b}{V_m}\right)^3 + \cdots\right] \quad (6-2-2)$$

式中：$V_m$为气体摩尔体积；$b$为刚球分子体积的4倍乘以阿伏加德罗常数。

在高温（2000~4000K）情况下，分子间引力变得不重要，式（6-2-2）是一种较好的状态方程。Hirschfleder 曾用式（6-2-2）对太安、梯恩梯、硝化甘油等炸药的爆轰参数进行了计算，偏差比较大，这是由于势能函数过于简化所致。但该方法的优点是不需要任何实验数据，用起来方便。

#### 2. 固体模型状态方程

固体的主要特点是分子间距离小，且按一定规则排列，分子间存在巨大的作用力，分子只能在平衡位置附近振动。由于凝聚炸药爆轰所形成的爆轰产物

密度很高，所以可以作为固体模型处理。分子固体模型中爆轰产物不仅分子间存在很大的排斥作用，而且全部分子还进行着两种热运动，一种是分子内部原子间的振动，另一种是由转动和平动转化而来的分子间的振动。分子间的排斥作用与分子间的距离有关，即取决于比热容；分子间的热运动还与比热容和温度有关，不过压力只受分子间振动的影响，而内能受原子间振动和分子间振动二者的影响。状态方程为

$$p = \frac{A}{v^k} + \frac{n'c_{V2}}{v}T \quad (6-2-3)$$

$$e = \frac{A}{(k-1)v^{k-1}} + (c_{V1} + c_{V2})T \quad (6-2-4)$$

式中：$A$、$k$ 为炸药性质有关的常数；$c_{V1}$ 为原子间振动自由度贡献的比热容；$c_{V2}$ 为分子间振动自由度贡献的比热容；$n'$ 为压力与温度有关部分系数，$n' = k/2 - 1/6$。

令 $c_V = c_{V1} + c_{V2}$，$n = c_{V2}/c_V$，则状态方程可写为

$$\begin{cases} p = \dfrac{A}{V^k} + \dfrac{nc_V}{V}T \\ e = \dfrac{A}{(k-1)V^{k-1}} + c_V T \end{cases} \quad (6-2-5)$$

分子固体状态方程能够较好地拟合炸药爆速和密度关系 $D = D(\rho_0)$ 的实验数据，解释所有主要实验事实，并且导出的爆压值和实验结果也符合得较好。

### 3. 液体模型状态方程

将爆轰产物看成分子固体，可以解释大量的实验事实，但是限制分子只能进行振动，产生了振动自由度与实际不符合的问题。为了解决这种问题，引进液体模型，设想爆轰产物分子的转动自由度并没有转化为振动，仍然作转动；三个平动自由度也只是部分地转化为振动，假如未转化的比率为 $\xi(0 \leqslant \xi \leqslant 1)$，则平动自由度转化为振动的比率为 $1 - \xi$。这样，爆轰产物的状态方程可以写为

$$\begin{cases} p = \dfrac{A}{V^k} + \dfrac{3RT(1-\xi)\left(\dfrac{k}{2} - \dfrac{1}{6}\right)}{MV} + \xi\dfrac{RT}{MV} \\ e = \dfrac{A}{(k-1)V^{k-1}} + \dfrac{3RT(1-\xi)}{M} + \dfrac{3\xi}{2}\dfrac{RT}{M} + c_{V1}T \end{cases} \quad (6-2-6)$$

式中：$A$、$k$ 为与炸药性质有关的常数；$M$ 为爆轰产物平均摩尔质量；$c_{V1}$ 为原子间振动自由度和转动自由度所贡献的比热容。

严格地说，比率 $\xi$ 是比容和温度的函数，作为一种估算，粗略认为 $\xi$ 为常数，显然上式可以改写为

$$\begin{cases} p = \dfrac{A}{V^k} + \dfrac{nc_V}{V} T \\ e = \dfrac{A}{(k-1)V^{k-1}} + c_V T \end{cases} \quad (6-2-7)$$

式中：

$$n = \frac{[3k(1-\xi) + 3\xi - 1]R}{2Mc_V}$$

$$c_V = 3(1 - \frac{1}{2}\xi)\frac{R}{M} + c_{V1}$$

上述方程在形式上与分子固体状态方程完全一致。液体模型状态方程不仅像分子固体状态方程一样能够解释爆轰主要实验事实，而且还能够对分子热运动进行与分子固体模型不同的描述，克服了采用分子固体模型在解释分子所作两种振动图像时所遇到的困难。为了应用上的方便，上述液体模型状态方程还可以进一步简化，考虑到爆轰状态下产物分子主要作平动，而只有一小部分转化为振动，可以把所有分子都看作只作平动运动，即令 $\xi = 1$，这时液体模型状态方程为

$$\begin{cases} p = \dfrac{A}{V^k} + \dfrac{RT}{MV} \\ e = \dfrac{A}{(k-1)V^{k-1}} + c_V T \end{cases} \quad (6-2-8)$$

式中：$c_V = \dfrac{3}{2}\dfrac{R}{M} + c_{V1}$。

### 4. JWL 状态方程

E. L. Lee 等人在 Jones 和 Wilkins 工作的基础上，提出了 JWL 状态方程：

$$\begin{cases} p = Ae^{-R_1 \bar{V}} + Be^{-R_2 \bar{V}} + \dfrac{\omega \rho_0 c_V}{V} T \\ E = \dfrac{A}{R_1} e^{-R_1 \bar{V}} + \dfrac{B}{R_2} e^{-R_2 \bar{V}} + \rho_0 c_V T \end{cases} \quad (6-2-9)$$

式中：内能 $E = \rho_0 e$，$\bar{V} = \dfrac{V}{V_0}$，$A$、$B$、$R_1$、$R_2$、$\omega$ 为与炸药性质有关的常数。将该方程与液体模型状态方程相比较，可以看出该方程的前两项都是与分子间距离有关的项，第三项对应于分子热运动。

将式(6-2-9)前两项简化成一项,经适当变换可得到简化得 JWL 状态方程

$$\begin{cases} p = Ae^{-kV} + \dfrac{RT}{MV} \\ e = \dfrac{A}{k}e^{-kV} + c_V T \end{cases} \quad (6-2-10)$$

式中:$A$、$k$ 为与炸药性质有关的常数;$e$ 为单位质量内能;$c_V$ 为定容比热容;$T$ 为温度;$M$ 为爆轰产物分子量;$V$ 为爆轰产物体积。

### 5. BKW 状态方程

BKW(Becker-Kistiakowsky-Wilson)状态方程的理论基础和出发点是由 Virial 状态方程变换发展得到的。BKW 状态方程最终形式:

$$\begin{cases} \dfrac{pV_m}{RT} = 1 + \omega e^{\beta\omega} \\ \omega = \dfrac{k\sum b_i x_i}{V_m(T+\theta)^\alpha} \end{cases} \quad (6-2-11)$$

式中:$V_m$ 为气体产物的摩尔体积;$R$ 为摩尔气体常数;$b_i$ 为第 $i$ 种气体产物的摩尔余容;$x_i$ 为第 $i$ 种气体产物的物质的量分数;$\alpha$,$\beta$,$k$,$\theta$ 为经验常数,其中 $\alpha$,$\beta$,$k$ 要结合炸药爆速-密度曲线进行选用,$\theta$ 为指定值。

Mader 对 BKW 参数 $\alpha$,$\beta$,$k$ 和爆轰产物的余容进行了修正,表 6-2-1 列出了 Mader 修正后的爆轰产物摩尔余容。Mader 由较准确的 5 个实验数据(密度为 1.8g/cm³ 时黑索今(RDX)炸药的爆压,密度为 1.0g/cm³ 和 1.8g/cm³ 时 RDX 炸药的爆速,密度为 1.0g/cm³ 和 1.64g/cm³ 时梯恩梯(TNT)炸药的爆速)确定了 $\alpha$,$\beta$,$k$,$\theta$ 的值。由于应用一套参数难以同时满足上述 5 种数据,因而选用了两套参数,一组用于 RDX 和与 RDX 相近的炸药,其特点是爆轰产物中很少有固体碳。另一组用于 TNT 和与 TNT 相近的炸药,爆轰产物中有大量固体碳。表 6-2-2 列出了这两组参数的数值。

表 6-2-1 爆轰产物几种主要成分的摩尔余容

| 成分 | $b_i$ | 成分 | $b_i$ | 成分 | $b_i$ |
| --- | --- | --- | --- | --- | --- |
| $H_2O$ | 250 | NO | 386 | $H_2$ | 180 |
| $CO_2$ | 600 | $CH_4$ | 528 | $O_2$ | 350 |
| CO | 390 | $NH_3$ | 476 | $N_2$ | 380 |

表 6-2-2  BKW 状态方程中的参数

| 参　　数 | $\alpha$ | $\beta$ | $k$ | $\theta$ |
|---|---|---|---|---|
| 适于 RDX 类炸药的参数 | 0.5 | 0.16 | 10.91 | 400 |
| 适于 TNT 类炸药的参数 | 0.5 | 0.09585 | 12.865 | 400 |

采用 BKW 状态方程计算了各种类型炸药的爆轰参数，计算结果与实验值相比精度相当好。尤其是对于爆速的计算，相对偏差一般不超过 3%，这是 Mader 的 BKW 参数和余容因子所导出的关于炸药爆轰性能计算的重要结果，从而使得 BKW 状态方程可以广泛应用于爆轰性能的计算中。

### 6. VLW 状态方程

我国学者吴雄鉴于 BKW 方程的不足之处，提出了以 Lennard-Jones 的势能函数为基础简化 Virial 模型，即 VLW 爆轰产物状态方程：

$$\frac{pV_m}{RT} = 1 + B^* \omega + C^* \omega^2 + D^* \omega^3$$

或

$$\frac{pV_m}{RT} = 1 + B^* \omega + q\omega^2 + \frac{q}{16}\omega^3 \quad (6-2-12)$$

式中：$V_m$ 为气体摩尔体积；$B^*$、$C^*$、$D^*$ 为无量纲量第二、第三、第四 Virial 系数，$B^* = \frac{B}{2/3Nd^3}$，$C^* = \frac{B^*}{T^{*1/4}}$，$D^* = \frac{B^*}{16T^{*1/4}}$；$\omega$、$q$ 分别为 $\omega = \frac{b_0}{V_m}$，$q = \frac{B^*}{T^{*1/4}}$。

无量纲温度 $T^*$ 与温度 $T$ 之间的关系为

$$T^* = \frac{kT}{\varepsilon} \quad (6-2-13)$$

以上各式中：$B$ 为第二 Virial 系数；$b_0$ 为钢球模型中第二 Virial 系数；$N$ 为气体分子数；$d$ 为势能函数等于 0 时分子间距离；$\varepsilon$ 为势能函数最低值；$k$ 为玻尔兹曼常数。

表 6-2-3 列出了典型炸药的 VLW 状态方程参数。采用 VLW 状态方程计算炸药爆轰参数的结果表明，其计算值比采用 BKW 状态方程计算的炸药爆轰参数值更加接近实验值。

表 6-2-3  典型炸药 VKW 状态方程参数

| 参数 | 黑索今(RDX) ($\rho_0 = 1.8\text{g/cm}^3$) | 梯恩梯(TNT) ($\rho_0 = 1.64\text{g/cm}^3$) | 太安(PETN) ($\rho_0 = 1.77\text{g/cm}^3$) | TFNA ($\rho_0 = 1.68\text{g/cm}^3$) |
|---|---|---|---|---|
| $b_0$/(mL/mol) | 53.87 | 55.61 | 57.83 | 49.60 |
| $b_0$/(mL/mol) | 11.414 | 13.78 | 12.49 | 12.06 |
| $T*$ | 36.4 | 29.11 | 33.28 | 34.817 |
| $B*$ | 0.522 | 0.527 | 0.525 | 0.5241 |
| $C*$ | 0.2125 | 0.227 | 0.2186 | 0.2160 |
| $D*$ | 0.0133 | 0.0142 | 0.0137 | 0.0135 |

### 6.2.3 爆轰参数近似计算

准确快速预测炸药的爆轰性能参数,无论对于设计具有指定性能的新型炸药来说,还是对于炸药应用研究来说,都是极为重要的问题。在凝聚炸药爆轰参数理论计算方面,由于理论简化以及爆轰产物状态方程的适用性使计算公式具有一定的近似性,这些理论公式在分析问题和粗略估计爆轰参数上有一定作用。

国际上除正在迅速发展的状态方程和计算机技术应用于炸药的爆轰性能的准确、全面、理论预报外,近年来还出现了一些爆轰参数工程计算的经验、半经验公式。在炸药的爆轰性能计算中,爆速和爆压是实际应用中经常遇到的两个重要爆轰参数,本节介绍几种计算单质、混合炸药爆速和爆压的工程计算公式。

#### 1. NMQ 法计算爆速、爆压公式

Kamlet 等人对于 C、H、N、O 类型炸药的爆速、爆压计算进行了大量分析,提出了 NMQ 公式,该公式适用于装药密度 $\rho_0 > 1\text{g/cm}^3$ 的情况,表明了炸药爆速、爆压与装药密度、炸药组分和炸药化学反应热有关。计算公式为

$$\begin{cases} p = 0.762\varphi\rho_0^2 \\ D = 706\varphi^{\frac{1}{2}}(1 + 1.30\rho_0) \\ \varphi = NM^{\frac{1}{2}}Q^{\frac{1}{2}} \end{cases} \quad (6-2-14)$$

式中:$p$ 为炸药的爆压(GPa);$D$ 为炸药的爆速(m/s);$\rho_0$ 为炸药装药密度(g/cm³);$\varphi$ 为炸药特性值;$N$ 为每克炸药爆炸所形成气体物质的量(mol/g);

$M$ 为爆轰产物气体组分的平均摩尔质量(g/mol);$Q$ 为每克炸药的化学反应热(J/g)。

$N$、$M$、$Q$ 的计算是在最大放热条件下获得的。Kamlet 对爆轰计算进行了分析并作出假定。爆轰产物生成的顺序:炸药中的氧首先将氢氧化成水;余下的氧将碳氧化成二氧化碳;如再有多余氧,则以氧分子存在;如有多余的碳,则形成固体碳;氮不参加反应,产物中以氮气存在。化学反应的热效应取决于下列两个反应式:

$$H_2 + \frac{1}{2}O_2 \rightarrow H_2O + 241.8 \times 10^3 \text{J/mol}$$

$$C + O_2 \rightarrow CO_2 + 393.5 \times 10^3 \text{J/mol}$$

对于 $C_aH_bN_cO_d$ 炸药,按照炸药氧平衡分成 3 种情况计算 $N$、$M$、$Q$。当 $d \geqslant 2a + \frac{b}{2}$ 时,可燃元素 C、H 能完全氧化,剩余 O 生成氧气。

$$C_aH_bN_cO_d \rightarrow \frac{b}{2}H_2O + a\,CO_2 + \left(\frac{d}{2} - \frac{b}{4} - a\right)O_2 + \frac{c}{2}N_2$$

$$\begin{cases} N = \dfrac{b + 2c + 2d}{48a + 4b + 56c + 64d} \\ M = \dfrac{48a + 4b + 56c + 64d}{b + 2c + 2d} \\ Q = \dfrac{(120.9b + 393.5a) \times 10^3 + \Delta H_f}{12a + b + 14c + 16d} \end{cases} \quad (6-2-15)$$

当 $2a + \dfrac{b}{2} > d \geqslant \dfrac{b}{2}$ 时,可燃元素 H 能完全氧化,C 元素一部分生成 $CO_2$,一部分生成 CO。

$$C_aH_bN_cO_d \rightarrow \frac{b}{2}H_2O + \frac{1}{2}\left(d - \frac{b}{2}\right)CO_2 + \left(a - \frac{d}{2} + \frac{b}{4}\right)C + \frac{c}{2}N_2$$

$$\begin{cases} N = \dfrac{b + 2c + 2d}{48a + 4b + 56c + 64d} \\ M = \dfrac{56c + 88d - 8b}{b + 2c + 2d} \\ Q = \dfrac{\left[120.9b + 393.5\left(\dfrac{d}{2} - \dfrac{b}{4}\right)\right] \times 10^3 + \Delta H_f}{12a + b + 14c + 16d} \end{cases} \quad (6-2-16)$$

当 $c < \dfrac{b}{2}$ 时,可燃元素 C、H 都不能完全氧化,反应产物有 $H_2$、$H_2O$、C、

$CO_2$、CO、C 等。

$$C_a H_b N_c O_d \rightarrow c H_2 O + \left(\frac{b}{2} - d\right) CO_2 + a C + \frac{c}{2} N_2$$

$$\begin{cases} N = \dfrac{b+c}{24a + 2b + 28c + 32d} \\ M = \dfrac{2b + 28c + 32}{b+c} \\ Q = \dfrac{241.8 \times 10^3 c + \Delta H_f}{12a + b + 14c + 16d} \end{cases} \quad (6-2-17)$$

式中：$\Delta H_f$ 是炸药生成焓(J/mol)，见表 6-2-4 所示。

表 6-2-4 几种炸药的生成焓

| 炸 药 | $\Delta H_f$/(J/mol) | 炸 药 | $\Delta H_f$/(J/mol) |
| --- | --- | --- | --- |
| 梯恩梯 | -74.5 | 苦味酸 | -227.6 |
| 黑索今 | 61.5 | 硝基胍 | -75.5 |
| 奥克托今 | 74.9 | DATB | -26.5 |
| 特屈儿 | 19.7 | TATB | -155.0 |
| 太安 | -523.4 | | |

采用 NMQ 公式计算炸药的爆速、爆压时，只需要炸药的分子式和装药密度就可以计算，通过与大量实测数据对比表明，爆速计算值与实测值偏差大多数在 3% 之内，爆压计算值与实测值的相对偏差大多数在 5% 之内，适用于工程计算。由炸药化学分子式和生成焓确定 $\varphi$ 值后，根据装药密度可以计算出具体条件下的爆速和爆压。表 6-2-5 列出了采用 NMQ 法计算的几种常用炸药不同装药密度时爆速和爆压。

表 6-2-5 采用 NMQ 法计算的几种常用炸药爆速和爆压

| 炸药 | 分子式 | $\varphi$ | $\rho_0$/(g/cm³) | $D$/(m/s) | $p$/GPa |
| --- | --- | --- | --- | --- | --- |
| 梯恩梯（TNT） | $C_7 H_5 N_3 O_6$ | 9.911 | 1.00 | 5112 | 7.55 |
| | | | 1.45 | 6412 | 15.88 |
| | | | 1.50 | 6557 | 16.99 |
| | | | 1.55 | 6701 | 18.14 |
| | | | 1.60 | 6846 | 19.33 |
| | | | 1.64 | 6961 | 20.31 |

（续）

| 炸药 | 分子式 | $\varphi$ | $\rho_0/(g/cm^3)$ | $D/(m/s)$ | $p/GPa$ |
|---|---|---|---|---|---|
| 黑索今（RDX） | $C_3H_6N_6O_6$ | 13.876 | 1.00 | 6049 | 10.57 |
| | | | 1.60 | 8100 | 27.07 |
| | | | 1.65 | 8271 | 28.79 |
| | | | 1.70 | 8442 | 30.56 |
| | | | 1.75 | 8613 | 32.38 |
| | | | 1.80 | 8784 | 34.26 |
| 奥克托今（HMX） | $C_4H_8N_8O_8$ | 13.852 | 1.00 | 6044 | 10.56 |
| | | | 1.70 | 8435 | 30.50 |
| | | | 1.75 | 8605 | 32.33 |
| | | | 1.80 | 8776 | 34.20 |
| | | | 1.85 | 8947 | 36.13 |
| | | | 1.90 | 9118 | 38.10 |
| 特屈儿（Tetryl） | $C_7H_5N_5O_8$ | 11.528 | 1.00 | 5513 | 8.78 |
| | | | 1.55 | 7227 | 21.10 |
| | | | 1.60 | 7383 | 22.49 |
| | | | 1.65 | 7539 | 23.92 |
| | | | 1.70 | 7695 | 25.39 |
| | | | 1.73 | 7788 | 26.29 |
| 太安（PETN） | $C_5H_8N_4O_{12}$ | 13.940 | 1.00 | 6062 | 10.62 |
| | | | 1.60 | 8118 | 27.19 |
| | | | 1.65 | 8290 | 28.92 |
| | | | 1.70 | 8461 | 30.70 |
| | | | 1.75 | 8632 | 32.53 |
| | | | 1.77 | 8701 | 33.28 |
| 苦味酸 | $C_6H_3N_3O_7$ | 10.539 | 1.00 | 5271 | 8.03 |
| | | | 1.55 | 6910 | 19.29 |
| | | | 1.60 | 7059 | 20.56 |
| | | | 1.65 | 7208 | 21.86 |
| | | | 1.70 | 7357 | 23.21 |
| | | | 1.75 | 7506 | 24.59 |
| 硝基胍（NQ） | $CH_4N_4O_2$ | 11.555 | 1.00 | 5520 | 8.80 |
| | | | 1.55 | 7236 | 21.15 |
| | | | 1.60 | 7392 | 22.54 |
| | | | 1.65 | 7548 | 23.97 |
| | | | 1.70 | 7704 | 25.45 |
| | | | 1.75 | 7860 | 26.97 |

对于混合炸药，惰性添加物在混合炸药中主要起粘接和钝感作用，不参与化学反应，对爆压没有作用；铝粉等物质在爆轰过程中虽然参加化学反应，但是这种反应是二次反应，在爆轰波化学反应区之后进行，放出的能量提供不到爆轰波上去，因而也假定这部分对爆压不起作用。按照上述分析，计算混合炸药爆压时，可以不考虑惰性添加物和铝粉等物质的影响。

### 2. $\omega$ - $k$ 法计算爆速、爆压公式

1985年吴雄发表了计算爆轰参数的 $\omega$ - $k$ 法。该法在理论公式的基础上，引入了势能因子 $\omega$ 的概念并给出了绝热指数 $k$ 的计算方法，其计算值与实验结果符合得很好。计算公式：

$$\begin{cases} D = \alpha Q^{\frac{1}{2}} + \beta \rho_0 \omega \\ p = \dfrac{\rho_0 D^2}{10^6(k+1)} \\ Q = \dfrac{-\left(\sum\limits_{i=1}^{N} n_i \Delta H_i - \Delta H_f\right)}{M} \\ \omega = \dfrac{\sum\limits_{i=1}^{N} n_i b_i}{M} \\ k = \gamma + k_0(1 - e^{-0.546\rho_0}) \\ k_0 = \dfrac{\sum\limits_{i=1}^{N} n_i}{\sum\limits_{i=1}^{N} \dfrac{n_i}{k_{0i}}} \end{cases} \qquad (6-2-18)$$

式中：$D$ 为炸药爆速(m/s)；$p$ 为炸药爆压(GPa)；$Q$ 为炸药爆热(J/g)；$\omega$ 为势能因子；$k$ 为爆轰产物绝热指数；$\alpha$，$\beta$ 为常数，分别为33.0和243.2；$\rho_0$ 为炸药装药密度(g/cm³)；$\Delta H_i$ 为爆轰产物第 $i$ 组分的生成焓，见表6-2-6；$\Delta H_f$ 为炸药的生成焓，见表6-2-5；$M$ 为炸药的摩尔质量(g/mol)；$n_i$ 为爆轰产物第 $i$ 组分物质的量(mol)；$b_i$ 为爆轰产物第 $i$ 组分余容，见表6-2-7；$\gamma$ 为爆轰产物为理想气体的比热比，$\gamma = \dfrac{c_p}{c_V} = 1.25$；$k_0$ 为爆轰产物绝热指数与密度有关部分；$k_{0i}$ 为爆轰产物第 $i$ 组分的绝热指数，见表6-2-8。

表6-2-6 爆轰产物生成焓

| 爆轰产物 | $H_2O$ | $CO_2$ | CO | $CH_4$ | $H_2$ | $O_2$ | $N_2$ | C |
|---|---|---|---|---|---|---|---|---|
| $\Delta H_i/(\text{kJ/mol})$ | -241.8 | -393.5 | -110.5 | -74.5 | 0 | 0 | 0 | 41.8 |

表 6-2-7　爆轰产物余容

| 爆轰产物 | $H_2O$ | $CO_2$ | CO | $CH_4$ | $H_2$ | $O_2$ | $N_2$ | C |
|---|---|---|---|---|---|---|---|---|
| $b_i$ | 250 | 600 | 390 | 528 | 214 | 350 | 380 | 46 |

表 6-2-8　爆轰产物绝热指数

| 爆轰产物 | $H_2O$ | $CO_2$ | CO | $CH_4$ | $H_2$ | $O_2$ | $N_2$ | C |
|---|---|---|---|---|---|---|---|---|
| $k_i$ | 1.68 | 3.1 | 2.67 | 2.93 | 3.4 | 3.35 | 3.8 | 3.5 |

在计算爆热 $Q$、势能因子 $\omega$ 和绝热指数 $k$ 时，都要知道爆轰产物的组成。通过对炸药爆轰产物理论计算和实验结果分析，下面分五种类型给出 $C_aH_bN_cO_d$ 炸药的爆轰反应方程式以及 $Q$、$\omega$、$k$ 的计算公式。

类型 1　$d \geqslant 2a + \dfrac{b}{2}$，氧平衡为正氧平衡，可燃元素 C、H 能完全氧化，反应式为

$$C_aH_bN_cO_d \rightarrow \frac{b}{2}H_2O + a\,CO_2 + \left(\frac{d}{2} - \frac{b}{4} - a\right)O_2 + \frac{c}{2}N_2$$

$$\begin{cases} Q = \dfrac{10^3(393.5a + 120.9b) + \Delta H_f}{12a + b + 14c + 16d} \\ \omega = \dfrac{250a + 37.5b + 190c + 175d}{12a + b + 14c + 16d} \\ k_0 = \dfrac{0.25b + 0.5c + 0.5d}{0.0241a + 0.2230b + 0.1316c + 0.1493d} \end{cases} \quad (6-2-19)$$

类型 2　$2a + \dfrac{b}{2} > d > a + \dfrac{b}{2}$，氧平衡为负氧平衡，可燃元素 C、H 不能完全氧化，生成 $H_2O$、$CO_2$、CO，反应式为

$$C_aH_bN_cO_d \rightarrow 0.43b\,H_2O + \left(\frac{d}{2} - \frac{b}{4}\right)CO_2 + 0.07b\,CO + 0.035b\,CH_4 + \left(a - \frac{d}{2} + 0.145b\right)C + \frac{c}{2}N_2$$

$$\begin{cases} Q = \dfrac{10^3(9.88b + 217.65d - 41.8a) + \Delta H_f}{12a + b + 14c + 16d} \\ \omega = \dfrac{46a + 9.95b + 190c + 277d}{12a + b + 14c + 16d} \\ k_0 = \dfrac{a + 0.43b + 0.5c}{0.2857a + 0.2549b + 0.1316c + 0.0184d} \end{cases} \quad (6-2-20)$$

类型 3　$d \leqslant \dfrac{b}{2}$ 且 $d > a$，氧平衡为负氧平衡，可燃元素 C、H 不能完全氧化，反应产物有 $H_2O$、$CO_2$、CO、$CH_4$、C 等，反应式为

$$C_aH_bN_cO_d \rightarrow 0.35bH_2O + \left(\frac{d}{2}-\frac{b}{4}\right)CO_2 + 0.15bCO + 0.075bCH_4 + \left(a-\frac{d}{2}+\frac{b}{40}\right)C + \frac{c}{2}N_2$$

$$\begin{cases} Q = \dfrac{10^3(7.37b+217.65d-41.8a)+\Delta H_f}{12a+b+14c+16d} \\ \omega = \dfrac{46a+36.75b+190c+277d}{12a+b+14c+16d} \\ k_0 = \dfrac{a+0.35b+0.5c}{0.2857a+0.2166b+0.1316c+0.0184d} \end{cases} \quad (6-2-21)$$

类型 4  $d \leqslant \dfrac{b}{2}$ 且 $d > a$，氧平衡很低，反应产物有 $H_2$、$H_2O$、C、CO 等，反应式为

$$C_aH_bN_cO_d \rightarrow aCO + (d-a)H_2O + \left(\frac{b}{2}-d+a\right)H_2 + \frac{c}{2}N_2$$

$$\begin{cases} Q = \dfrac{10^3(241.8d-131.3a)+\Delta H_f}{12a+b+14c+16d} \\ \omega = \dfrac{354a+107b+190c+36d}{12a+b+14c+16d} \\ k_0 = \dfrac{a+0.5b+0.5c}{0.0734a+0.1471b+0.1316c+0.3011d} \end{cases} \quad (6-2-22)$$

类型 5  $d \leqslant \dfrac{b}{2}$ 且 $d \leqslant a$，反应产物有 $H_2$、$H_2O$、C、CO、$CH_4$ 等，反应式为

$$C_aH_bN_cO_d \rightarrow 0.54dH_2O + 0.46dCO + 0.23dCH_4 + (a-0.69d)C + \left(\frac{b}{2}-d\right)H_2 + \frac{c}{2}N_2$$

$$\begin{cases} Q = \dfrac{10^3(227.4d-41.8a)+\Delta H_f}{12a+b+14c+16d} \\ \omega = \dfrac{46a+107b+190c+190d}{12a+b+14c+16d} \\ k_0 = \dfrac{a+0.5b+0.5c-0.46d}{0.2857a+0.1471b+0.1316c+0.0810d} \end{cases} \quad (6-2-23)$$

对于 $C_aH_bN_cO_d$ 炸药，如果四种元素俱全，即 $a \neq 0$、$b \neq 0$、$c \neq 0$、$d \neq 0$ 时，可以直接使用式(6-2-19)～式(6-2-23)；如果缺少其中一种元素，需要进行如下修正：

(1) 当 $a = 0$ 时，$\omega' = 1.25\omega$，$k'_0 = 1.25k_0$；

(2) 当 $b = 0$ 时，$\omega' = 1.06\omega$，$k'_0 = 0.7k_0$ (类型 1 除外)；

(3) 当 $c = d = 0$，且属于类型 4 时，$\omega' = 1.04\omega$；

(4) 当 $c = d = 0$，且属于类型 5 时，$\omega' = 1.06\omega$。

$\omega-k$ 法不仅可以用于计算 $C_aH_bN_cO_d$ 类单质炸药的爆速和爆压，还可以用于计算含氟、氯炸药以及混合炸药的爆速和爆压。对于含氟、氯炸药和混合炸药中的添加组分，是通过一系列爆速和爆压数据的整理，归纳校核出它们的 $Q$、$\omega$ 和 $k_0$；对于混合炸药，是通过质量加和的方法求出总的 $Q$、$\omega$ 和 $k_0$，然后再利用 $\omega-k$ 法计算爆速和爆压。如果混合炸药中某组分是正氧平衡，考虑到会出现新的化学反应，对爆轰热进行如下修正：

$$Q' = Q + 146.4 \times 10^3 \frac{n}{M} \qquad (6-2-24)$$

式中：$n$ 为该组分单独反应产物中除了水和氧化物之外的氧原子数目；$M$ 为该组分的摩尔质量(g/mol)。

表 6-2-9 列出了按 $\omega-k$ 法计算的几种常用炸药的爆速和爆压。

表 6-2-9  几种常用炸药按 $\omega-k$ 法计算的爆速和爆压

| 炸药 | $Q$/(J/g) | $\omega$ | $k_0$ | $\rho_0$/(g/cm³) | $D$/(m/s) | $P$/GPa |
|---|---|---|---|---|---|---|
| 梯恩梯<br>（TNT） | 4298 | 12.061 | 2.856 | 1.00 | 5097 | 7.53 |
| | | | | 1.45 | 6417 | 15.66 |
| | | | | 1.50 | 6563 | 16.79 |
| | | | | 1.55 | 6710 | 17.98 |
| | | | | 1.60 | 6857 | 19.22 |
| | | | | 1.64 | 6974 | 20.24 |
| 黑索今<br>（RDX） | 5794 | 14.236 | 2.650 | 1.00 | 5974 | 10.61 |
| | | | | 1.60 | 8051 | 27.34 |
| | | | | 1.65 | 8225 | 29.19 |
| | | | | 1.70 | 8398 | 31.12 |
| | | | | 1.75 | 8571 | 33.13 |
| | | | | 1.80 | 8744 | 35.22 |
| 奥克托今<br>（HMX） | 5770 | 14.236 | 2.650 | 1.00 | 5969 | 10.59 |
| | | | | 1.70 | 8392 | 31.07 |
| | | | | 1.75 | 8566 | 33.09 |
| | | | | 1.80 | 8739 | 35.18 |
| | | | | 1.85 | 8912 | 37.34 |
| | | | | 1.90 | 9085 | 39.59 |
| 特屈儿<br>（Tetryl） | 5244 | 12.794 | 2.893 | 1.00 | 5501 | 8.73 |
| | | | | 1.55 | 7213 | 20.77 |
| | | | | 1.60 | 7368 | 22.07 |
| | | | | 1.65 | 7524 | 23.58 |
| | | | | 1.70 | 7679 | 25.07 |
| | | | | 1.73 | 7773 | 26.01 |

（续）

| 炸　药 | $Q/(J/g)$ | $\omega$ | $k_0$ | $\rho_0/(g/cm^3)$ | $D/(m/s)$ | $P/GPa$ |
|---|---|---|---|---|---|---|
| 太安<br>（PETN） | 6198 | 13.904 | 2.477 | 1.00 | 5979 | 10.58 |
|  |  |  |  | 1.60 | 8008 | 27.78 |
|  |  |  |  | 1.65 | 8177 | 29.65 |
|  |  |  |  | 1.70 | 8346 | 31.60 |
|  |  |  |  | 1.75 | 8516 | 33.62 |
|  |  |  |  | 1.77 | 8583 | 34.45 |
| 苦味酸 | 4660 | 12.643 | 2.961 | 1.00 | 5327 | 8.12 |
|  |  |  |  | 1.55 | 7019 | 19.38 |
|  |  |  |  | 1.60 | 7172 | 20.70 |
|  |  |  |  | 1.65 | 7326 | 22.09 |
|  |  |  |  | 1.70 | 7480 | 23.54 |
|  |  |  |  | 1.75 | 7634 | 25.05 |
| 硝基胍<br>（NQ） | 2661 | 15.519 | 2.826 | 1.00 | 5477 | 8.72 |
|  |  |  |  | 1.55 | 7552 | 22.88 |
|  |  |  |  | 1.60 | 7741 | 24.61 |
|  |  |  |  | 1.65 | 7930 | 26.41 |
|  |  |  |  | 1.70 | 8118 | 28.30 |
|  |  |  |  | 1.75 | 8307 | 30.27 |
| DATB | 4385 | 12.641 | 2.875 | 1.00 | 5260 | 7.80 |
|  |  |  |  | 1.65 | 7259 | 21.97 |
|  |  |  |  | 1.70 | 7412 | 23.41 |
|  |  |  |  | 1.75 | 7565 | 24.92 |
|  |  |  |  | 1.80 | 7719 | 26.49 |
|  |  |  |  | 1.83 | 7811 | 27.46 |
| TATB | 3660 | 12.785 | 2.836 | 1.00 | 5106 | 7.57 |
|  |  |  |  | 1.75 | 7438 | 24.23 |
|  |  |  |  | 1.80 | 7593 | 25.78 |
|  |  |  |  | 1.85 | 7749 | 27.41 |
|  |  |  |  | 1.90 | 7904 | 29.09 |
|  |  |  |  | 1.93 | 7997 | 30.13 |

**3. 氮当量法和修正氮当量法计算爆速、爆压公式**

氮当量法和修正氮当量法适用于碳氢氮氧氟氯炸药，与其他计算方法相比，适用范围广，并且计算准确性也很好。

1）氮当量法计算公式

氮当量法认为，炸药爆速和爆压除与装药密度有关外，还与爆轰产物的组成有关，并且不同组分的爆轰产物其作用也不同。爆轰产物各组分对爆速的贡献中，取氮产物对爆速的贡献为1，其他产物对爆速的贡献与氮的贡献相比，所得比值称为氮当量系数。对于爆压，爆轰产物各组分的贡献按照爆速的二次方关系进行处理。氮当量法计算公式：

$$\begin{cases} D = (690 + 1160\rho_0)\sum N \\ p = 1.092(\rho_0 \sum N)^2 - 0.574 \\ \sum N = \dfrac{100}{M}\sum_{i=1}^{N} n_i N_i \end{cases} \quad (6-2-25)$$

式中：$D$ 为炸药爆速（m/s）；$p$ 为炸药爆压（GPa）；$\rho_0$ 为炸药装药密度（g/cm³）；$n_i$ 为爆轰产物第 $i$ 组分物质的量（mol）；$N_i$ 为爆轰产物第 $i$ 组分氮当量系数，见表6-2-10；$M$ 为炸药的摩尔质量（g/mol）；$\sum N$ 为炸药氮当量，定义为100g炸药爆轰时各产物组分物质的量与其氮当量系数乘积之和。

应用氮当量方法计算碳氢氮氧氟氯炸药（包括碳氢氮氧炸药在内）爆轰性能参数时，规定形成爆轰产物的次序：氟首先与氢作用，形成氟化氢；多余的氟与碳作用形成四氟化碳；多余的氢与氧作用生成水；剩余的氧与碳化合生成一氧化碳；仍有剩余氧时，把一氧化碳氧化成二氧化碳；再有多余氧时，则以氧气存在；氟、氧不足以将氢全部氧化时，则以氢气存在；氟、氧不足以将碳全部氧化时，则以固体碳存在；氯和氮以各自元素的形式存在。

表6-2-10 爆轰产物氮当量系数

| 爆轰产物 | 氮当量系数 | 爆轰产物 | 氮当量系数 |
|---|---|---|---|
| HF | 0.577 | $O_2$ | 0.50 |
| $CF_4$ | 1.507 | $H_2$ | 0.29 |
| $H_2O$ | 0.54 | C | 0.15 |
| CO | 0.78 | $Cl_2$ | 0.876 |
| $CO_2$ | 1.35 | $N_2$ | 1.0 |

2）修正氮当量法计算公式

炸药的分子结构对氮当量因素也有很大影响，分子结构包括炸药的元素组成、化学键、基团以及空间结构和晶体结构等。将炸药分子结构引入氮当量中得到修正氮当量计算公式：

$$\begin{cases} D = (690 + 1160\rho_0)\sum N' \\ p = 1.106(\rho_0 \sum N')2 - 0.840 \\ \sum N' = \dfrac{100}{M}\Big[\sum_{i=1}^{N} n_i N_i + \sum_{j=1}^{B} B_j N_{Bj} + \sum_{k=1}^{G} G_k N_{Gk}\Big] \end{cases} \quad (6-2-26)$$

式中：$D$ 为炸药爆速(m/s)；$p$ 为炸药爆压(GPa)；$\rho_0$ 为炸药装药密度(g/cm³)；$n_i$ 为爆轰产物第 $i$ 组分物质的量(mol)；$N_i$ 为爆轰产物第 $i$ 组分修正氮当量系数，见表 6-2-11；$B_j$ 为第 $j$ 种化学键在炸药分子中出现的次数；$N_{Bj}$ 为第 $j$ 种化学键的修正氮当量系数，见表 6-2-12；$G_k$ 为第 $k$ 种基团在炸药分子中出现的次数；$N_{Gk}$ 为第 $k$ 种基团的修正氮当量系数，见表 6-2-13；$M$ 为炸药的摩尔质量(g/mol)；$\sum N'$ 为炸药修正氮当量，定义为100g炸药爆轰时各产物组分以及炸药分子化学键和基团分别与其对应修正氮当量系数乘积之和。

表 6-2-14 和表 6-2-15 分别给出了用氮当量法、修正氮当量法公式计算的爆速和爆压，以及计算值与实测值的比较。从表 6-2-14 看出，24 种炸药爆速计算值的相对偏差，氮当量法为 ±2.55%，修正氮当量法为 ±1.56%；从表 6-2-15 看出，9 种炸药爆压计算值的相对偏差，氮当量法为 ±4.01%，修正氮当量法为 ±3.41%。

表 6-2-11　爆轰产物修正氮当量系数

| 爆轰产物 | 氮当量系数 | 爆轰产物 | 氮当量系数 |
|---|---|---|---|
| HF | 0.612 | $O_2$ | 0.553 |
| $CF_4$ | 1.630 | $H_2$ | 0.195 |
| $H_2O$ | 0.626 | C | 0.149 |
| CO | 0.723 | $Cl_2$ | 1.194 |
| $CO_2$ | 1.279 | $N_2$ | 0.981 |

表 6-2-12　化学键修正氮当量系数

| 化学键 | $N_{Bj}$ | 化学键 | $N_{Bj}$ |
|---|---|---|---|
| C—H | -0.0124 | C=N | -0.0077 |
| C—C | 0.0628 | C≡N | -0.0128 |
| =C—C= | -1.0288 | O—H | -0.1106 |
| C=C | 0.0101 | N—H | -0.0578 |

（续）

| 化学键 | $N_{Bj}$ | 化学键 | $N_{Bj}$ |
|---|---|---|---|
| C=C | 0.0345 | N—F | 0.0126 |
| C≡C | 0.2140 | N—O | 0.0139 |
| C—F | -0.1477 | N=O | -0.0023 |
| C—Cl | -0.0435 | N—N | 0.0321 |
| C=O | -0.1792 | N=N | -0.0043 |
| C—O | -0.0430 | N≡N | 0 |
| C—N | 0.0090 | N=O | 0 |
| C=N | -0.0807 | | |

表 6-2-13　基团修正氮当量系数

| 基团 | $N_{Gk}$ | 基团 | $N_{Gk}$ |
|---|---|---|---|
| 苯环 | -0.064 | OH·NH₃ | 0.0470 |
| 萘环 | -0.0161 | C—NO$_2$ | 0.0016 |
| 呋咱环 | -0.1052 | N—NO$_2$ | -0.0028 |
| | | C—ONO$_2$ | -0.0022 |
| 氧化呋咱环 | -0.0225 | N—NO | -0.0429 |
| | | N$_3$ | 0.0065 |

表 6-2-14　氮当量法和修正氮当量法对爆速的计算

| 炸药 | 分子式 | $\rho_0$/ (g/cm³) | 实测爆速 $(D)_j$/(m/s) | 氮当量法 D/(m/s) | 氮当量法 $\frac{\Delta D}{(D)_j}$(%) | 修正氮当量法 D/(m/s) | 修正氮当量法 $\frac{\Delta D}{(D)_j}$(%) |
|---|---|---|---|---|---|---|---|
| TNT | $C_7H_5N_3O_6$ | 1.65 | 6960 | 7000 | 0.6 | 7065 | 1.5 |
| RDX | $C_3H_6N_6O_6$ | 1.82 | 8850 | 8776 | -0.8 | 8885 | 0.4 |
| HMX | $C_4H_8N_8O_8$ | 1.90 | 9100 | 9073 | -0.3 | 9182 | 0.9 |
| PETN | $C_5H_8N_4O_{12}$ | 1.77 | 8300 | 8477 | 2.1 | 8482 | 2.2 |
| Tetryl | $C_7H_5N_5O_8$ | 1.73 | 7910 | 7856 | -0.7 | 7769 | -1.2 |

（续）

| 炸药 | 分子式 | $\rho_0$/(g/cm³) | 实测爆速 $(D)_j$/(m/s) | 氮当量法 D/(m/s) | 氮当量法 $\frac{\Delta D}{(D)_j}$(%) | 修正氮当量法 D/(m/s) | 修正氮当量法 $\frac{\Delta D}{(D)_j}$(%) |
|---|---|---|---|---|---|---|---|
| PA | $C_6H_3N_3O_7$ | 1.76 | 7800 | 7958 | 2.0 | 7580 | −2.8 |
| NQ | $CH_4N_4O_2$ | 1.72 | 8160 | 8335 | 2.1 | 8171 | 0.1 |
| DATB | $C_6H_5N_5O_6$ | 1.84 | 7725 | 8078 | 4.6 | 7863 | 1.8 |
| TATB | $C_6H_6N_6O_6$ | 1.94 | 8143 | 8839 | 3.6 | 8189 | 0.6 |
| NG | $C_3H_5N_3O_9$ | 1.60 | 7700 | 7876 | 2.3 | 7825 | 1.6 |
| NM | $CH_3NO_2$ | 1.14 | 6320 | 5852 | −7.4 | 6048 | −4.3 |
| TNA | $C_6H_4N_4O_6$ | 1.76 | 7420 | 7782 | 4.9 | 7599 | 2.4 |
| TNB | $C_6H_3N_3O_6$ | 1.688 | 7466 | 7531 | 0.6 | 7362 | −1.4 |
| HNS | $CH_4N_4O_4$ | 1.70 | 8864 | 8667 | −2.2 | 8647 | −2.4 |
| 相对偏差绝对值平均数 | | | | | 2.55 | | 1.56 |

表 6-2-15　氮当量法和修正氮当量法对爆压的计算

| 炸药 | $\rho_0$/(g/cm³) | 实测爆压$(p)$/GPa | 氮当量法 $p$/GPa | 氮当量法 $\frac{\Delta p}{p}$/% | 修正氮当量法 $p$/GPa | 修正氮当量法 $\frac{\Delta p}{p}$/% |
|---|---|---|---|---|---|---|
| RDX | 1.767 | 33.79 | 32.89 | −2.7 | 33.91 | 0.4 |
| HMX | 1.90 | 39.3 | 38.17 | −2.9 | 39.36 | 0.2 |
| PETN | 1.77 | 33.5 | 32.09 | −4.2 | 32.29 | −3.6 |
| Tetryl | 1.614 | 22.64 | 23.56 | 4.1 | 23.07 | 1.9 |
| DATB | 1.78 | 25.1 | 27.73 | 10.5 | 26.32 | 4.9 |
| TATB | 1.895 | 31.5 | 31.73 | 0.7 | 29.97 | −4.9 |
| NG | 1.6 | 25.3 | 26.17 | 3.4 | 25.92 | 2.5 |
| BTF | 1.859 | 36.0 | 34.44 | −4.3 | 34.18 | −5.1 |
| FEFO | 1.599 | 25.0 | 25.83 | 3.3 | 23.21 | −7.2 |
| 相对偏差绝对值平均数 | | | 4.01 | | 3.41 | |

注：BTF——$C_6N_6O_6$；FEFO——$C_5H_6N_4O_{10}F_2$

### 4. 混合炸药爆速和爆压经验计算

由两种或两种以上的物质组成的爆炸混合物统称为混合炸药。国内外不仅用混合炸药装填武器弹药，而且在定向爆破、爆炸焊接、爆炸成型及石油开发等工程领域中，都使用混合炸药解决常规工艺较难解决或无法解决的问题。混合炸药爆速和爆压是爆炸、冲击问题必不可少的初始参数，使用它们进行工程上的一些计算是非常重要的。

混合炸药的爆速可以用各组分的特性爆速（非爆炸组分称为特性传播速度）对应乘以各组分的体积百分数，然后相加而得。混合炸药的组分，除了包括实际组成混合炸药的各物质外，还包括炸药内各颗粒之间的空隙。

当混合炸药处于结晶密度 $\rho_{max}$ 时，炸药内不存在空隙，完全由各组分物质组成，其速度加权公式为

$$D_{max} = \sum_{i=1}^{n} D_i \varepsilon_i \qquad (6-2-27)$$

式中：$D_i$ 为混合炸药某物质组分的特性爆速（或特性传播速度）；$\varepsilon_i$ 为该物质组分的体积百分数；$n$ 为混合炸药中组分数。

当混合炸药处于任意密度 $\rho_0$ 时，可认为混合炸药是由炸药物质和空气所组成，其速度加权公式为

$$D = D_a \varepsilon_a + D_{max} \left( \sum_{i=1}^{n} \varepsilon_i \right) \qquad (6-2-28)$$

式中：$D_a$、$\varepsilon_a$ 为炸药内空隙的特性传播速度和体积百分数；$D_{max}$、$\sum_{i=1}^{n} \varepsilon_i$ 为不含空气气隙时混合炸药的爆速和体积百分数。

取空隙的特性传播速度

$$D_a = \frac{1}{4} D_{max} \qquad (6-2-29)$$

且按照 $\varepsilon_a + \sum_{i=1}^{n} \varepsilon_i = 1$，以及 $\sum_{i=1}^{n} \varepsilon_i = \frac{\rho_0}{\rho_{max}}$，有

$$\varepsilon_a = 1 - \frac{\rho_0}{\rho_{max}} \qquad (6-2-30)$$

所以混合炸药加权爆速计算公式为

$$\begin{cases} D = D_{\max}\left(\dfrac{1}{4} + \dfrac{3}{4}\dfrac{\rho_0}{\rho_{\max}}\right) \\[2ex] D_{\max} = \dfrac{\sum\limits_{i=1}^{n} D_i V_i}{\sum\limits_{i=1}^{n} V_i} \\[3ex] \rho_{\max} = \dfrac{\sum\limits_{i=1}^{n} m_i}{\sum\limits_{i=1}^{n} V_i} \\[3ex] V_i = \dfrac{m_i}{\rho_i} \end{cases} \qquad (6-2-31)$$

式中：$D$ 为混合炸药密度 $\rho_0$ 时爆速（m/s）；$D_{\max}$ 为混合炸药结晶密度 $\rho_{\max}$ 时爆速（m/s）；$\rho_i$ 为混合炸药第 $i$ 组分物质的结晶密度（g/cm³），见表 6-2-16；$D_i$ 为混合炸药第 $i$ 组分在其结晶密度 $\rho_i$ 时的特性爆速或特性传播速度（m/s），见表 6-2-16；$V_i$ 为混合炸药第 $i$ 组分物质在结晶密度 $\rho_i$ 时所占体积（cm³）；$m_i$ 为混合炸药第 $i$ 组分物质的质量（g），$n$ 为混合炸药中组分数。

表 6-2-16  某些炸药和常用添加物的 $\rho_i$、$D_i$ 值

| 炸 药 | $\rho_0$/(g/cm³) | $D_i$/(m/s) | 添加物 | $\rho_0$/(g/cm³) | $D_i$/(m/s) |
|---|---|---|---|---|---|
| 梯恩梯 | 1.650 | 6700 | 铝粉 | 2.70 | 6850 |
| 黑索今 | 1.810 | 8800 | 镁粉 | 1.74 | 7200 |
| 奥克托今 | 1.900 | 9150 | 石蜡 | 0.9 | |
| 特屈儿 | 1.730 | 7660 | 蜂蜡 | 0.96 | 5400 |
| 太安 | 1.770 | 8280 | 硬脂酸 | 0.87 | |
| 地恩梯 | 1.520 | 6200 | 聚醋酸乙烯脂 | 1.16 | |
| 硝化棉 | 1.570 | 6700 | 尼龙 | 1.24 | |
| 硝基胍 | 1.720 | 7740 | 聚乙烯 | 0.93 | |
| 2#炸药 | 1.840 | 8970 | 聚苯乙烯 | 1.05 | |
| 4#炸药 | 1.780 | 8748 | 聚四氟乙烯 | 2.15 | 5400 |
| 基那 | 1.630 | 7708 | 氯丁橡胶 | 1.23 | |
| | | | 硅铜树脂 | 1.05 | |
| | | | 水 | 1.00 | |

## 6.3 装药对爆轰传播的影响

在爆轰波理论研究中，除了采用理想爆轰模型和稳定传播条件外，实际上还采用了装药无限大，以及爆轰不受外界影响等假设。只有在装药无限大和不受外界影响的条件下，才可以不考虑爆轰波化学反应过程中产物向四周的膨胀，而只考虑在爆轰传播方向上从后面进来的稀疏波的影响。在实际情况下，炸药的爆轰过程受到以下因素影响：①炸药装药的形状及尺寸；②外壳或其他约束条件；③装药的密度、结构和炸药的颗粒度；④炸药的聚集状态以及其他因素。进一步研究炸药爆轰性能与这些影响因素关系，对有效地使用炸药具有重要意义。

### 6.3.1 装药直径对爆轰传播的影响

对于一定装药密度的药柱，随着药柱直径的变化，炸药的爆速是会发生变化的。实验证明，当装药直径小于某一定值时，爆轰不能稳定传播；当装药直径超过这一定值时，爆速可以稳定传播，但是随着装药直径的增加，爆速不断增加；当装药直径增加到另一定值时，其爆速不再增加，此时爆轰波以理想爆速传播。表6-3-1给出了不同装药直径下梯恩梯爆速数据，表6-3-2是黑索今和梯恩梯50/黑索今50的混合炸药爆速数据。图6-3-1和图6-3-2是将表6-3-1和表6-3-2的结果作图，从实测数据看出爆速与装药直径的关系，完全符合上述规律。

表6-3-1 梯恩梯爆速与装药直径的关系

| $\rho_0 = 0.8 \text{g/cm}^3$ | $d$/mm | 7 | 8 | 9 | 10 | 14 | 20 | 25 | 31 |
|---|---|---|---|---|---|---|---|---|---|
| | $D$/(m/s) | 不爆 | 1870 | 2220 | 2820 | 3390 | 3840 | 3980 | 4170 |
| $\rho_0 = 1.46 \text{g/cm}^3$ | $d$/mm | 4.2 | 4.7 | 5.2 | 6.2 | 8.2 | 10.2 | 20 | 40 |
| | $D$/(m/s) | 不爆 | 5770 | 5960 | 6120 | 6330 | 6390 | 6530 | 6550 |
| $\rho_0 = 1.62 \text{g/cm}^3$ | $d$/mm | 2.1 | 3.2 | 4.2 | 6.2 | 8.2 | 10.2 | 20.7 | 30 |
| | $D$/(m/s) | 不爆 | 6630 | 6750 | 6860 | 6940 | 6980 | 7000 | 7000 |

表6-3-2 黑索今和梯恩梯50/黑索今50炸药爆速与装药直径的关系

| 黑索今 | $\rho_0 = 1.1 \text{g/cm}^3$ | $d$/mm | 3 | 4 | 6 | 10 | 14 | 19 |
|---|---|---|---|---|---|---|---|---|
| | | $D$/(m/s) | 5510 | 6060 | 6240 | 6300 | 6440 | 6450 |

（续）

| 梯50/黑50 | $\rho_0 = 1.06\text{g/cm}^3$ | $d/\text{mm}$ | 5 | 8 | 10 | 15 | 20 | 30 |
|---|---|---|---|---|---|---|---|---|
| | | $D/(\text{m/s})$ | 4200 | 5100 | 5260 | 5300 | 5430 | 5500 |
| | $\rho_0 = 1.4\text{g/cm}^3$ | $d/\text{mm}$ | 4.2 | 6.2 | 8 | 10 | 15 | 20 |
| | | $D/(\text{m/s})$ | 6410 | 6630 | 6650 | 6690 | 6750 | 6800 |

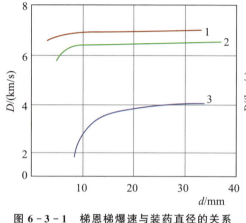

图 6-3-1 梯恩梯爆速与装药直径的关系

1—$\rho_0 = 1.62\text{g/cm}^3$；2—$\rho_0 = 1.46\text{g/cm}^3$；
3—$\rho_0 = 0.8\text{g/cm}^3$。

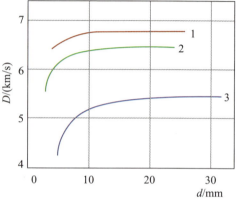

图 6-3-2 炸药爆速与装药直径的关系

1—梯50/黑50，$\rho_0 = 1.4\text{g/cm}^3$；2—黑索今，
$\rho_0 = 1.1\text{g/cm}^3$；3—梯50/黑50，$\rho_0 = 1.62\text{g/cm}^3$。

炸药的装药直径会影响爆轰传播速度的原因在于爆轰波沿有限尺寸的药柱传播时，爆轰波化学反应区除了有化学反应的放热过程外，同时还存在着能量的耗散过程，由于化学反应区内产物压力很高，具有这样高压的反应产物除了向后膨胀外，必然还要向四周进行侧向膨胀。产物向后膨胀所引起的从后面传播过来的稀疏波，到达化学反应区末端面时，由于该端面具有 $u_j + c_j = D$ 的特点，因而后面传播过来的稀疏波，只能紧跟在反应区之后不能进入反应区，但是，产物侧向膨胀所引起的侧向稀疏波却能进入反应区内（如图 6-3-3 所示），侧向稀疏波以当地声速向装药轴线汇聚，侧向稀疏波所到之处，反应区内压力急骤下降，其热量也随之散失，因此维持爆轰波向前传播的能量就会减少。

当装药直径很小时，侧向稀疏波进入化学反应区所引起的能量损耗相对很大，剩余的能量不足以激起下层炸药的爆轰化学反应，因而爆轰波不能稳定传播，而是逐渐衰减，最终自行熄灭。

当装药直径增加后，侧向稀疏波进入化学反

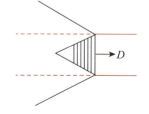

图 6-3-3 爆轰产物的飞散

应区所引起的能量损耗，较比起化学反应放出的总能量来说相对减少，也就是说维持爆轰波传播的有效能量相对增大，因而当装药直径增加到一定值时，爆轰将不熄灭，而能够稳定传播下去。随后，随着装药直径的增加，爆轰传播的速度也不断增加。当装药直径再增加到另一定值时，侧向稀疏波进入化学反应区所引起的能量损耗，将不足以使爆速降低，因而爆轰波以理想爆速传播。

爆速和装药直径的关系与装药密度、颗粒度大小等因素有关。一般说来，装药密度增加，爆速增大，这样既增加了爆轰化学反应区的总能量，又相对削弱了侧向膨胀造成的能量损失比例，因而装药的临界直径和极限直径都将减小；炸药颗粒度减小，有利于化学反应的进行，化学反应时间缩短，化学反应区变窄，同样削弱了侧向能量损失，因而临界直径和极限直径也都减小。

装药的临界直径在炸药应用上具有重要作用，例如火工品设计中需要考虑在保证产品威力性能条件下，尽量减小装药直径；再如，传爆系列设计中，既要保证爆轰能够稳定传播，又要传爆系列尺寸足够小。下面扼要讨论一些因素对装药临界直径的影响。

### 1. 不同炸药的临界直径不同

在同样条件下，炸药的临界直径越小，表示炸药爆轰进行的能力越强。表 6-3-3 为炸药装在薄玻璃管内进行试验所得到的临界直径，装药密度皆为 $0.9\sim1.0\text{g/cm}^3$，颗粒度皆为 $0.05\sim0.2\text{mm}$。由表 6-3-3 中数据可知，叠氮化铅临界直径最小，可用来作为雷管中的起爆药；太安、黑索今的临界直径也很小，且爆轰能量大，常用来作雷管中的主装药；梯恩梯临界直径较大，军用中经常加起爆药柱；硝酸铵临界直径最大，只宜作为药包使用在民用爆破上。

表 6-3-3　同样条件下炸药的临界直径

| 炸药 | $d_k/\text{mm}$ | 炸药 | $d_k/\text{mm}$ |
| --- | --- | --- | --- |
| 叠氮化铅 | 0.01～0.02 | 梯恩梯21/硝酸铵79 | 10～12 |
| 太安 | 1.0～1.5 | 梯恩梯10/硝酸铵90 | 15 |
| 黑索今 | 1.0～1.5 | 硝酸铵80/铝粉20 | 12 |
| 苦味酸 | 6 | 硝酸铵 | 100 |
| 梯恩梯 | 8～10 | | |

图 6-3-4 给出了不同比例的硝酸铵和梯恩梯混合炸药的临界直径，装药密度皆为 $0.83\sim0.85\text{g/cm}^3$，由图 6-3-4 中可知，随着硝酸铵组分的增加，临

界直径增加，硝酸铵比例低时临界直径增加较慢，当硝酸铵超过 80% 之后临界直径急剧增加，此时爆轰传播的临界速度大约界于 1100~1300m/s 之间。

### 2. 炸药物理状态对临界直径的影响

同一种炸药不同物理状态时其临界直径也不同。表 6-3-4 给出了梯恩梯炸药在液态、固态（注装和压装）条件下的临界直径。

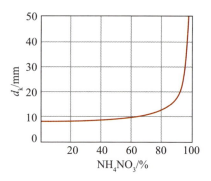

图 6-3-4 不同比例硝酸铵、梯恩梯混合炸药的临界直径

表 6-3-4 梯恩梯在不同状态下的临界直径

| 炸药状态 | $\rho_0/(g/cm^3)$ | $d_k/mm$ |
|---|---|---|
| 液态（81℃） | 1.46 | 62 |
| 注装（结晶结构） | 1.62 | 38 |
| 压装（颗粒度 140μm） | 1.62 | 1.8~2.5 |

爆轰波沿炸药传播时，引起化学反应的原因是温度作用，而不是压力作用，在爆轰前沿冲击波冲击压缩下，炸药温度升高到一定程度，才引起炸药进行激烈化学反应，使爆轰持续下去。液态梯恩梯和注装梯恩梯结构均匀，在前沿冲击波作用下，要使整个一层炸药升温，将需要很多的能量，当装药直径较小时，由于侧向稀疏波的进入，化学反应区损失能量比例较大，剩余能量不足以达到激发下一层炸药进行激烈化学反应的要求，爆轰无法稳定传播；只有当装药直径增大到一定程度，使剩余能量足以激发下一层炸药进行激烈化学反应时，爆轰才能够稳定传播。而压装梯恩梯不同，压装梯恩梯是由颗粒压制而成，结构不均匀，在爆轰前沿冲击压缩之下，会使某些个别点温度升得很高，形成"热点"，化学反应首先在热点处进行，然后再向周围扩展，这样不需要很多的能量就使爆轰化学反应持续下去，因而压装梯恩梯的临界直径比液态梯恩梯和注装梯恩梯都小得多。

图 6-3-5 和图 6-3-6 分别给出了粉状梯恩梯和液态硝化甘油的临界直径随温度变化的曲线。从图中看出，当温度从 -60℃ 增加到 +60℃ 时，梯恩梯的临界直径从 8mm 降低到 6mm，而当温度从 -20℃ 增加到 +80℃ 时，硝化甘油的临界直径从 4mm 降低到 1mm。临界直径随温度增高而降低的原因，主要在于随着温度增高炸药化学反应速率增加。

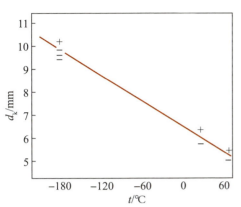
图 6-3-5 粉状梯恩梯($\rho_0=1.0\ g/cm^3$)临界直径随温度的变化

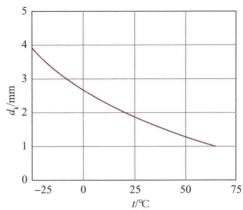
图 6-3-6 硝化甘油临界直径随温度的变化临界直径随温度的变化

### 3. 炸药颗粒度对临界直径的影响

炸药的颗粒度越小，化学反应进行得越快，爆轰化学反应区越窄，侧向稀疏波引起的能量损失相对减少，从而导致装药临界直径减小。表 6-3-5 给出了几种炸药颗粒度对临界直径的影响数据。

表 6-3-5 颗粒度对临界直径的影响

| 炸 药 | $\rho_0/(g/cm^3)$ | 颗粒度/mm | $d_k$/mm |
| --- | --- | --- | --- |
| 梯恩梯 | 0.85 | 0.01～0.05 | 4.5～5.4 |
| | | 0.07～0.2 | 10.5～11.2 |
| 太安 | 1.00 | 0.025～0.1 | 0.7～0.86 |
| | | 0.15～0.25 | 2.1～2.2 |
| 苦味酸 | 0.80 | 0.01～0.05 | 2.08～2.28 |
| | 0.70 | 0.05～0.07 | 3.6～3.7 |
| | 0.95 | 0.10～0.75 | 3.9～9.25 |

似乎也有一些反常现象，例如把磨得很细且在 30MPa 压力下压得很紧的太安药块，粉碎成 4～5mm 的颗粒，再把这些颗粒装进直径为 15mm 的铜管中，此时装药平均密度为 $0.75g/cm^3$，但爆速却达到 7924m/s，而这种装药密度下正常爆速只不过为 4740m/s。对于梯恩梯炸药也进行了同样条件下的实验，结果并没有发现这种爆速反常现象。研究表明，上述现象仍然与临界直径有关，如果颗粒尺寸大于临界直径，这时爆轰不是以连续波阵面的形式沿炸药传播，而是在炸药颗粒中以颗粒的炸药密度相对应爆速自行爆轰，然后爆轰从一个颗

粒传到另一个颗粒；如果颗粒的尺寸小于临界直径，它们就不能以单个颗粒进行爆轰，而是在炸药整体上进行爆轰，这时爆轰以连续波阵面形式沿炸药传播，就像在平均装药密度的均匀炸药中传播一样。由于 4mm 颗粒大于太安的临界直径，而小于梯恩梯的临界直径，所以对太安来说爆轰可以在各个颗粒中进行传播，而对于梯恩梯来说爆轰只能在炸药整体上进行传播。

### 4．装药密度对临界直径的影响

对于单质炸药来说，随着装药密度的增加，临界直径减小。图 6-3-7 表示了压装梯恩梯密度与临界直径的关系，从图中两种颗粒度的装药来看，二者几乎成为线性关系，随着装药密度增加其临界直径按线性规律减小，当梯恩梯装药密度从 $0.85\text{g/cm}^3$ 增加到 $1.5\text{g/cm}^3$ 时，临界直径减少 2/3 以上。

但是，当单质炸药的密度接近结晶密度时会出现相反的情况。结晶密度时炸药的临界直径往往很大，如太安在结晶密度时临界直径为 5mm，黑索今在结晶密度时临界直径为 7mm，奥克托今在结晶密度时临界直径为

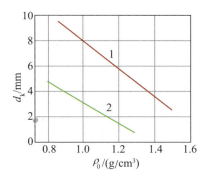

图 6-3-7　压装梯恩梯密度与临界直径关系

1—颗粒度 $0.07\sim0.2\text{mm}$；
2—颗粒度 $0.01\sim0.05\text{mm}$。

18mm，梯恩梯在结晶密度时临界直径为 110mm。结晶密度时临界直径增大的原因，主要在于结晶密度时结构均匀，原来装药中的空隙、不均匀状态都被压实，爆轰前沿冲击波作用下原来可以成为"热点"的个别点不再存在，只能通过整层加热使爆轰化学反应开展起来，因而临界直径增加到一定程度后，才能有效地减小侧向稀疏波造成的能量损失，使爆轰过程持续下去。

由氧化剂和可燃剂组成的混合炸药与单质炸药相比，其装药密度与临界直径的关系具有完全不同的规律。图 6-3-8 表示两种硝铵混合炸药的装药密度与临界直径的关系，曲线 1 指硝酸铵 80/泥炭 12 组成的混合炸药，曲线 2 指硝酸铵 80/梯恩梯 20 组成的混合炸药，它们的临界直径都是随着密度的增加而增加。这类炸药爆轰反应的机理与单质炸药不同，在爆轰前沿冲击波的作用下，混合炸药各组分首先分别进行分解反应，然后分解产物之间再相互进行作用。当混合炸药密度提高之后，炸药各组分颗粒间空隙减小，不利于分解产物之间的混合，反应速度下降，因而临界直径增大。

图 6-3-9 表示了 50%硝酸铵和 50%梯恩梯所组成混合炸药密度与临界直径的关系。当密度小于 $1.1\text{g/cm}^3$ 时，与常用工业炸药相似，随着装药密度的增

加，临界直径增加；当密度大于 $1.3g/cm^3$ 时，与单质炸药相似，随着装药密度的增加，临界直径减小。

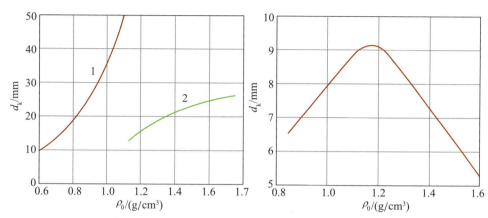

图 6-3-8 混合炸药装药密度与临界直径关系
1—硝酸铵 88/泥炭 12；2—硝酸铵 80/梯恩梯 20。

图 6-3-9 50％硝酸铵和 50％梯恩梯混合炸药的密度与临界直径的关系

### 5. 外壳对临界直径的影响

炸药装药有外壳存在时，可以使临界直径减小。外壳的存在主要在于限制了爆轰产物侧向的膨胀，减小了侧向稀疏波的进入所造成的能量损失。表 6-3-6 列出了不同比例的硝酸铵/梯恩梯混合炸药有外壳和无外壳时临界直径数据，试验装药密度为 $0.83\sim0.85g/cm^3$，外壳为水层，其厚度为 2～3 倍装药直径。从表中数据看出，当有外壳存在时，其临界直径约为无外壳时临界直径的 1/3。

外壳对于临界直径的影响，起主要作用的是材料的密度和质量。密度大、质量大的外壳，爆炸时移动困难，能够有效地阻止爆轰产物侧向膨胀，例如硝酸铵在无外壳时临界直径为 100mm，当采用厚度为 100mm 的水层作为壳体时临界直径为 40mm，当采用厚度为 20mm 的钢管时临界直径仅为 7mm。

表 6-3-6 硝酸铵/梯恩梯混合炸药在有、无外壳时的临界直径

| 炸药 | | 硝酸铵/梯恩梯混合比例 | | | | |
|---|---|---|---|---|---|---|
| | | 78/22 | 88/12 | 94/6 | 97/3 | 100/0 |
| 外壳 | 无 | 12 | 15 | 21 | 30 | 100 |
| | 有 | 4 | 5 | 8 | 14 | 40 |

## 6.3.2 装药密度与爆轰参数的关系

装药密度是指炸药制成一定形状的药柱或装在一定容器内做成炸药制成品

时所具有的密度，这个密度不是炸药所具有的理论最大密度，它除与炸药本身性质有关之外，还与装药性能和装药工艺条件有关，是实际中所用的密度。炸药装药密度与炸药爆轰性能，如爆速、爆压、爆热等都有密切的关系，是计算和衡量这些参数所必须具备的数据。

### 1. 装药密度与爆速的关系

对于单质炸药来说，随着装药密度的增加，爆速迅速增加。当装药密度 $\rho_0 > 1 \mathrm{g/cm^3}$ 以上时，爆速与装药密度成线性关系。表 6-3-7 是几种炸药在不同装药密度时爆速的实测数据，图 6-3-10 表明了这几种炸药爆速随装药密度变化的曲线。

表 6-3-7　不同密度时炸药爆速实测结果

| | | | | | | | |
|---|---|---|---|---|---|---|---|
| 梯恩梯 | $\rho_0/(\mathrm{g/cm^3})$ | 1.4 | 1.429 | 1.522 | 1.575 | 1.585 | 1.603 | 1.611 |
| | $D/(\mathrm{m/s})$ | 6312 | 6383 | 6659 | 6826 | 6835 | 6857 | 6885 |
| 黑索今 | $\rho_0/(\mathrm{g/cm^3})$ | 1.625 | 1.64 | 1.7 | 1.724 | 1.752 | 1.77 | 1.786 |
| | $D/(\mathrm{m/s})$ | 8153 | 8206 | 8418 | 8503 | 8602 | 8665 | 8719 |
| 钝化黑索今 | $\rho_0/(\mathrm{g/cm^3})$ | 1.407 | 1.418 | 1.458 | 1.525 | 1.599 | 1.661 | |
| | $D/(\mathrm{m/s})$ | 7271 | 7330 | 7441 | 7750 | 8105 | 8402 | |
| 奥克托今 | $\rho_0/(\mathrm{g/cm^3})$ | 1.722 | 1.76 | 1.78 | 1.82 | 1.85 | | |
| | $D/(\mathrm{m/s})$ | 8394 | 8564 | 8632 | 8781 | 8893 | | |
| 钝化太安 | $\rho_0/(\mathrm{g/cm^3})$ | 1.44 | 1.498 | 1.543 | 1.592 | 1.624 | 1.641 | 1.678 |
| | $D/(\mathrm{m/s})$ | 7251 | 7460 | 7615 | 7835 | 7954 | 8017 | 8170 |

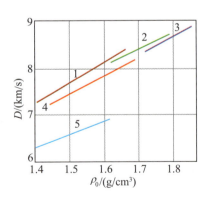

图 6-3-10　不同密度时炸药爆速实测结果

1—钝化黑索今；2—黑索今；3—奥克托今；4—钝化太安；5—梯恩梯。

大量实验表明,当装药密度 $\rho_0 > 1\text{g/cm}^3$ 时,爆速与装药密度成线性关系。用 $D_{\rho_0}$ 表示装药密度为 $\rho_0$ 时的爆速,$D_{1.0}$ 表示装药密度为 $1\text{g/cm}^3$ 时的爆速,当 $\rho_0 > 1\text{g/cm}^3$ 时爆速与装药密度的关系可以表示为

$$D_{\rho_0} = D_{1.0} + M(\rho_0 - 1.0) \tag{6-3-1}$$

式中:$M$ 是与炸药性能有关的系数,表示装药密度每增加 $1\text{g/cm}^3$ 时爆速的增加量,其单位为 $(\text{m/s})/(\text{g/cm}^3)$。表 6-3-8 给出了一些炸药 $D_{1.0}$ 和 $M$ 的实验数据,对大多数高能炸药来说 $M$ 的数值一般为 $3000 \sim 4000 (\text{m/s})/(\text{g/cm}^3)$。

表 6-3-8 几种炸药的 $D_{1.0}$ 和 $M$ 值

| 炸药 | $D_{1.0}/(\text{m/s})$ | $M/\left(\dfrac{\text{m/s}}{\text{g/cm}^3}\right)$ | 炸药 | $D_{1.0}/(\text{m/s})$ | $M/\left(\dfrac{\text{m/s}}{\text{g/cm}^3}\right)$ |
|---|---|---|---|---|---|
| 梯恩梯 | 5010 | 3225 | 苦味酸 | 5255 | 3045 |
| 黑索今 | 6080 | 3590 | 硝基胍 | 5460 | 4015 |
| 奥克托今 | 5720 | 3733 | 黑索今 91/石蜡 9 | 5780 | 4000 |
| 特屈儿 | 5600 | 3225 | 太安 50/梯恩梯 50 | 5480 | 3100 |
| 太安 | 5550 | 3950 | 硝酸铵 50/梯恩梯 50 | 5100 | 4150 |
| B 炸药 | 5690 | 3085 | 黑索今 73/铝 18/蜡 9 | 4785 | 4415 |
| A-IX-1 | 5260 | 4676 | 黑索今 42/梯恩梯 40/铝 18 | 4650 | 3605 |

对于由氧化剂和可燃剂构成的机械混合炸药来说,随着装药密度的增加,起初爆速是增加的;当装药密度达到一定程度后,随着装药密度的增加,爆速反而下降;当装药密度接近结晶密度时,还经常会出现熄爆现象。图 6-3-11 描述了这种情况,该图表达了两种硝铵混合炸药在装药直径 100mm 时爆速与装

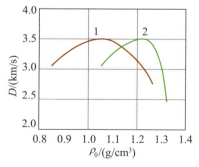

图 6-3-11 硝铵混合炸药装药密度与爆速的关系

1—硝酸铵 90/梯恩梯 10;2—硝酸铵 90/铝粉 10。

药密度关系的实验曲线。出现这种情况的原因与装药密度对临界直径的影响相似,在爆轰前沿冲击波的作用下,混合炸药中的氧化剂和可燃剂各自分解后还要进行相互化学反应,在装药密度不是太大的情况下,随装药密度的增加,反应物质量增加,因而爆速增加;当装药密度过大时,虽然反应物质量增加,但各组分颗粒间空隙过小成为主要问题,空隙过小不利于各组分分解产物的混合和反应,因而导致爆速下降,以致熄爆。

### 2. 装药密度与爆压的关系

一般说来,随着装药密度的增加,爆压增加。按照爆轰理论公式(4-2-61)

$$p = \frac{1}{k+1}\rho_0 D^2 \qquad (4-2-61)$$

代入爆速与装药密度关系的经验式,则

$$\begin{aligned}
p &= \frac{1}{k+1}\rho_0[D_{1.0} + M(\rho_0 - 1)]^2 \\
&= \frac{M^2}{k+1}\rho_0^3 + \frac{2M(D_{1.0}-M)}{k+1}\rho_0^2 + \frac{(D_{1.0}-M)^2}{k+1}\rho_0 \\
&= A\rho_0^3 + B\rho_0^2 + C\rho_0
\end{aligned} \qquad (6-3-2)$$

式中:$A$、$B$、$C$ 为与炸药性质有关的常数。

按照 NMQ 工程计算方法式(6-2-14),爆压是装药密度的三次方程式。按照氮当量计算方法式(6-2-24),爆压与装药密度的平方成正比。表 6-3-9 给出了梯恩梯炸药在不同装药密度时的爆压实测数据,从实测数据看出爆压与装药密度平方的比值近似为常数,图 6-3-12 给出了这种关系。

表 6-3-9 梯恩梯爆压与装药密度关系

| $\rho_0/(\text{g/cm}^3)$ | 0.8 | 1.0 | 1.36 | 1.45 | 1.59 | 1.62 |
|---|---|---|---|---|---|---|
| $p/\text{GPa}$ | 3.69 | 6.33 | 12.38 | 14.38 | 17.88 | 17.93 |

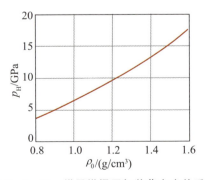

图 6-3-12 梯恩梯爆压与装药密度关系

### 3. 装药密度与爆热的关系

爆热也不是一个常数值,炸药的爆热除与炸药的化学组成有关之外,还强烈地依赖炸药装药密度和爆轰条件。一般说来,爆轰瞬间炸药分解成为 $H_2O$、$CO$、$CO_2$、$H_2$、$O_2$、$N_2$、$C$ 等产物,在爆轰瞬间所形成的高温、高压环境下,这些产物之间还进行着一系列二次反应,对于大多数炸药来说,$CO$ 和 $CO_2$ 间的反应是一个重要二次反应:

$$2CO \Leftrightarrow CO_2 + C + 172.5 \text{kJ}$$

当装药密度增加后,爆轰化学反应区内压力增加,使化学反应向气体体积小的方向进行,即上述反应向右移动,从而放出较多的热量。

表 6-3-10 给出了黑索今爆热与装药密度关系的实测数据,图 6-3-13 描述了这种关系。从实测数据看出,随着装药密度的增加,爆热按线性规律增加。

表 6-3-10 黑索今装药密度与爆热的关系

| $\rho_0/(\text{g/cm}^3)$ | 0.50 | 0.65 | 0.70 | 1.00 |
|---|---|---|---|---|
| $Q/(\text{kJ/kg})$ | 5401 | 5527 | 5568 | 5736 |
| $\rho_0/(\text{g/cm}^3)$ | 1.15 | 1.70 | 1.74 | 1.80 |
| $Q/(\text{kJ/kg})$ | 5862 | 6238 | 6280 | 6322 |

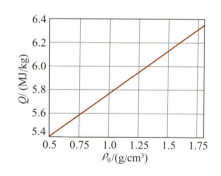

图 6-3-13 黑索今装药密度与爆热的关系

## 参考文献

[1] 张宝坪.爆轰物理学[M].北京:兵器工业出版社,2006.
[2] 张国伟,韩勇,荀瑞君.爆炸作用原理[M].北京:国防工业出版社,2006.
[3] 孙承玮,译.爆炸物理学[M].北京:科学出版社,2011.

[4] 黄寅生.炸药理论[M].北京:北京理工大学出版社,2016.
[5] 刘彦,吴艳青,黄风雷.爆炸物理学基础[M].北京:北京理工大学出版社,2018.
[6] 任登凤.驻定斜爆轰波形态分析与数值模拟[D].南京:南京理工大学,2003.
[7] 周霖.爆炸化学基础[M].北京:北京理工大学出版社,2005.
[8] 张熙和,云主惠.爆炸化学[M].北京:国防工业出版社,1989.
[9] 孙业斌,惠君明,曹欣茂.军用混合炸药[M].北京:兵器工业出版社,1995.

# 第 7 章
# 化学反应流方程组的数值解法

由于燃烧爆轰等化学反应在工业乃至人类日常生活中都发挥着重要的作用，早在两个世纪以前化学反应现象已引起人们的兴趣及广泛的研究，随着 20 世纪数值计算软、硬件的发展，化学反应数值模拟的理论、方法、技术及应用也得以蓬勃发展。带有燃烧爆轰的化学反应流动是一个极其复杂的物理化学过程，给数值计算带来很大的困难。首先燃烧或爆轰波通过介质后，压力、温度等物理量急剧变化，形成一个强或弱间断，这就要求计算方法能够有效地捕获该间断，这也是数值计算中最困难的问题之一；其次燃烧爆轰过程伴随着强烈的化学反应过程，并且该化学反应过程在很窄的区域内完成，化学反应的特征时间远远小于对流的时间，给源项的处理带来很大的困难；第三是燃烧爆轰过程是个瞬态过程，要求计算方法能够有处理瞬态的能力；第四是燃烧爆轰过程往往同湍流、附面层等相互作用相互影响，数值计算时理论模型很复杂，理论模型的复杂性为数值计算带来更大的困难。

对于在燃烧爆轰中涉及的化学热力学的研究以及计算在 K. K. Kuo 的专著中已经有所提及，1976 年美国国家航空航天局刘易斯研究中心研制发展了化学平衡的计算程序，用于计算化学平衡成分和火焰的绝热温度，并将平衡计算应用于求解 C-J 爆轰状态、入射与反射激波以及火箭发动机的参数计算。在化学反应流场的模拟方面，也有许多学者进行了研究。1991 年 Elaine 等人对燃烧的模型及数值方法进行了非常详细的说明，从反应动力学到火焰及火焰结构、高速反应流、预混火焰及扩散火焰，所包含的范围相当广泛。学者在燃烧爆轰领域的研究已经相当地深入，同时也开展了广泛的数值模拟工作。在燃烧爆轰化学反应流的数值模拟中，必须要克服由于源项的刚性给方程组求解带来的困难。在化学反应流中如果考虑详细的化学反应模型，也就是认为化学反应以有限速率进行，则在化学非平衡流的计算中所存在的主要困难有：①随着组分的增加，控制方程变得十分庞大，需要高效率的计算方法；②流场中存在多种时间尺度，流动与化学反应的时间尺度相差很大，在化学反应较强烈的区域，差别可以达到几个数量级，而且各个反应的速率也存在着很大的差别，采用数值计算时出现了所谓的"刚性"问题，处理不好会导致计算失败；③由于化学反应速率对温度很敏感，使得流动出现一些空间尺度较小的非线性物理现象，需要高分辨率的计算格式。

尽管在化学反应流的模拟中存在着很大的困难，但是随着硬件技术的飞速发展，以及高效率算法的不断涌现与发展，化学反应流的模拟也取得了长足的发展。1987 年，H. C. Yee 对化学反应流的计算方法作了总结，并且将 TVD 格式推广到化学反应流的计算中。1991 年，S. Yungster 利用 H. C. Yee 的数值方法，对激波诱导燃烧现象进行了数值模拟。2000 年，Jeong Yeoi Choi 等人对激波诱导燃烧的方法进行了较为系统的比较和总结，并且指出了各种方法的优缺点。在国内的数值计算领域内，研究者们在化学反应流的激波诱导燃烧、爆轰发动机以及再入飞行器激波层等方面取得了较大的成就。

## 7.1 数值计算方法

化学反应数值计算模型多采用连续介质力学，假定流体是连续的，然后把连续流体分隔成许多微团，分析每个微团上作用力和运动的关系，并利用流动量守恒律得到流动方程组，并对它进行数值求解。带有化学反应的多组分 Navier - Stokes 方程组是非线性强相互耦合的偏微分方程组，求解起来存在多方面的困难。到目前为止，尚无成熟的非线性偏微分方程组数值求解的数学理论，没有研究数值稳定性分析、误差估计和收敛特性证明的方法，有时甚至连解的存在性和唯一性都不能确定。微分方程的离散不仅改变了解的精度，也会改变解的性质。尽管存在这些理论上的疑问，但是随着计算机水平的发展，数值模拟计算的大量实践探索，已经发展了许多稳定、精确、快速的数值方法，使数值计算在许多领域内得到了广泛应用。

考虑多组分反应流系统中流动、扩散和化学反应的耦合作用，在数值计算时可以对对流项、扩散项和化学反应源相作相应的处理。可采用时间分裂法处理各个过程的耦合问题，对对流项和化学反应项分别采用高精度数值计算方法和基元反应模型。时间步长 $\Delta t$ 原则上取所有过程所允许的时间步长的最小值，在实际计算的时候，通过流动决定时间的步长，由对流项所决定的时间步长可由 CFL 条件给定，即

$$\Delta t = \text{CFL} \cdot \min\left(\frac{\Delta x}{\max\limits_{i,j}(|u|+c)}, \frac{\Delta y}{\max\limits_{i,j}(|v|+c)}\right) \quad (7-1-1)$$

CFL 稳定条件要求 CFL<1，对于反应剧烈的情况，可通过减小 CFL 数来保证化学反应计算的稳定性。化学反应流的流动、化学反应、扩散的计算方法用算子的形式表示 $L_f$、$L_c$、$L_d$。则时间分裂法向前推进一个步长可用式(7-1-2)计算：

$$U^{n+1} = L_f^{\frac{1}{2}} L_d^{\frac{1}{2}} L_c^1 L_d^{\frac{1}{2}} L_f^{\frac{1}{2}} U^n \qquad (7-1-2)$$

化学反应流中有许多数值算法，如有限差分算法、有限体积算法、有限单元算法、有限解析法、特征线法、谱方法、蒙特卡罗法、摄动法等。目前在大量工程问题中应用最广泛、最成熟的算法仍然是有限差分算法、有限体积算法及有限单元算法。由于这些算法研究历史最悠久，方法最成熟，应用最广泛，使用最有效，因此它们成为化学反应流学中主要的数值算法。

有限差分算法(finite difference method)和有限体积算法(finite volume method)主要用来求解和时间有关的问题(双曲型方程或抛物型方程)，而有限单元算法主要用来求解和时间无关的问题(椭圆型方程)。近年来利用有限单元算法求解抛物型方程和双曲型方程的反应流动问题也日益增多，并已取得显著进展。

有限差分算法求解过程实际上是建立流动基本方程组的逆过程。有限体积算法的思路和有限差分算法是一样的，所不同的是有限差分算法是对微分形式方程组进行离散，而有限体积算法是对积分形式方程组进行离散。

有限体积算法是 20 世纪 80 年代以来发展起来的一种新型的微分方程的离散方法，具有独特的优点，目前已成为偏微分方程问题和数值计算中一个重要的方法。

有限差分法着眼于求解区域剖分的节点上的函数值，方法简便、灵活，离散的格式丰富多样，在收敛性、稳定性等理论研究方面也比较完善。但由于计算中对求值节点的分布要求比较规则，不能适应复杂的几何求解域；另外，它不能求许多实际物理问题中出现的弱解。有限元方法基于微分方程的弱解形式和广义变分原理，利用能适应复杂的几何形状的求解区域网格剖分，在剖分单元上用形函数插值逼近来求解，但有时需要求解大型的线性方程组，计算上没有差分方法那样灵活方便，并且处理大变形间断问题比较困难。

有限体积算法是在有限差分算法基础上，吸收了有限单元算法中一些思想和做法逐步发展起来的。因此，它既有有限差分算法特点，又有有限单元算法特点。它的网格划分方法和有限差分算法很类似，而它的控制单元思想和局部近似离散做法，又和有限单元算法的加权余量法十分相似。有限体积算法与有限差分算法、有限单元算法相比，它更具有发展优势。近年来，无论在算法研究方面,还是工程应用方面,它比有限差分算法和有限单元算法发展更快,在数值计算中已经占有相当重要的地位。

### 7.1.1 数值网格生成

在数值计算中可采用有限差分法求解控制方程,当用差商代替微商离散控制方程时,需要网格线与坐标轴平行且相互正交才能保证得到的差分方程与微分方程相容。而在大多数情况下,需要求解的物理域边界不规则,因此通常是在物理平面上尽量生成能描述实际流动的曲线贴体网格,再通过坐标变换,把物理平面上的网格和控制方程变换到计算平面,使各种有效的计算方法均可应用,因而,大大拓宽了有限差分算法的应用范围。

物理平面上的网格应尽量满足下列要求:

(1) 物理域边界要与网格线重合,这样边界条件处理不用作插值近似;
(2) 物理量变化剧烈的区域网格密度能够控制,以保证差分离散的精确性;
(3) 网格线尽量相互正交以减小坐标变换后离散计算的误差。

目前,应用较多的网格生成方法主要有保角变换法、代数变换法、微分方程法及自适应网格生成法。在这些方法中,保角变换法处理非标准曲线边界时需要经过多步变换与反变换,应用起来很不方便;代数变换法的优点是简单方便,可以得到坐标转换的解析表达式,但对复杂计算域存在困难。微分方程法即通过求解椭圆型方程来生成计算域的贴体网格,生成的网格质量较高。网格密度控制则通过在椭圆型方程右边加源项来实现,但源项函数的构造却比较困难。自适应网格生成法是20世纪80年代开始流行的一种新的网格生成法,在给定网格总数情况下,能够合理地分配网格位置和密度,提高解的精度,到目前为止,这种网格生成方法仍在进一步发展中。

物理平面上的网格质量对数值求解的精度及稳定性有重要影响,不合适的网格会导致计算发散或数值解的严重失真,因此,网格生成技术已引起越来越多研究者的注意。采用贴体曲线坐标系,把物理平面上的不规则区域变换成计算平面上的规则区域,使差分计算的精度不受影响。但对于复杂的边界形状,很难找到解析关系式,所以,采用数值方法来生成网格已成为数值计算中十分活跃的研究领域,有不少问题需要进一步研究解决。

### 7.1.2 微分方程离散

对微分方程离散的不同处理方法导致了不同的算法。求解 Navier-Stokes (N-S) 方程的方法目前主要有有限差分算法、有限单元算法、有限体积法等几大类。在化学反应流的数值模拟计算中，应用较多的是有限差分算法。有限差分算法中又有不同的差分格式及离散微分方程的方法，如 MacCormack 格式、TVD 格式、矢通量分裂法、控制容积法等，在此主要分析 MacCormack 格式和控制容积法中的 SIMPLE 方法与 PISO 方法。

MacCormack 在 1969 年提出了一种显式预估-校正格式求解 N–S 方程，如预测步用后差格式，校正步则用前差格式，反之亦可，计算结果完全相同，这种格式是时间一阶精度和空间二阶精度，其后在 1972 年他又提出一种改进的分裂格式，加快了计算收敛速度也保证了格式的稳定性，但是，这两种显格式稳定性条件比较严格，并且在求解强激波流动问题时经常出现数值振荡，因此在 1980 年和 1984 年 MacCormack 又进一步提出相应的显隐格式并成功应用于不可压与可压流的 N–S 方程求解。这两种格式时间与空间都是二阶精度，无条件稳定，并且是守恒格式，但应用起来复杂得多。MacCormack 格式在燃烧流动数值计算中应用并不是很多，因为这种直接差分离散控制方程的方法很难保证差分方程的守恒性，在处理气液两相流动时的液滴源项也不容易，其显格式数值稳定性条件严格限制了时间步长，计算稳定性并不好。

D. B. Spalding 和 S. V. Patankar 在 1972 年提出一套求解不可压流动的 SIMPLE 方法。该方法采用控制容积法离散流动控制方程，并应用离散的连续方程和动量方程推导出一个压力修正方程，采用压力修正值来改进速度值，从而实现压力-速度的直接耦合，避免了不可压流计算中求解压力真值的困难。算法中还采用了交错网格来抑制压力振荡，需要安排三套网格，使程序变得十分复杂。该方法自问世以来已有多种改进版本，其收敛特性也得到不断改进。1980 年，Patankar 提出改进的 SIMPLER 方法，压力修正值只用来修正速度，而压力真值则由连续方程和动量方程得到的压力方程计算，但这些改进对总的迭代收敛改善并不明显。1981 年，Spalding 提出 SIMPLEST 方法，对流动项离散采用迎风格式，并把相邻的四个网格节点的影响系数分成对流项与扩散项，这种混合格式有利于强烈非线性问题的收敛。1984 年，Raithby 提出 SIMPLEC 方法，他认为速度修正只留下压力梯度项是修正过头了，因而对压力梯度系数进行改进，这点改进使得算法的收敛特性远优于标准的 SIMPLE 方法。1986 年，Date 又提出一个修正方案，略去速度修正引起的源项变化，略去邻点速度修正值的影响，但在迭代方案上采取预测-校正法，即用标准的 SIMPLE 方法作预测步、用其改进方法作校正步，从而使计算所需的 CPU 时间缩短 3/4。SIMPLE 方法及其各种改进形式在数值模拟稳态流动过程中得到了非常广泛的应用，并形成了通用程序。在国内外已发展的火箭发动机燃烧过程数值模拟程序中，大都采用了 SIMPLE 方法，但是，SIMPLE 方法在计算非定常流动时需要进行大量迭代计算，致使计算难以进行下去。

R. I. Issa 在 1986 年提出了一种压力隐式算子分裂法（PISO）来求解 N-S 方程。该方法采用一步隐式预测、两步显式校正来完成每一时间层计算，同 SIMPLE 一样采用了压力-速度耦合方法，但是推导出一个完整的压力方程，而不是 SIMPLE 方法中的压力修正方程。此后，R. I. Issa 又把它推广到化学反应流计算中，使该算法能够完全用于定常/非定常、可压/不可压、层流/湍流以及两相反应流动计算。Chen 应用该算法完成了从低速不可压流到高马赫带激波流动以及喷雾两相反应流动等多种情况的计算，充分验证了算法的广泛适用范围。此外，PISO 算法最突出的优点是计算非定常流动时，不需要在每一时间层进行迭代，通过上述预测-校正计算即可达到希望的精度要求，这对不稳定燃烧分析来说是非常重要的，极大地减少了计算量。

综上所述，在数值模拟稳态燃烧流动中应用最多的是 SIMPLE 方法，但 SIMPLE 方法在计算非定常流动时存在一定困难，因此，在计算非稳定燃烧过程中应用较少。有限差分法在数值计算中的广泛应用，使其具备了一定的理论体系，并且发展了多种差分格式，但把这些差分格式直接应用于火箭发动机喷雾燃烧流动计算中，取得的效果往往不如人意，其数值稳定性与收敛性并不理想。在目前数值分析不稳定燃烧中已经得到应用的 PISO 算法，与 SIMPLE 方法一脉相承，且在计算非定常流动时具有独特优势，已越来越引起研究者的注意，将来有可能成为比较好的算法。

### 7.1.3 代数方程的求解

偏微分方程离散后得到的是一组关于离散节点上变量值的代数方程，这些方程组的求解不但与所用的算法有关，也与求解的具体问题相关。对不同的算法，控制方程总体迭代求解方案可能不一样。如用 MacCormack 格式，网格节点上的所有变量通常是同时联立求解，而用 SIMPLE 方法和 PISO 方法，微分方程组中各变量方程是顺序求解。此外应用显格式离散微分方程后得到的代数方程组可用迭代法求解，而用全隐格式离散则需用直接法求解。对不同的流动问题，通常希望能以最快速度把微分方程定解的边界条件信息传播到整个流场，以加快收敛速度，因此，迭代计算扫描方向应与边界信息传播方向一致。

代数方程组的求解方法主要有迭代法与直接法两大类。迭代法与直接法比较而言，通常编程简单方便，但收敛速度与数值稳定性较差。在数值计算中应用较多的有迭代法中的雅可比迭代、高斯-赛德尔迭代、逐次超/欠松弛迭代等，直接法中的追赶法(TDMA)、矩阵求逆法、交替方向扫描法(ADI)等。有关这些方法的具体细节与收敛特性分析在许多文献中都有详细论述。

## 7.2 计算网格的生成

### 7.2.1 网格生成技术简介

网格生成技术是数值计算中的重要组成部分，在有限差分算法和有限体积算法中网格生成质量是数值计算的基础，网格生成技术工作量在整个计算过程中的比重是十分惊人的，约为60%，甚至更多。数值计算实践表明，为了能得到高精度和高效率的数值结果，除了需要考虑采用高精度数值算法以外，网格生成优劣对计算精度和效率也会产生直接和重要的影响，甚至成为数值计算成败的关键。

在数值计算流动问题时，把计算区域中的离散节点集合称为网格(grid)，通过一定的方法和途径构造合理网格节点和调节网格的分布过程称为网格生成技术(grids generation technique)。近几十年来随着数值计算的不断发展，人们研究问题越来越复杂，流体性质越复杂，物面形状、流动特性和计算边界也越来越复杂。如果仍然采用最基本的、在直角坐标系下划分网格的方法，要想得到比较合理的、计算精度较高的网格系统就越来越困难，网格生成技术就是为适应这一需要而产生的。

网格生成技术最初并不为人们所重视，发展并不很快。直到20世纪80年代中期，网格生成技术仍然落后于高精度数值算法的发展，网格系统越来越不能适应实际工程应用的需要。从20世纪80年代后期开始，各国学者和工业界的工程师都认识到这一问题的重要性。于是20世纪90年代以来网格生成技术得到迅速发展，发现了一些网格生成的新方法，例如，非结构网格技术、网格拓扑构造方法、自适应笛卡儿网格和无网格技术等。网格生成技术呈现繁荣发展的局面。

随着数值计算的不断发展，实际流动中的物面形状和计算边界越来越复杂，构造它们所需要的计算网格越来越复杂，所需的人力和时间也越来越多。为了将网格生成技术从专门的学者手中脱离出来，使其成为一般研究人员和工程设计人员的应用工具，就必须先解决网格生成技术的自动化、即时性问题，这就促进了网格生成技术商业软件的发展，产生和发展了一批使用方便、效率很高的网格生成技术商用软件。目前在国内外已有一批相当成熟的网格生成技术商用软件,如 TECHPLOT、GRAPHER、GAMBIT、GRIDGEN 和 ICEM‐CFD 等。

根据生产网格方式不同,网格生产技术分为显式方法和隐式方法。采用显式网格生成时,网格生成过程与流动方程组数值求解过程各自分别独立进行。首先生成网格系统,然后在此网格上求解流动方程组;采用隐式网格生成时,网格生成过程和求解流动方程组必须同时进行,求解过程中需要不断调整网格,只有求解过程全部完成后,才能得到最终网格。

显式网格生成方法:

$$\begin{cases} 复变函数网格生成法 \\ 代数变换网格生成法 \\ 偏微分方程网格生成法 \begin{cases} 椭圆型方程 \\ 双曲型方程 \end{cases} \end{cases}$$

隐式网格生成方法:

$$\begin{cases} 动网格技术 \\ 自适应网格法 \\ 流线坐标法 \end{cases}$$

除了上述通过一定坐标变换方法生成网格外,近年来还发展了网格拓扑结构分区算法、非结构网格技术和无网格技术等。

$$\begin{cases} 网络拓扑结构分区算法 \begin{cases} 分区对接网格 \\ 分区重叠网格 \end{cases} \\ 非结构网格技术 \begin{cases} Delaunay 三角化法 \\ 阵面推进法 \end{cases} \\ 无网格技术 \end{cases}$$

## 7.2.2　网格生成技术基本方法

### 1. 二维非结构网格生成——阵面推进法

网格生成的阵面推进技术(advancing front technique,AFT)自从 A. George 在 1971 年开始研究二维问题以来已经有 40 年的历史。这项技术发展到如今已经成为一项强有力的、非常成熟的高质量非结构网格生成工具。不断有人提出各种基于阵面推进思想的新方法,以此来获得高质量的三角形单元和四面体单元网格。

传统的阵面推进法很依赖背景网格,用它来控制局部网格特性参数。目前背景网格一般有结构和非结构两种。结构背景网格一般用矩形网格，非结构背景网格则用 Delaunay 方法生成。目前后者因为自动化度高，所以用得较多。如采用一种脱离背景网格的阵面推进法，能够在复杂流场中生成均匀的三角形非结构网格，这样一方面可用于复杂流场的数值模拟中，能够保证计算结果有较高的连续性和准确性，另一方面也可方便网格的自适应。

1）定义边界和阵面初始化

在对计算区域进行三角形化以前，首先要定义边界，如图 7-2-1 所示，外边界上的边要按逆时针方向组织，相邻的两点连接，形成一个闭合的有向环。内边界上的边按顺时针方向组织，最终也是形成一个一个的有向闭环，内部有几个洞穴就有几个闭环。给定边界点时，就将划分好的有向线段的端点坐标按照上述规定的顺序输入。三角形化的初始阵面就是所有的边界的总和。阵面由两个整型向量组成。有多少条活动边，阵面向量就有多少个元素。在一个向量里储存活动边的一个点，在另一个向量里储存活动边的另一个点。边界始终是不变的，但初始阵面却要随着三角形化的推进而不断地更新。随着三角形的生成，新生成的三角形的两条新边将会成为活动边，而三角形中的老边将从阵面中去掉。如图 7-2-2 所示，以 $AB$ 边为基边生成新的三角形 $ABC$，$C$ 点为新生成的节点，则 $AB$ 从阵面中去掉，$AC$、$CB$ 添加到阵面中成为活动边。每生成一个单元，阵面推进一步，直到阵面上的活动边的个数减少到零，三角形化过程便结束。

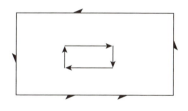

图 7-2-1　边界方向设置

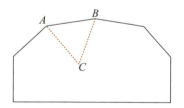

图 7-2-2　三角化过程中活动边变化示意图

2）阵面推进生成三角形

在初始阵面形成之后，可以按以下步骤进行阵面推进过程：

(1) 在阵面链表中找到边长最短的阵面边 $AB$，由最小阵面边开始推进可以最大程度避免新生成的网格与已有的小尺度网格相交的情况。

(2) 在阵面边 $AB$ 的左侧方向寻找一个生成网格的最佳候选点 $P(x_P, y_P)$，使得它与 $AB$ 能够生成最接近正三角形的等腰三角形。假设 $i$ 是端点为 $A(x_a, y_B)$ 和 $B(x_B, y_B)$ 的阵面边 $AB$ 的长度，按如下方法求出候选点 $P$：

$$\sigma_1 = \begin{cases} 2\sqrt{3}, & l \geqslant S/0.55 \\ \dfrac{2\sqrt{l^2 - 0.25S^2}}{S}, & 0.5S < l < S/0.55 \\ \sqrt{15}, & l \leqslant 0.5S \end{cases} \quad (7-2-1)$$

$$\begin{cases} x_P = x_A - \left(\dfrac{y_B - y_A}{2}\right)\sigma_1 \\ y_P = y_A + \left(\dfrac{x_B - x_A}{2}\right)\sigma_1 \end{cases} \quad (7-2-2)$$

(3) 在最佳候选点 $P$ 的周围距离 $\alpha S$ 范围(这里取 $\alpha = 1.5$)内,寻找不包括 $A$、$B$ 点在内的阵面网格点作为候选点,并将 $P$ 一起存入候选点链表中。这些候选点都有可能与 $AB$ 生成新的三角形网格。

(4) 求出所有候选点与阵面边 $AB$ 所成三角形的网格质量系数 $q$,作为候选点的优先系数,并将其按照由大到小的顺序进行排列。同时,为了尽可能优先利用现有的阵面点与 $AB$ 生成三角形,人为降低最佳候选点 $P$ 的优先系数,即 $q \times P = \beta q_P$,式中,$0 < \beta < 1$。

(5) 按照 $q$ 的大小顺序将候选点与 $AB$ 连接成三角形,如果某个候选点与 $AB$ 所成三角形与周围三角形均不相交,而且三角形质量系数也最大,则该候选点就确定与 $AB$ 成为三角形。

(6) 在阵面链表中删除阵面 $AB$,同时增加新生成的阵面。

重复以上过程,直至阵面链表为空,阵面推进过程结束。

如图 7-2-3 所示,实验弹丸流场中的三角形网格是采用这种脱离背景网格的阵面推进法生成的,表 7-2-1 是该网格 $Q$ 值的分布情况。

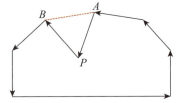

图 7-2-3  新网格点生成后阵面的变化

表 7-2-1  实验弹丸流场三角形网格的 $Q$ 值分布

| $Q$ 值的变化范围 | 0.65~0.75 | 0.75~0.8 | 0.8~0.85 | 0.85~0.9 | 0.9~0.95 | 0.95~1.0 |
|---|---|---|---|---|---|---|
| 三角形单元数 | 0 | 0 | 1 | 5 | 65 | 1515 |

图 7-2-4 网格中共有 1586 个三角形单元,870 个网格点,$Q_{\max} = 1.0$,$Q_{\min} = 0.8403$,这说明大部分的网格形状都非常接近于正三角形,即三角形网格整体质量很高,而且没有狭长单元出现,从而能够满足数值计算的需要。

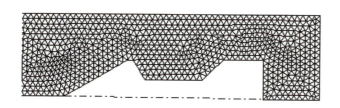

图 7-2-4　实验弹丸流场网格示意图

### 2. 三维非结构网格生成

一些简单的流场模拟在二维情况下就可以完成，但是对于一些复杂的流场，二维是不能完全解决问题的，就必须采用三维的网格进行模拟。而目前计算机技术快速发展，大容量和高速度的计算机的大量出现，为广泛模拟三维问题提供了可能。由于人们利用结构化网格进行三维离散时的工作量随着问题的复杂性急剧增大，特别是处理边界问题上，从而使得计算工作者把目光投向了易于生成的三维非结构网格上。与二维非结构网格一样，三维非结构网格目前用的比较多的有 Delaunay 方法和阵面推进法。Delaunay 方法的生成过程与二维情况相似，利用球内准则连接四个网格点生成四面体，生成效率比较高，速度快，网格质量也比较令人满意；但是在处理边界完整性方面，对于许多不同的情况要求不同的处理，需要大部分的人工干预，增加了代码实现的复杂性以及降低了代码重用率。

采用阵面推进法生成三维非结构网格的大致过程与二维情况相当，其原理相对简单，但是由于三维网格的特殊性，在实际网格生成过程中，对于某些情况需要进行一些特殊的处理，保证计算域能够被三维非结构网格剖分。虽然在经过一些特殊的处理下三维计算域能够被四面体网格所填满，但是不像二维情况那样，已经理论证明任意多边形平面区域能够在不增加任意一个内点的情况下被三角形划分，尚未能够证明任意情况的三维计算域一定能够被四面体所填满。

三维非结构网格生成系统主要由三个工具模块组成：①表面划分工具；②网格生成工具；③网格优化工具。如图 7-2-5 所示。

1）表面划分工具

空间曲面的三角剖分可以直接在空间曲面上进行，也可以通过曲面的参数表达，在参数平面上进行三角剖分，然后再变换到空间曲面，得到所需要的三角剖分。对于像地球表面一样凹凸不平的表面，通常经过表面的模拟，直接在

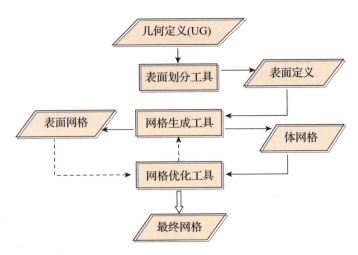

图 7-2-5 三维非结构网格生成系统结构图

空间曲面上进行三角化,而由组合几何体构成的复杂表面,可采用第二种方法。

三维计算域模型由于表面的复杂性,不能直接转化到二维坐标系统中去,通常可以把整个计算域的外边界看作是由一个个小的表面片(surface patch)组成的。表面划分工具从 Unigraphics 系统读取每一个面的信息,把每一个面划分为小的由曲面四边形和曲面三角形构成的面,同时建立点、线、面的数据结构,生成表面定义文件。在表面定义文件中,点是建立计算域的最基本元素,必须得到每一个点的空间坐标,其中有描述计算域的关键点以及描述边界线的非关键点(这类点不存在于最终网格数据中);线由点组合而成,每条线有一个起始点和一个终点,对于复杂类型的曲线,还需给出构造该曲线的描述点;最后是各个曲线四边形或曲线三角形构成的面片,它有外边界,也可能还有内边界,同时还有面的方向。

2) 网格生成工具

网格生成工具主要由表面网格生成和体网格生成两个部分构成。表面网格生成方法采用的是把空间表面映射到二维空间,通过一定的保形变换,在二维空间利用二维平面网格的阵面推进生成方法生成均匀三角形网格,然后映射回到三维空间,形成表面三角形,组成整个计算域的表面边界,形成表面网格文件。体网格生成主要采用阵面推进方法,以表面网格为推进阵面,每次推进生成一个或多个四面体,最终使得阵面数为零,完成整个计算域的网格化。在体网格的生成过程中,为了保证网格的疏密控制,在生成过程中通过背景网格参数来控制局部网格的疏密,背景网格参数存储在立方体背景网格中。这一部分内容将在后面的章节中详细论述。

3) 网格优化工具

采用网格生成工具生成的初始四面体网格，其质量并不是十分令人满意，有好有差，有的甚至是十分扁平、体积很小的四面体。这些质量很差的、形状不规则的四面体单元使得数值模拟的结果不是很精确，甚至使得计算变得很困难。网格优化工具采取网格点光滑、面交换和边交换的方式提高网格质量，以得到令人满意的符合计算要求的网格。其中网格点的光滑是不改变网格的连接属性，而仅仅优化网格点在空间的位置来达到网格质量的提高；面交换和边交换则是改变网格的局部连接属性，进行局部网格重构，消除质量差的四面体，形成质量优于原先局部结构质量的四面体单元。

## 7.3 有限体积算法

有限体积算法在一定程度上吸收了有限差分算法与有限单元算法的长处，克服了它们的缺点。有限体积算法从控制体的积分形式出发，对求解区域的剖分同有限单元算法一样具有单元特征，能适应复杂的求解区域，离散方法具有差分方法的灵活性，间断解的适应性。随着非结构网格的快速发展，有限体积算法也进入了快速发展时期。同时有限体积算法结合一些数值格式，如 L‑W 格式、样条差值格式、Upwind（迎风）格式、Roe 格式、Godunov 格式、TVD 格式、NND 格式、ENO 格式等，产生了一系列有效的方法。

有限体积算法和有限差分算法不同，它是从流动方程组积分形式出发的。例如 N‑S 方程组积分形式为

$$\frac{\partial}{\partial t}\int_\Omega \rho\phi \mathrm{d}\Omega + \int_s (\rho\phi v)\cdot \boldsymbol{n}\mathrm{d}s = \int_s (\Gamma_\phi \Delta_\phi)\cdot \boldsymbol{n}\mathrm{d}s + \int_\Omega S_\Omega \mathrm{d}\Omega \qquad (7-3-1)$$

式中：$\rho$ 为介质密度；$t$ 为时间；$\Omega$ 为控制体；$\phi$ 为物理量；$v$ 为速度矢量；$\boldsymbol{n}$ 为矢量方向；$s$ 为控制体表面积；$\Gamma_\phi$ 为扩散通量；$S_\Omega$ 为源项。对式(7-3-1)进行近似离散，得到有限体积算法离散格式，然后求解它得到数值解。

(1) 有限体积算法是由积分形式流动方程组出发的，通过对控制体单元边界积分得到离散格式，构造的离散格式简单。

(2) 在离散格式中的各个离散项有明确的物理意义，概念清晰。

(3) 求解区域内流动量的守恒性可由每个控制体单元的守恒性来保证。它能很好地满足守恒律，得到的解是物理解。

(4) 计算网格可采用各种不规则控制体单元构成。这样容易构造复杂网格和

非结构网格。对复杂流动和复杂边界条件,有较强适应能力。

(5) 比较容易处理激波间断。它既适用于可压缩流动,也适用于不可压缩流动。

### 7.3.1 有限体积算法基本思路和做法

由于有限体积算法在封闭的控制体上进行积分,因此只要控制方程表达到正确的质量守恒、动量守恒和能量守恒,则有限体积算法格式便具有守恒性,稳定性就会比较好,所以有限体积算法很适合用来解守恒型方程。现以二维守恒型方程为例来说明有限体积算法的框架。

以二维守恒型方程组为例:

$$U_t + F_x(U) + G_y(U) = s(U) \quad (7-3-2)$$

式中:$U = (u_1, u_2, \cdots, u_m)^T$ 为未知物理量,$F(U) = (f_1(U), f_2(U), \cdots, f_m(U))^T$,$G(U) = (g_1(U), g_2(U), \cdots, g_m(U))^T$ 为通量函数,$s(U)$ 为源项函数。例如对二维轴对称可压缩流的控制方程组有

$$U = \begin{bmatrix} \rho \\ \rho u \\ \rho v \\ E \end{bmatrix}, F(U) = \begin{bmatrix} \rho u \\ \rho u^2 + p \\ \rho uv \\ u(E+p) \end{bmatrix}, G(U) = \begin{bmatrix} \rho v \\ \rho uv \\ \rho v^2 + p \\ v(E+P) \end{bmatrix}, s(U) = -\frac{v}{y}\begin{bmatrix} \rho \\ \rho u \\ \rho v \\ E+p \end{bmatrix}$$

$$(7-3-3)$$

式中:$\rho$ 为密度;$u$ 和 $v$ 分别为水平速度和垂直速度分量;$E$ 为总能量;$p$ 为压力,$p$ 由状态方程得到

$$p = (\gamma - 1)(E - \frac{1}{2}\rho(u^2 + v^2)) \quad (7-3-4)$$

式中:$\gamma$ 为绝热比,取常数,对空气 $\gamma = 1.4$。

取一控制体 $V$,并对方程(7-3-2)两边在 $V$ 上积分得

$$\int_V \frac{\partial U}{\partial t} dxdy + \int_V \left( \frac{\partial F(U)}{\partial x} + \frac{\partial G(U)}{\partial y} \right) dxdy = \int_V s(U) dxdy \quad (7-3-5)$$

再由格林公式得

$$A_c \frac{\partial \bar{U}}{\partial t} + \oint_{\partial V} F \cdot n dl = A_c s(\bar{U}) \quad (7-3-6)$$

式中:$\bar{U} = \frac{1}{A_c} \int_V U dxdy$ 为 $U$ 在控制体 $V$ 上的平均值;$A_c$ 为控制体 $V$ 的有向面

积；$\boldsymbol{n}=(n_x, n_y)$ 为控制体 $V$ 边界 $\partial V$ 上的单位外法向向量；$\boldsymbol{P}=(\boldsymbol{F}, \boldsymbol{G})$ 为通量向量。设给定求解区域 $D$，有限体积法的框架如下：

(1) 网格剖分：把区域 $D$ 剖分成互不重叠的许多单元（如三角形），每一个单元就是一个控制体。

(2) 空间离散：

①重构（reconstruction）：根据控制体的上的平均值 $\bar{U}$，求得 $U$ 在控制体边界上积分点的近似值。

②利用高斯公式将式(7-3-6)中的积分变为

$$\oint_{\partial V} \boldsymbol{P} \cdot \boldsymbol{n} \mathrm{d}l = \oint_{\partial V} \bar{F} \mathrm{d}y - \bar{G} \mathrm{d}x \qquad (7-3-7)$$

式中：$\bar{F}, \bar{G}$ 为控制体边界上的数值通量。对三角形控制体，则有

$$\oint_{\partial V} \boldsymbol{P} \cdot \boldsymbol{n} \mathrm{d}l = \sum_{i=1}^{3} (\bar{f}_i \Delta y_i - \bar{g}_i \Delta x_i) \qquad (7-3-8)$$

式中：$\bar{f}_i, \bar{g}_i$ 分别为三角形第 $i$ 条边上的水平数值通量和垂直数值通量；$\Delta x_i$，$\Delta y_i$ 分别为第 $i$ 条边的坐标改变量，方向为逆时针方向。这样将式(7-3-8)代入式(7-3-6)中得到控制体中未知量 $U$ 随时间的变化率

$$\frac{\partial \bar{U}}{\partial t} = -\frac{1}{A_c} \sum_{i=1}^{3} (\bar{f}_i \Delta y_i - \bar{g}_i \Delta x_i) + s(\bar{U}) \qquad (7-3-9)$$

式(7-3-9)两边进行时间积分就能得到原方程组的数值解。数值通量 $\bar{f}_i$ 和 $\bar{g}_i$ 计算方法很多，将其应用在有限体积算法中就产生了多种数值格式。

求解关于 $t$ 的常微分方程主要有两种方法，第一种是 Lax-Wendroff 型方法，即对时间 $t$ 进行 Taylor 展开，然后利用原偏微分方程(PDE)把时间导数转换成空间导数，再离散这些空间导数。但对多维问题这种时间离散方法太复杂。第二种方法是利用通常的常微分方程(ODE)解算器，如 Runge-Kutta 方法或多步法，这是有限体积方法中主要采取的时间离散方法，对于间断解，它和稳定的空间离散相结合是非线性稳定的。例如显式二阶 TVD 型 Runge-Kutta 格式，从 $t_n$ 时间层到 $t_{n+1}$ 时间层，有

$$\begin{cases} \tilde{U} = \tilde{U} + \Delta t \cdot L(U^n) \\ U^{n+1} = 0.5 \cdot U^n + 0.5 \cdot [U^n + \Delta t \cdot L(\tilde{U})] \end{cases} \qquad (7-3-10)$$

式中：$L(U) = \dfrac{\partial U}{\partial t}$，对式(7-3-9)，则有

$$L(\bar{U}) = -\frac{1}{A_c} \sum_{i=1}^{3} (\bar{f}_i \Delta y_i - \bar{g}_i \Delta x_i) + s(\bar{U}) \qquad (7-3-11)$$

有限体积算法在结构网格和非结构网格中都可以应用,但因为非结构网格能适应复杂边界区域,所以有限体积算法在非结构网格中应用较多,对二维问题是三角形网格,对三维问题则是四面体网格。

在将计算区域剖分成网格后,可取该网格的单元本身作为控制体积。这样得到的有限体积格式叫做网格中心型(cell centered),它只在网格形心处布设一个节点,因为该节点上的变量值具有网格平均的含义,所以三角形网格的三个顶点上的变量值可将周围三角形的形心节点的值按面积加权平均得到,也可以根据周围三角形的形心至顶点的距离的倒数加权平均得到,如图 7-3-1 所示;另一类控制体积是由网格(单元)顶点周围的单元的整体或按统一的规则各取一部分合并而成,这样得到的有限体积格式叫做网格顶点型(cell vertex),它把所有变量都定义在网格顶点上。以三角形剖分来说主要有以下 4 种网格顶点型控制体积:①由每个网格顶点周围所有三角形单元的外心相连接而成,此时自然要求所有三角形的内角都不大于 90°;②由每个网格(单元)顶点周围所有三角形单元的重心相连接而成;③把围绕每个顶点的所有三角形单元的重心和从该顶点发出的边的中点相连接而成;④经过每个顶点的所有三角形单元的合集。图 7-3-2 是这 4 种网格顶点型控制体积的示意图。

(1) (2) (3) (4)

图 7-3-1 网格顶点型控制体示意图    图 7-3-2 网格顶点型控制体示意图

对于典型的三角形网格剖分,三角形单元大约是围绕顶点的控制体数的两倍,因此网格中心型有限体积格式的计算量约是网格顶点型的两倍,但是网格顶点型的控制体积的面积大于网格中心型的控制体的面积,换言之,网格中心型的网格密度要大于网格顶点型的,因此网格中心型在精度上对同一剖分来说要好些。二者究竟哪类好并无定论,目前用的最多的是网格中心型。如参考文献[9]采用的就是网格中心型有限体积法,三角形顶点的变量值采用该顶点周围三角形的形心处变量值按面积加权平均求得,即

$$U_i = \frac{\sum_{k=1}^{N} U_{i,k} S_{i,k}}{\sum_{k=1}^{N} S_{i,k}} \qquad (7-3-12)$$

式中：$U_i$ 为第 $i$ 个节点上的变量值；$N$ 为它周围三角形控制体的数目；$S_{i,k}$ 和 $U_{i,k}$ 分别为顶点周围第 $k$ 个三角形的面积和其形心处的变量值。

### 7.3.2 TVD 格式

TVD 格式(total variation diminishing)是一类格式的总称。所谓格式的总变差不增是指相邻网格上的变量差的绝对值的总和不随时间增加。自 1983 年 Harten 提出 TVD 概念以来，TVD 类型的差分格式在国内外有了很大发展。TVD 属于耗散型格式，它不需要人为引入耗散项便可有效地抑制激波前后的数值振荡，且捕捉激波的分辨率较高；同时可满足离散的熵条件以保证计算得到物理解。目前它是数值研究以激波为主要特征之一的超声速、高超声速流场的最先进的算法之一。此格式有如下优点：①能够保持差分格式的单调性，这就消除了激波附近的震荡，因而不会产生非物理解；②精度较高，允许在光滑区使用较大的步长，有利于激波过渡区的计算，而且激波分辨率高；③可用显格式。

TVD 格式使解具有单调性，解在光滑区域能够至少达到二阶精度，在间断附近能够抑制过分的震荡和保持比较好的锐利形态，而且间断的过渡区较窄，则这样的解就是高精度的。

目前构造二阶精度 TVD 格式的途径有 4 种：①修改通量；②通量限制；③变量插值（坡度限制）；④二阶格式引入限制。下面介绍采用 Harten 的修改通量的方法构造二阶 TVD 格式的方法。

将 TVD 格式的数值通量运用在有限体积积分方程式中，用来求解双曲型守恒律方程组，并在非结构网格上针对二维和三维情况分别离散方程。

(1) 一维情况。对一维双曲型守恒律方程组：

$$\frac{\partial U}{\partial t} + \frac{\partial F(U)}{\partial x} = 0 \qquad (7-3-13)$$

记雅可比(Jacobi)矩阵为

$$A(U) = \frac{\partial F(U)}{\partial U} \qquad (7-3-14)$$

式中：$U$ 为 $N$ 维向量；$A$ 为 $N \times N$ 矩阵，它可以分解成 $A = R\Lambda L$ 的形式；$\Lambda$ 为由 $A$ 的特征值组成的对角阵，$\Lambda = \mathrm{diag}(a_1, a_2, \cdots, a_N)$；$R$ 为由右特征向量 $r_1, r_2, \cdots, r_N$ 组成的矩阵；$L$ 为 $R$ 的逆矩阵 $L = R^{-1}$，是由左特征向量 $l_1, l_2, \cdots, l_N$ 组成的矩阵。

$$R = [r_1, r_2, \cdots, r_N], \quad L = \begin{bmatrix} l_1 \\ l_2 \\ \vdots \\ l_N \end{bmatrix} \quad (7-3-15)$$

则方程组可以化为

$$\begin{aligned} &\frac{\partial U}{\partial t} + A(U)I\frac{\partial U}{\partial x} = 0 \\ &\Rightarrow \frac{\partial U}{\partial t} + A(U)RL\frac{\partial U}{\partial x} = 0 \\ &\Rightarrow L\frac{\partial U}{\partial t} + LA(U)RL\frac{\partial U}{\partial t} = 0 \\ &\Rightarrow L\frac{\partial U}{\partial t} + \Lambda L\frac{\partial U}{\partial t} = 0 \end{aligned} \quad (7-3-16)$$

现对 $L$ 进行数值冻结,即把它看成常数,令

$$W = LU = \begin{bmatrix} \omega_1 \\ \omega_2 \\ \vdots \\ \omega_N \end{bmatrix}, \quad \omega_k = l_k U \quad (7-3-17)$$

则方程组(7-3-16)变为

$$\frac{\partial W}{\partial t} + \Lambda \frac{\partial W}{\partial x} = 0 \quad (7-3-18)$$

其中每个方程都是只涉及一个特征变量 $W$ 的常系数线性方程:

$$\frac{\partial \omega_k}{\partial t} + a_k \frac{\partial \omega_k}{\partial x} = 0, \quad k = 1, 2, \cdots, N \quad (7-3-19)$$

对方程(7-3-19)进行有限体积积分(控制体取包括 $j$ 点而不包括 $j-1$ 点和 $j+1$ 点的区域),得

$$\omega_{k,j}^{n+1} = \omega_{k,j}^n - \lambda(\hat{f}_{k,j+\frac{1}{2}} - \hat{f}_{k,j-\frac{1}{2}}) \quad (7-3-20)$$

用二阶 TVD 格式求出数值通量:

$$\hat{f}_{k,j+\frac{1}{2}} = \frac{1}{2}[a_k \omega_{k,j} + a_k \omega_{k,j+1} + \psi_{k,j+\frac{1}{2}}] \quad (7-3-21)$$

$$\psi_{k,j+\frac{1}{2}} = \frac{1}{\lambda}[g_{k,j} + g_{k,j+1} - Q(\lambda a_k + \gamma_{k,j+\frac{1}{2}})(\omega_{k,j+1} - \omega_{k,j})]$$

$$(7-3-22)$$

这样，再把通过以下关系从特征变量回到原变量：

$$U = RLU = RW = \sum_{k=1}^{N} \omega_k r_k \quad (7-3-23)$$

$$AU = R\Lambda LU = R\Lambda W = \sum_{k=1}^{N} a_k \omega_k r_k \quad (7-3-24)$$

以右特征向量 $r_k$ 乘以式(7-3-21)，并对 $k$ 求和，得

$$\begin{cases} U_j^{n+1} = U_j^n - \lambda(\hat{F}_{j+\frac{1}{2}} - \hat{F}_{j-\frac{1}{2}}) \\ \hat{F}_{j+\frac{1}{2}} = \sum_k \hat{f}_{k,j+\frac{1}{2}} r_k = \frac{1}{2}\left[F(U_j^n) + F(U_{j+1}^n) + \sum_k \psi_{k,j+\frac{1}{2}} r_k\right] \end{cases}$$

$$(7-3-25)$$

方程组数值解的总变差定义为

$$TV(U) = \sum_j \sum_{k=1}^{N} |\omega_{k,j+1} - \omega_{k,j}| = \sum_j \sum_{k=1}^{N} |\alpha_{k,j+\frac{1}{2}}| \quad (7-3-26)$$

$$\alpha_{k,j+\frac{1}{2}} = \omega_{k,j+1} - \omega_{k,j} = l_{k,j+\frac{1}{2}}(U_{j+1} - U_j) \quad (7-3-27)$$

$\alpha_{k,j+\frac{1}{2}}$ 也是 $U_{j+1} - U_j$ 按右特征向量 $r_{k,j+\frac{1}{2}}$ 展开的系数，即

$$U_{j+1} - U_j = \sum_{k=1}^{N} \alpha_{k,j+\frac{1}{2}} r_{k,j+\frac{1}{2}} \quad (7-3-28)$$

这里涉及的量 $a_{k,j+\frac{1}{2}}$，$l_{k,j+\frac{1}{2}}$，$r_{k,j+\frac{1}{2}}$ 取在 Roe 分解中的 Jacobi 矩阵 $A_{j+\frac{1}{2}} = A(U_j, U_{j+1})$ 的特征值和左、右特征向量。

实际上，前面介绍的由单个守恒律方程的 TVD 格式推广到守恒律方程组情况的格式，都不能严格证明它们的 TVD 性质，即 $TV(U^{n+1}) \leqslant TV(U^n)$ 不严格成立。而只能证明它们在退化到线性方程组情况下具有 TVD 性质，即在 $A(U) = A$ 为常数矩阵时，格式的差分解满足 $TV(U^{n+1}) \leqslant TV(U^n)$。但在实际应用中，得到的结果都很令人满意。因此，在习惯上，它们被称为守恒律方程组的 TVD 格式。

总结前面的介绍，一维双曲型守恒律方程组的数值通量 $\hat{F}_{j+\frac{1}{2}}$ 可写为

$$\hat{F}_{j+\frac{1}{2}} = \frac{1}{2}\left[F(U_j) + F(U_{j+1}) + \sum_{k=1}^{N} \psi_{k,j+\frac{1}{2}} r_{k,j+\frac{1}{2}}\right] \quad (7-3-29)$$

$$\psi_{k,j+\frac{1}{2}} = \frac{1}{\lambda}\left[g_{k,j} + g_{k,j+1} - Q(\lambda a_{k,j+\frac{1}{2}} + \gamma_{k,j+\frac{1}{2}})\alpha_{k,j+\frac{1}{2}}\right] \quad (7-3-30)$$

$$\alpha_{k,j+\frac{1}{2}} = l_{k,j+\frac{1}{2}}(U_{j+1} - U_j) \quad (7-3-31)$$

$$\gamma_{k,j+\frac{1}{2}} = \begin{cases} \dfrac{g_{k,j+1} - g_{k,j}}{\alpha_{k,j+\frac{1}{2}}} &, \ \alpha_{k,j+\frac{1}{2}} \neq 0 \\ 0 &, \ \alpha_{k,j+\frac{1}{2}} = 0 \end{cases} \quad (7-3-32)$$

$$\begin{cases} g_{k,j} = \min \bmod(\tilde{g}_{k,j+\frac{1}{2}}, \ \tilde{g}_{k,j-\frac{1}{2}}) \\ \tilde{g}_{k,j+\frac{1}{2}} = \dfrac{1}{2} \left[ Q(\lambda a_{k,j+\frac{1}{2}}) - (\lambda a_{k,j+\frac{1}{2}})^2 \right] \alpha_{k,j+\frac{1}{2}} \end{cases} \quad (7-3-33)$$

$$Q(z) = \begin{cases} \dfrac{1}{2}\left(\dfrac{z^2}{\delta} + \delta\right) &, \ |z| < \delta \\ |z| &, \ |z| \geqslant \delta \end{cases} \quad (7-3-34)$$

$$cfl = \max_{k,j} \left| \lambda a_{k,j+\frac{1}{2}} \right| = \frac{\Delta t}{\Delta x} \max_{k,j} \left| a_{k,j+\frac{1}{2}} \right| < 1 \quad (7-3-35)$$

对一维理想气体的 Euler 方程组，有

$$\boldsymbol{U} = \begin{bmatrix} \rho \\ \rho u \\ E \end{bmatrix} \quad \boldsymbol{F} = \begin{bmatrix} \rho u \\ \rho u^2 + p \\ u(E + p) \end{bmatrix} \quad (7-3-36)$$

$$\boldsymbol{A} = \begin{bmatrix} 0 & 1 & 0 \\ \dfrac{\gamma - 3}{2} u^2 & (3 - \gamma)u & \gamma - 1 \\ \dfrac{\gamma - 2}{2} u^3 - \dfrac{c^2 u}{\gamma - 1} & \dfrac{3 - \gamma}{2} u^2 + \dfrac{c^2}{\gamma - 1} & \gamma u \end{bmatrix} \quad (7-3-37)$$

$$\boldsymbol{L} = \begin{bmatrix} \boldsymbol{l}_1 \\ \boldsymbol{l}_2 \\ \boldsymbol{l}_3 \end{bmatrix} = \begin{bmatrix} \dfrac{1}{2}\left(b_1 + \dfrac{u}{c}\right) & \dfrac{1}{2}\left(-b_2 u - \dfrac{1}{c}\right) & \dfrac{1}{2} b_2 \\ 1 - b_1 & b_2 u & -b_2 \\ \dfrac{1}{2}\left(b_1 - \dfrac{u}{c}\right) & \dfrac{1}{2}\left(-b_2 u + \dfrac{1}{c}\right) & \dfrac{1}{2} b_2 \end{bmatrix} \quad (7-3-38)$$

$$\boldsymbol{R} = \begin{bmatrix} \boldsymbol{r}_1 & \boldsymbol{r}_2 & \boldsymbol{r}_3 \end{bmatrix} = \begin{bmatrix} 1 & 1 & 1 \\ u - c & u & u + c \\ H - uc & \dfrac{1}{2} u^2 & H + uc \end{bmatrix} \quad (7-3-39)$$

$$\boldsymbol{\Lambda} = \mathrm{diag}(a_1, \ a_2, \ a_3) = \mathrm{diag}(u - c, \ u, \ u + c) \quad (7-3-40)$$

式中：

$$E = \frac{1}{\gamma - 1} p + \frac{1}{2} \rho u^2 \quad (7-3-41)$$

$$H = \frac{E+p}{\rho} = \frac{c^2}{\gamma-1} + \frac{1}{2}u^2 \qquad (7-3-42)$$

$$b_1 = b_2 \cdot \frac{u^2}{2} \qquad b_2 = \frac{\gamma-1}{c^2} \qquad (7-3-43)$$

(2) 二维情况。对二维双曲型守恒律方程组：

$$\frac{\partial U}{\partial t} + \frac{\partial F(U)}{\partial x} + \frac{\partial G(U)}{\partial y} = 0 \qquad (7-3-44)$$

Jacobi 矩阵为

$$A(U) = \frac{\partial F(U)}{\partial U} \qquad B(U) = \frac{\partial G(U)}{\partial U} \qquad (7-3-45)$$

对理想气体的 Euler 方程，

$$U = \begin{bmatrix} \rho \\ \rho u \\ \rho v \\ E \end{bmatrix}, \quad F(U) = \begin{bmatrix} \rho u \\ \rho u^2 + p \\ \rho uv \\ u(E+p) \end{bmatrix}, \quad G(U) = \begin{bmatrix} \rho v \\ \rho uv \\ \rho v^2 + p \\ v(E+P) \end{bmatrix}$$

$$(7-3-46)$$

$$A = \begin{bmatrix} 0 & 1 & 0 & 0 \\ \frac{\gamma-3}{2}u^2 + \frac{\gamma-1}{2}v^2 & (3-\gamma)u & -(\gamma-1)v & \gamma-1 \\ -uv & v & u & 0 \\ u\left[\frac{b_1}{b_2}(\gamma-2) - \frac{c^2}{\gamma-1}\right] & \frac{b_1}{b_2} + (1-\gamma)u^2 + \frac{c^2}{\gamma-1} & -(\gamma-1)uv & \gamma u \end{bmatrix}$$

$$(7-3-47)$$

$$B = \begin{bmatrix} 0 & 0 & 1 & 0 \\ -uv & v & u & 0 \\ \frac{\gamma-1}{2}u^2 + \frac{\gamma-3}{2}v^2 & -(\gamma-1)u & (3-\gamma)v & \gamma-1 \\ v\left[\frac{b_1}{b_2}(\gamma-2) - \frac{c^2}{\gamma-1}\right] & -(\gamma-1)uv & \frac{b_1}{b_2} + (1-\gamma)u^2 + \frac{c^2}{\gamma-1} & \gamma v \end{bmatrix}$$

$$(7-3-48)$$

$$L_A = \begin{bmatrix} l_1^A \\ l_2^A \\ l_3^A \\ l_4^A \end{bmatrix} = \begin{bmatrix} \frac{1}{2}\left(b_1 + \frac{u}{c}\right) & \frac{1}{2}\left(-b_2 u - \frac{1}{c}\right) & -\frac{1}{2} b_2 v & \frac{1}{2} b_2 \\ 1 - b_1 & b_2 u & b_2 v & -b_2 \\ \frac{1}{2}\left(b_1 - \frac{u}{c}\right) & \frac{1}{2}\left(-b_2 u + \frac{1}{c}\right) & -\frac{1}{2} b_2 v & \frac{1}{2} b_2 \\ -v & 0 & 1 & 0 \end{bmatrix}$$

(7 - 3 - 49)

$$R_A = \begin{bmatrix} r_1^A & r_2^A & r_3^A & r_4^A \end{bmatrix} = \begin{bmatrix} 1 & 1 & 1 & 0 \\ u-c & u & u+c & 0 \\ v & v & v & 1 \\ H - uc & \frac{1}{2}(u^2 + v^2) & H + uc & v \end{bmatrix}$$

(7 - 3 - 50)

$$\Lambda_A = \mathrm{diag}(a_1^A, a_2^A, a_3^A, a_4^A) = \mathrm{diag}(u - c, u, u, u + c)$$

(7 - 3 - 51)

$$L_B = \begin{bmatrix} l_1^B \\ l_2^B \\ l_3^B \\ l_4^B \end{bmatrix} = \begin{bmatrix} \frac{1}{2}\left(b_1 + \frac{v}{c}\right) & -\frac{1}{2} b_2 u & \frac{1}{2}\left(-b_2 v - \frac{1}{c}\right) & \frac{1}{2} b_2 \\ 1 - b_1 & b_2 u & b_2 v & -b_2 \\ \frac{1}{2}\left(b_1 - \frac{v}{c}\right) & -\frac{1}{2} b_2 u & \frac{1}{2}\left(-b_2 v + \frac{1}{c}\right) & \frac{1}{2} b_2 \\ -u & 1 & 0 & 0 \end{bmatrix}$$

(7 - 3 - 52)

$$R_B = \begin{bmatrix} r_1^B & r_2^B & r_3^B & r_4^B \end{bmatrix} = \begin{bmatrix} 1 & 1 & 1 & 0 \\ u & u & u & 1 \\ v-c & v & v+c & 0 \\ H - vc & \frac{1}{2}(u^2 + v^2) & H + vc & u \end{bmatrix}$$

(7 - 3 - 53)

$$\Lambda_B = \mathrm{diag}(a_1^B, a_2^B, a_3^B, a_4^B) = \mathrm{diag}(v - c, v, v, v + c)$$

(7 - 3 - 54)

式中：

$$E = \frac{1}{\gamma - 1} p + \frac{1}{2} \rho (u^2 + v^2) \tag{7 - 3 - 55}$$

$$H = \frac{E+p}{\rho} = \frac{c^2}{\gamma - 1} + \frac{1}{2}(u^2 + v^2) \qquad (7-3-56)$$

$$b_1 = b_2 \cdot \frac{u^2 + v^2}{2}, \quad b_2 = \frac{\gamma - 1}{c^2} \qquad (7-3-57)$$

在非结构三角形网格上建立有限体积高阶 TVD 格式,可采用三角形单元为控制体,以单元中心即三角形形心作为计算点,利用式(7-3-20)去掉源项(假设针对非轴对称问题)得到

$$\frac{\partial \bar{U}}{\partial t} = -\frac{1}{A_c} \sum_{i=1}^{3} (\bar{f}_i \Delta y_i - \bar{g}_i \Delta x_i) \qquad (7-3-58)$$

其中,三角形各边 $i$ 及其节点都是以逆时针顺序排列。$\bar{f}_i$ 和 $\bar{g}_i$ 分别表示在笛卡儿坐标系下第 $i$ 条边的水平方向通量和垂直方向通量。如图 7-3-3 所示,对控制体 $\triangle ABC$ 周围相邻控制体有 $\triangle AEB$、$\triangle BFC$ 和 $\triangle ACD$,$a$、$b$、$c$ 和 $d$ 分别是它们的形心。如以计算控制体 $\triangle ABC$ 和 $\triangle AEB$ 的公共边 $AB$

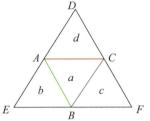

图 7-3-3 单元分布示意图

上的 $x$ 方向数值通量 $\bar{f}_{AB}$ 为例,按图 7-3-4 中 $x$ 坐标递增顺序定义 $j-1$,$j$,$j+1$ 和 $j+2$ 4 个点,其中 $j$ 和 $j+1$ 点是两个三角形的形心,则

$$\bar{f}_{AB} = \frac{1}{2} \left[ F(U_j) + F(U_{j+1}) + \sum_{k=1}^{4} \psi_{k,j+\frac{1}{2}} r_{k,j+\frac{1}{2}} \right] \qquad (7-3-59)$$

式中: $\psi_{k,j+\frac{1}{2}}$ 用式(7-3-30)～式(7-3-35)计算,与一维情况不同的是,$N=4$,$\lambda = \frac{\Delta t}{\Delta l}$,$\Delta l = \frac{4S}{L}$,即 $\Delta l$ 为三角形内接圆直径,$S$、$L$ 分别为三角形单元的面积和周长。

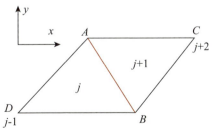

图 7-3-4 节点中心控制体示意图

同样按图 7-3-4 中 $y$ 坐标递增顺序定义 $j-1$,$j$,$j+1$ 和 $j+2$ 4 个点,求出 $\bar{g}_{AB}$ 后便得到 $AB$ 边上的数值通量向量,再同理求出其他两个边的通量后,对式(7-3-58)进行二阶 Runge-Kutta 时间离散,最终可得到守恒方程组的数值解。

(3) 三维情况。将二维有限体积 TVD 格式进一步扩展到应用于空间四面体非结构网格的三维情况,对三维双曲型守恒律方程组,有

$$\frac{\partial U}{\partial t} + \frac{\partial F(U)}{\partial x} + \frac{\partial G(U)}{\partial y} + \frac{\partial M(U)}{\partial z} = 0 \qquad (7-3-60)$$

根据有限体积法的原理,在控制体 $V_i$(任意四面体)上对式(7-3-60)两边进行积分,有

$$|V_i|\frac{\Delta U}{\Delta t} + \oiiint_{V_i}(\frac{\partial F}{\partial x} + \frac{\partial G}{\partial y} + \frac{\partial M}{\partial z})\mathrm{d}x\mathrm{d}y\mathrm{d}z = 0 \qquad (7-3-61)$$

由格林公式得

$$|V_i|\frac{\Delta U}{\Delta t} + \sum_{k=1}^{4}(\bar{f}_{i,k}, \bar{g}_{i,k}, \bar{m}_{i,k}) \cdot \boldsymbol{n}_k \cdot S_k = 0 \qquad (7-3-62)$$

得到一阶时间离散的差分格式:

$$U_i^{n+1} = U_i^n - \frac{\Delta t}{|V_i|}\sum_{k=1}^{4}(\bar{f}_{i,k}n_{k,x} + \bar{g}_{i,k}n_{k,y} + \bar{m}_{i,k}n_{k,z}) \cdot S_k \qquad (7-3-63)$$

式中:$|V_i|$ 为第 $i$ 个四面体的体积;$U_i$ 为四面体形心处的参数值向量;$S_k$ 为四面体上的第 $k$ 个面的面积,$\boldsymbol{n}_k = (n_{k,x}, n_{k,y}, n_{k,z})$,为面 $S_k$ 的外法向向量;$(\bar{f}_{i,k}, \bar{g}_{i,k}, \bar{m}_{i,k})$ 为面 $S_k$ 的数值通量向量。

采用二阶 Runge-Kutta 时间离散格式,则格式变为

$$\begin{cases} \tilde{U}_i = \tilde{U}_i + \Delta t \cdot L(U_i^n) \\ U_i^{n+1} = 0.5 \cdot U_i^n + 0.5 \cdot [U_i^n + \Delta t \cdot L(\tilde{U}_i)] \end{cases} \qquad (7-3-64)$$

式中:

$$L(U_i) = -\frac{1}{|V_i|}\sum_{k=1}^{4}(\bar{f}_{i,k}n_{k,x} + \bar{g}_{i,k}n_{k,y} + \bar{m}_{i,k}n_{k,z}) \cdot S_k \qquad (7-3-65)$$

对三维理想气体的 Euler 方程组,有

$$U = \begin{bmatrix} \rho \\ \rho u \\ \rho v \\ \rho w \\ E \end{bmatrix}, F(U) = \begin{bmatrix} \rho u \\ \rho u^2 + p \\ \rho u v \\ \rho u w \\ (E+p)u \end{bmatrix}, G(U) = \begin{bmatrix} \rho v \\ \rho v u \\ \rho v^2 + p \\ \rho v w \\ (E+p)v \end{bmatrix}, M(U) = \begin{bmatrix} \rho w \\ \rho w u \\ \rho w v \\ \rho w^2 + p \\ (E+p)w \end{bmatrix}$$

$$(7-3-66)$$

其 Jacobi 矩阵为

$$A(U) = \frac{\partial F(U)}{\partial U}, \quad B(U) = \frac{\partial G(U)}{\partial U}, \quad C(U) = \frac{\partial M(U)}{\partial U} \quad (7-3-67)$$

有

$$A = \begin{bmatrix} 0 & 1 & 0 & 0 & 0 \\ (\gamma-1)\frac{b_1}{b_2} - u^2 & (3-\gamma)u & (1-\gamma)v & (1-\gamma)w & \gamma-1 \\ -uv & v & u & 0 & 0 \\ -wu & w & 0 & u & 0 \\ u\left[(\gamma-2)\frac{b_1}{b_2} - \frac{1}{b_2}\right] & (1-\gamma)u^2 + \frac{1+b_1}{b_2} & (1-\gamma)uv & (1-\gamma)uw & \gamma u \end{bmatrix}$$
$$(7-3-68)$$

$$B = \begin{bmatrix} 0 & 0 & 1 & 0 & 0 \\ -uv & v & u & 0 & 0 \\ (\gamma-1)\frac{b_1}{b_2} - v^2 & (1-\gamma)u & (3-\gamma)v & (1-\gamma)w & \gamma-1 \\ -wv & 0 & w & v & 0 \\ v\left[(\gamma-2)\frac{b_1}{b_2} - \frac{1}{b_2}\right] & (1-\gamma)uv & (1-\gamma)v^2 + \frac{1+b_1}{b_2} & (1-\gamma)vw & \gamma v \end{bmatrix}$$
$$(7-3-69)$$

$$C = \begin{bmatrix} 0 & 0 & 0 & 1 & 0 \\ -uw & w & 0 & u & 0 \\ -vw & 0 & w & v & 0 \\ (\gamma-1)\frac{b_1}{b_2} - w^2 & (1-\gamma)u & (1-\gamma)v & (3-\gamma)w & \gamma-1 \\ w\left[(\gamma-2)\frac{b_1}{b_2} - \frac{1}{b_2}\right] & (1-\gamma)uw & (1-\gamma)vw & (1-\gamma)w^2 + \frac{1+b_1}{b_2} & \gamma w \end{bmatrix}$$
$$(7-3-70)$$

$$L_A = \begin{bmatrix} l_1^A \\ l_2^A \\ l_3^A \\ l_4^A \\ l_5^A \end{bmatrix} = \begin{bmatrix} \frac{1}{2}\left(b_1 + \frac{u}{c}\right) & -\frac{1}{2}\left(b_2 u + \frac{1}{c}\right) & -\frac{1}{2}b_2 v & -\frac{1}{2}b_2 w & \frac{1}{2}b_2 \\ 1-b_1 & b_2 u & b_2 v & b_2 w & -b_2 \\ -v & 0 & 1 & 0 & 0 \\ -w & 0 & 0 & 1 & 0 \\ \frac{1}{2}\left(b_1 - \frac{u}{c}\right) & \frac{1}{2}\left(-b_2 u + \frac{1}{c}\right) & -\frac{1}{2}b_2 v & -\frac{1}{2}b_2 w & \frac{1}{2}b_2 \end{bmatrix}$$
$$(7-3-71)$$

$$\boldsymbol{R}_A = \begin{bmatrix} \boldsymbol{r}_1^A \\ \boldsymbol{r}_2^A \\ \boldsymbol{r}_3^A \\ \boldsymbol{r}_4^A \\ \boldsymbol{r}_5^A \end{bmatrix}^{\mathrm{T}} = \begin{bmatrix} 1 & 1 & 0 & 0 & 1 \\ u-c & u & 0 & 0 & u+c \\ v & v & 1 & 0 & v \\ w & w & 0 & 1 & w \\ H-uc & \frac{1}{2}(u^2+v^2+w^2) & v & w & H+uc \end{bmatrix}$$

$$(7-3-72)$$

$$\boldsymbol{\Lambda}_A = \mathrm{diag}(a_1^A, a_2^A, a_3^A, a_4^A, a_5^A) = \mathrm{diag}(u-c, u, u, u, u+c)$$

$$(7-3-73)$$

$$\boldsymbol{L}_B = \begin{bmatrix} \boldsymbol{l}_1^B \\ \boldsymbol{l}_2^B \\ \boldsymbol{l}_3^B \\ \boldsymbol{l}_4^B \\ \boldsymbol{l}_5^B \end{bmatrix} = \begin{bmatrix} \frac{1}{2}\left(b_1+\frac{v}{c}\right) & -\frac{1}{2}b_2 u & -\frac{1}{2}\left(b_2 v+\frac{1}{c}\right) & -\frac{1}{2}b_2 w & \frac{1}{2}b_2 \\ 1-b_1 & b_2 u & b_2 v & b_2 w & -b_2 \\ -u & 1 & 0 & 0 & 0 \\ -w & 0 & 0 & 1 & 0 \\ \frac{1}{2}\left(b_1-\frac{v}{c}\right) & -\frac{1}{2}b_2 u & \frac{1}{2}\left(-b_2 v+\frac{1}{c}\right) & -\frac{1}{2}b_2 w & \frac{1}{2}b_2 \end{bmatrix}$$

$$(7-3-74)$$

$$\boldsymbol{R}_B = \begin{bmatrix} \boldsymbol{r}_1^B \\ \boldsymbol{r}_2^B \\ \boldsymbol{r}_3^B \\ \boldsymbol{r}_4^B \\ \boldsymbol{r}_5^B \end{bmatrix}^{\mathrm{T}} = \begin{bmatrix} 1 & 1 & 0 & 0 & 1 \\ u & u & 1 & 0 & u \\ v-c & v & 0 & 0 & v+c \\ w & w & 0 & 1 & w \\ H-vc & \frac{1}{2}(u^2+v^2+w^2) & u & w & H+vc \end{bmatrix}$$

$$(7-3-75)$$

$$\boldsymbol{\Lambda}_B = \mathrm{diag}(a_1^B, a_2^B, a_3^B, a_4^B, a_5^B) = \mathrm{diag}(v-c, v, v, v, v+c)$$

$$(7-3-76)$$

$$\boldsymbol{L}_C = \begin{bmatrix} \boldsymbol{l}_1^C \\ \boldsymbol{l}_2^C \\ \boldsymbol{l}_3^C \\ \boldsymbol{l}_4^C \\ \boldsymbol{l}_5^C \end{bmatrix} = \begin{bmatrix} \frac{1}{2}\left(b_1+\frac{w}{c}\right) & -\frac{1}{2}b_2 u & -\frac{1}{2}b_2 v & -\frac{1}{2}\left(b_2 w+\frac{1}{c}\right) & \frac{1}{2}b_2 \\ 1-b_1 & b_2 u & b_2 v & b_2 w & -b_2 \\ -u & 1 & 0 & 0 & 0 \\ -v & 0 & 1 & 0 & 0 \\ \frac{1}{2}\left(b_1-\frac{w}{c}\right) & -\frac{1}{2}b_2 u & -\frac{1}{2}b_2 v & \frac{1}{2}\left(-b_2 w+\frac{1}{c}\right) & \frac{1}{2}b_2 \end{bmatrix}$$

$$(7-3-77)$$

$$\boldsymbol{R}_C = \begin{bmatrix} \boldsymbol{r}_1^C \\ \boldsymbol{r}_2^C \\ \boldsymbol{r}_3^C \\ \boldsymbol{r}_4^C \\ \boldsymbol{r}_5^C \end{bmatrix}^{\mathrm{T}} = \begin{bmatrix} 1 & 1 & 0 & 0 & 1 \\ u & u & 1 & 0 & u \\ v & v & 0 & 1 & v \\ w-c & w & 0 & 0 & w+c \\ H-wc & \frac{1}{2}(u^2+v^2+w^2) & u & v & H+wc \end{bmatrix}$$

(7-3-78)

$$\boldsymbol{\Lambda}_C = \mathrm{diag}(a_1^C, a_2^C, a_3^C, a_4^C, a_5^C) = \mathrm{diag}(w-c, w, w, w, w+c)$$

(7-3-79)

任意一个四面体的任意一个面的数值通量计算方法与二维三角形网格任意边的数值通量计算方法类似。例如计算图 7-3-5 中阴影面的 $x$ 方向数值通量 $\bar{f}$，则先按 $x$ 坐标递增顺序定义 $j-1$，$j$，$j+1$ 和 $j+2$ 共 4 个点，其中 $j$ 和 $j+1$ 点为两个四面体的形心，然后再根据这四个点的参数值计算通量：

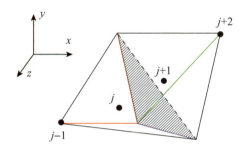

图 7-3-5  三维网格中点 $j-1$，$j$，$j+1$ 和 $j+2$ 在 $x$ 方向位置关系图

$$\bar{f} = \frac{1}{2}\left[\boldsymbol{F}(\boldsymbol{U}_j) + \boldsymbol{F}(\boldsymbol{U}_{j+1}) + \sum_{k=1}^{5} \psi_{k,j+\frac{1}{2}}\, r_{k,j+\frac{1}{2}}\right] \quad (7\text{-}3\text{-}80)$$

式中：$\psi_{k,j+\frac{1}{2}}$ 用式(7-3-30)～式(7-3-35)计算，与一维和二维情况不同的是，$N=5$，$\lambda = \dfrac{\Delta t}{\Delta l}$，$\Delta l = \dfrac{6V}{S}$，即 $\Delta l$ 为四面体内接球直径，$V$、$S$ 分别为四面体的体积和表面积。

同样地，分别按 $y$ 方向和 $z$ 方向递增顺序定义 $j-1$，$j$，$j+1$ 和 $j+2$ 共 4 个点，就可计算出阴影面上 $y$ 方向和 $z$ 方向的数值通量 $\bar{g}$ 和 $\bar{m}$。然后同理计算出四面体其他三个面的通量向量后，再按式(7-3-64)和式(7-3-65)计算出该四面体上下一时间层 $n+1$ 的参数值。

### 7.3.3 HLLC 格式

Godunov 首次将 Riemann 问题及其相关解引入数值计算领域,提出了 Godunov 方法。为了计算 Godunov 型通量,Harten、Lax 和 Van Leer 提出了一种求近似黎曼解的方法,这种方法被称为 HLL 方法,Dais 和 Einfeldt 分别提出了不同的波速估计的方法。这样,采用 HLL 方法,就可以直接求得近似通量。然而这种方法容易将接触间断抹平,这一缺点令人难以接受。为了克服 HLL 方法的缺点,Toro、Spruce 和 Speares 等人提出了一种改进的方法,称为 HLLC(Harten,Lax,van Leer,Contact)方法,HLLC 近似黎曼解方法是能够精确地模拟接触间断和剪力波的最简单的平均状态方法,从采用这种方法的结果来看,它是一个具有实际应用价值的近似黎曼解方法,采用 HLLC 近似黎曼解方法得到的结果和采用精确黎曼解方法得到的结果相比,基本上没有区别。

Toro 等人提出的 HLLC 方法是基于图 7-3-6 所示的 Riemann 问题。已知"左"边状态参数矢量 $U_i$、"右"边状态参数矢量 $U_j$ 和接触间断面的速度 $S_M$,则" * "区中状态的确定及通量 $F_{i,j}$ 的计算如下所示:

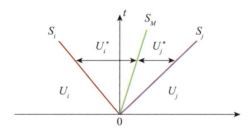

图 7-3-6 HLLC 的近似 Riemann 解

$$F_{i,j}^{\mathrm{HLLC}} = \begin{cases} F(U_i), & S_i > 0 \\ F(U_i^*), & S_i \leqslant 0 < S_M \\ F(U_j^*), & S_M \leqslant 0 \leqslant S_j \\ F(U_j), & S_j < 0 \end{cases} \quad (7-3-81)$$

式中:

$$U_i^* = \begin{pmatrix} \rho_i^* \\ (\rho v)_i^* \\ (\rho E)_i^* \end{pmatrix} = \frac{1}{S_i - S_M} \begin{pmatrix} (S_i - u_{n_i})\rho_i \\ (S_i - u_{n_i})(\rho v)_i + (p^* - p_i)\boldsymbol{n} \\ (S_i - u_{n_i})(\rho E)_i - p_i u_{n_i} + p^* S_M \end{pmatrix}$$

$$(7-3-82)$$

$$U_j^* = \begin{pmatrix} \rho_j^* \\ (\rho v)_j^* \\ (\rho E)_j^* \end{pmatrix} = \frac{1}{S_j - S_M} \begin{pmatrix} (S_j - u_{n_j})\rho_j \\ (S_j - u_{n_j})(\rho v)_j + (p^* - p_j)\boldsymbol{n} \\ (S_j - u_{n_j})(\rho E)_j - p_j u_{n_j} + p^* S_M \end{pmatrix} \tag{7-3-83}$$

$$\boldsymbol{F}_i^* \equiv \boldsymbol{F}(\boldsymbol{U}_i^*) = \begin{pmatrix} S_M \rho_i^* \\ S_M(\rho v)_i^* + p^* \boldsymbol{n} \\ S_M(\rho E)_i^* + (S_M + \dot{\boldsymbol{x}} \cdot \boldsymbol{n})p^* \end{pmatrix} \tag{7-3-84}$$

$$\boldsymbol{F}_j^* \equiv \boldsymbol{F}(\boldsymbol{U}_j^*) = \begin{pmatrix} S_M \rho_j^* \\ S_M(\rho v)_j^* + p^* \boldsymbol{n} \\ S_M(\rho E)_j^* + (S_M + \dot{\boldsymbol{x}} \cdot \boldsymbol{n})p^* \end{pmatrix} \tag{7-3-85}$$

$$p^* = \rho_i(u_{n_i} - S_i)(u_{n_i} - S_M) + p_i = \rho_j(u_{n_j} - S_j)(u_{n_j} - S_M) + p_j \tag{7-3-86}$$

$$u_{n_i} = (\boldsymbol{v}_i - \dot{\boldsymbol{x}}) \cdot \boldsymbol{n} \qquad u_{n_j} = (\boldsymbol{v}_j - \dot{\boldsymbol{x}}) \cdot \boldsymbol{n} \tag{7-3-87}$$

$$S_M = \frac{\rho_j u_{n_j}(S_j - u_{n_j}) - \rho_i u_{n_i}(S_i - u_{n_i}) + p_i - p_j}{\rho_j(S_j - u_{n_j}) - \rho_i(S_i - u_{n_i})} \tag{7-3-88}$$

$$S_i = \min[u_{n_i} - c_i, (\hat{\boldsymbol{v}} - \dot{\boldsymbol{x}}) \cdot \boldsymbol{n} - \hat{c}] \qquad S_j = \max[u_{n_j} + c_j, (\hat{\boldsymbol{v}} - \dot{\boldsymbol{x}}) \cdot \boldsymbol{n} + \hat{c}] \tag{7-3-89}$$

式(7-3-89)中,$\hat{\boldsymbol{v}}$ 和 $\hat{c}$ 分别为左右边状态的速度和当地声速的 Roe 平均值,即

$$\hat{\boldsymbol{v}} = \frac{\sqrt{\rho_i}\boldsymbol{v}_i + \sqrt{\rho_j}\boldsymbol{v}_j}{\sqrt{\rho_i} + \sqrt{\rho_j}} \tag{7-3-90}$$

$$\hat{c}^2 = \frac{\sqrt{\rho_i}c_i^2 + \sqrt{\rho_j}c_j^2}{\sqrt{\rho_i} + \sqrt{\rho_j}} + \eta_2 \cdot |\boldsymbol{v}_j - \boldsymbol{v}_i|^2 \tag{7-3-91}$$

$$\eta_2 = \frac{1}{2} \frac{\sqrt{\rho_i \rho_j}}{(\sqrt{\rho_i} + \sqrt{\rho_j})^2} \tag{7-3-92}$$

为了达到空间高阶精度,通常认为守恒变量在各网格单元内是分片线性分布的。采用线性重构方法得到所求点上的变量值,即对网格积分边界 $k$ 的左右两侧守恒变量的重构函数(以二维为例,如图 7-3-7)为

$$\begin{aligned} \boldsymbol{U}_L &= \boldsymbol{U}_i + \phi_{ik}(\nabla \boldsymbol{U}_i \cdot \boldsymbol{r}_{ik}) \\ \boldsymbol{U}_R &= \boldsymbol{U}_j + \phi_{jk}(\nabla \boldsymbol{U}_j \cdot \boldsymbol{r}_{jk}) \end{aligned} \tag{7-3-93}$$

式中：$\Delta U$ 为网格单元内状态参数矢量 $U$ 的梯度向量，它在单元内不变；$U_i$ 和 $U_j$ 为单元格心 $i$ 和 $j$ 上状态参数矢量；$r_{ik}$ 为格心 $i$ 到积分边界中心点 $k$ 的向量；$\phi_{ik}$ 和 $\phi_{jk}$ 为限制器。

由格林公式得

$$\int_\Omega \nabla U \mathrm{d}\Omega = \oint_{\partial\Omega} U \cdot n \mathrm{d}\Gamma \qquad (7-3-94)$$

则一个三角形网格单元内的梯度向量可由下式得到

$$\nabla U = \frac{1}{\Omega} \oint_{\partial\Omega} U \cdot n \mathrm{d}\Gamma = \frac{1}{\Omega} \sum_{m=1}^{3} (U_m \cdot n_m) \Gamma_m \qquad (7-3-95)$$

式中：$\Omega$ 为积分路径所围成的面积，如图 7-3-8 所示，对一个三角形网格 $A$，求解该网格上梯度向量时的积分路径为三角形 $\Delta abc$，其中 $a$、$b$、$c$ 为网格 $A$ 的周围三角形的重心。

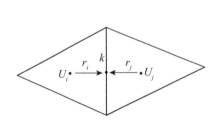
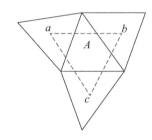

图 7-3-7　高阶格式的构造示意图　　图 7-3-8　三角形网格 $A$ 内的梯度计算

在跨声速和超声速绕流计算中，为了抑制激波附近可能出现的非物理振荡，保持数值格式的单调性，需要引用限制器 $\phi$，对式(7-3-93)中的 $\phi_{ik}$，有

$$\phi_{ik} = \phi\left(\frac{U_j - U_i}{\nabla U_i \cdot r_{ik}}\right) \qquad (7-3-96)$$

式中：函数 $\phi(x) \in [0, 1]$，为了便于调整限制性的强弱，引入限制函数 $\psi$，

$$y\phi\left(\frac{x}{y}\right) = \Psi(x, y) = \min \mathrm{mod}(x, y) = \frac{1}{2}[\mathrm{sign}(x) + \mathrm{sign}(y)] \min(|x|, |y|)$$

$$(7-3-97)$$

如果采用的是格心型有限体积法，网格节点上的流场参数矢量不能直接通过求解 Euler 方程得到，因此网格节点上的流场参数矢量由该节点周围的控制体格心处的流场参数矢量来决定：

$$U_m = \frac{\sum_{k=1}^{N} U_{m,k} \Omega_{m,k}}{\sum_{k=1}^{N} \Omega_{m,k}} \qquad (7-3-98)$$

式中：$U_m$ 为第 $m$ 个节点上的流场参数矢量；$N$ 为它周围控制体的数目；$\Omega_{m,k}$ 和 $U_{m,k}$ 分别为该节点周围第 $k$ 个控制体的体积和其格心处的流场参数矢量。

### 7.3.4 有限体积算法的精度和守恒性分析

在有限体积算法计算中通常需要采用以下几个基本假设：

(1)假设流动方程组在控制体单元内是可积的。这要求在控制体单元内的流动量光滑分布，如果有间断存在，它只能存在于界面上。

(2)假设 $u_j^n \equiv \bar{u}_j^n$，即在节点上流动量就是控制体单元内流动量的平均值。

(3)假设在 $\Delta t$ 时间内数值流通量 $f$ 保持不变。即在 $\Delta t$ 时间内流通量 $f$ 变化的计算精度为零阶近似，在时间上数值结果只能达到一阶精度格式。

由于采用了上述假设，有限体积算法计算精度和效率要比有限差分算法差一些。为此，需要构造高精度有限体积算法的离散格式。

有限体积算法离散格式的计算精度取决于在控制单元内流动量 $u_j^n$ 的分布精度。当 $u_j^n$ 取一阶精度分布时，它就只有一阶精度，但 $u_j^n$ 取二阶精度分布时，它就有二阶精度。从理论上讲，$u_j^n$ 的分布可以取任意阶精度。但是，$u_j^n$ 的分布精度取得越高，所得到的离散格式就越复杂，计算也越麻烦和困难。

设控制单元内流动量为 $u(x)$，$x \in \left[ x_{j-\frac{1}{2}}, x_{j+\frac{1}{2}} \right]$。流动量 $u(x)$ 采用如下的空间分布规律：

(1)若流动量 $u(x)$ 为分段常数空间分布，$u(x) = u_j$，$x \in \left[ x_{j-\frac{1}{2}}, x_{j+\frac{1}{2}} \right]$。这时离散格式是一阶精度。它对应的有限差分算法是一阶 Godunov 差分格式。

(2)若流动量 $u(x)$ 为分段直线空间分布，$u(x) = u_j + a(x - x_j)$，$x \in \left[ x_{j-\frac{1}{2}}, x_{j+\frac{1}{2}} \right]$，$a = $ 常数。这时离散格式是二阶精度。它对应的有限差分算法是二阶 MUSCL 格式。

(3)若流动量 $u(x)$ 为分段抛物线空间分布，$u(x) = u_j + a(x - x_j) + b(x - x_j)^2$，$x \in \left[ x_{j-\frac{1}{2}}, x_{j+\frac{1}{2}} \right]$，$a = b = $ 常数。这时离散格式是三阶精度。它对应的有限差分算法是三阶 PPM 差分格式。

上述有限体积算法和有限差分算法的计算格式在空间上是高阶精度的，但是在时间上仍然为零阶近似,即在 $\Delta t$ 时间内流通量 $f$ 是不变的。如果要求在时间上一定的精度,则在 $\Delta t$ 时间间隔内允许流通量 $f$ 以某种规律变化,或对时间微商进行 Runge-Kutta 离散的做法。但是这种做法在一定程度上已经破坏了有限体积的守恒性。

此外在推导有限体积算法的离散格式时还要求基本方程(组)在控制体单元内必须连续可微。这一假设实际上就是要求在控制体单元内不允许出现间断。但是,在高速流动中间断是随时随地都可能出现的,因此这一假设在一定程度上也会降低计算精度和守恒性。

为了克服上述做法中的弱点,必须对上述做法进行必要的改进和发展,需要研究和发展新的数值算法。近年来国内外学者在研究和发展新的数值算法方面已经取得了一定进展,并把有限体积算法推广到非结构网格中。

## 7.4 化学反应流数值计算

### 7.4.1 化学反应源项的计算

对常用于爆轰推进的气体混合物,如氢和空气组成的混合物,甲烷和空气组成的混合物,有很多种化学反应模型,对于 $H_2/Air$ 燃烧,采用 7 组分 8 反应步,对 $CH_4/Air$ 燃烧,采用 10 组分 12 反应步,将氮气视为惰性气体,化学反应速率常数见文献[4]。

甲烷燃烧 10 组分 12 反应步模型为

$$\begin{cases} CH_4 + 1.5O_2 = CO + 2H_2O \\ CO + OH = CO_2 + H \\ CO + O_2 = CO_2 + O \\ CO + O + M = CO_2 + M \\ H + O_2 = OH + H \\ O + H_2 = OH + H \\ OH + H_2 = H_2O + H \\ H_2O + O = OH + OH \\ OH + M = O + H + M \\ O_2 + M = O + O + M \\ H_2 + M = H + H + M \\ H_2O + M = OH + H + M \end{cases}$$

其中 $CH_4/Air$ 化学反应模型的第一个化学反应是个唯象反应,反应速率为

$$K_{ov} = K_{arr}[CH_4]^{1.0}[O_2]^{1.0} = AT^n \exp(-Ea/R_u T)[CH_4]^{1.0}[O_2]^{1.0} \quad (7-4-1)$$

氢燃烧 7 组分 8 反应步模型为

$$\begin{cases} OH + H + M = H_2O + M \\ O + H_2 = OH + H \\ H_2 + OH = H_2O + H \\ OH + OH = H_2O + O \\ H + H + M = H_2 + M \\ O + O + M = O_2 + M \\ H + O_2 = OH + O \\ O + H + M = OH + M \end{cases}$$

从式 (1-2-5) 可以看到,化学反应速率表达式中含有组分质量分数的乘积项,因此在求解组分守恒方程时,必须对源项 $(\dot{w}_i)^{n+1}$ 作特殊处理。

以双分子反应为例,其反应方程式可以写成

$$A + B \Leftrightarrow C + D$$

正向反应速率为
$$\dot{W}_+^m = k_m \rho^2 F_A F_B \quad (7-4-2)$$

逆向反应速率为
$$\dot{W}_-^m = \frac{k_m}{K_m} \rho^2 F_C F_D \quad (7-4-3)$$

净反应速率为
$$\dot{W}^m = \dot{W}_+^m - \dot{W}_-^m \quad (7-4-4)$$

S 组分的质量生成速率为

$$\dot{W}_S = \sum_{m=1}^{N_r} (\dot{W}_+^m - \dot{W}_-^m) \cdot S_m \quad (7-4-5)$$

式 (7-4-2)、式 (7-4-3) 中,$F_i = \frac{f_i}{W_i}$,$i = A、B、C、D$;$S_m = 0, \pm 1, \pm 2$,表示 S 组分在第 $m$ 个反应中出现的次数;若 S 为反应物则 $S_m$ 取负值,反之,S 为产物,$S_m$ 取正值;$N_r$ 为反应体系总反应数。

假定各组分相对独立,而对组分浓度进行线性化处理,即

$$d(F_1 F_2) = F_1 dF_2 + F_2 dF_1$$

或
$$(F_1 F_2)^{n+1} - (F_1 F_2)^n = F_1^n (F_2^{n+1} - F_2^n) + F_2^n (F_1^{n+1} - F_1^n)$$

所以
$$(F_1 F_2)^{n+1} = -(F_1 F_2)^n + F_1^{\ n} F_2^{n+1} + F_2^{\ n} F_1^{n+1}$$

$$(\dot{W}^m)^{n+1} = (\dot{W}_+^m)^{n+1} - (\dot{W}_-^m)^{n+1}$$

所以 $= -(\dot{W}^m)^n + \left(\dfrac{\dot{W}^m_+}{F_A}\right)^n \cdot F_A^{n+1} + \left(\dfrac{\dot{W}^m_+}{F_B}\right)^n \cdot F_B^{n+1} - \left(\dfrac{\dot{W}^m_-}{F_C}\right)^n \cdot F_C^{n+1} - \left(\dfrac{\dot{W}^m_-}{F_D}\right)^n \cdot F_D^{n+1}$

$= -(\dot{W}^m)^n + \sum_{i=1}^{4}\left(\dfrac{R_i^m}{F_i}\right)^n \cdot F_i^{n+1}$

$$\text{(7-4-6)}$$

式中：$R_i^m = \begin{cases} \dot{W}^m_+, & i \leqslant 2 \quad \text{即反应物} \\ -\dot{W}^m_-, & i > 2 \quad \text{即产物} \end{cases}$

利用式(7-4-6)可以把 $(n+1)$ 网格点的质量生成速率表示为

$(\dot{W}_S)^{n+1} = \sum_{m=1}^{N_r}(\dot{W}^m)^{n+1} \cdot S_m$

$= -(\dot{W}_S)^n + \sum_{m=1}^{N_r} S_m \cdot \left[\sum_{l=1}^{4}\left(\dfrac{R_l^m}{F_l}\right)^n \cdot F_l^{n+1}\right]$

$= -(\dot{W}_S)^n + \sum_{i=1}^{N}\left[\sum_{m=1}^{N_r} S_m \cdot H_m^i \cdot \left(\dfrac{R_i^m}{F_i}\right)^n \cdot F_i^{n+1}\right]$

$$\text{(7-4-7)}$$

式中：$R_i^m = \begin{cases} \dot{W}^m_+, & i \text{ 组分为反应物} \\ -\dot{W}^m_-, & i \text{ 组分为生成物} \end{cases}$；$H_m^i = 0, 1, 2$，为 $i$ 组分在第 $m$ 个反应中出现的次数。

将式(7-4-7)代入组分守恒差分方程中，便得到关于 $N$ 种组分的 $N$ 阶非齐次线性方程组：

$$\boldsymbol{Q} \cdot \boldsymbol{F} = \boldsymbol{\Phi} \qquad (7-4-8)$$

$$\boldsymbol{\Phi} = \begin{bmatrix} (-\dot{w}_1)^n \dfrac{\Delta t}{\rho} + (F_1)^n \\ (-\dot{w}_2)^n \dfrac{\Delta t}{\rho} + (F_2)^n \\ \vdots \\ (-\dot{w}_N)^n \dfrac{\Delta t}{\rho} + (F_N)^n \end{bmatrix} \qquad (7-4-9)$$

$$\boldsymbol{F} = \begin{bmatrix} (F_1)^{n+1} \\ (F_2)^{n+1} \\ \vdots \\ (F_N)^{n+1} \end{bmatrix} \qquad (7-4-10)$$

$$Q = \begin{bmatrix} q_{11} & q_{12} & \cdots & q_{1N} \\ q_{21} & q_{22} & \cdots & q_{2N} \\ \vdots & \vdots & \ddots & \vdots \\ q_{N1} & q_{N2} & \cdots & q_{NN} \end{bmatrix} \quad (7-4-11)$$

$$q_{si} = \begin{cases} -\Big[\sum_{m=1}^{N_r} S_m \cdot H_m^i \cdot \Big(\dfrac{R_i^m}{F_i}\Big)^n\Big] \cdot \dfrac{\Delta t}{\rho}, S \neq i \\ 1 - \Big[\sum_{m=1}^{N_r} S_m \cdot H_m^i \cdot \Big(\dfrac{R_i^m}{F_i}\Big)^n\Big] \cdot \dfrac{\Delta t}{\rho}, S = i \end{cases} \quad (7-4-12)$$

方程(7-4-8)~(7-4-12)就构成了求解组分守恒方程的差分方程组。

### 7.4.2 压力偏导数的推导及处理

由于压力不再是单一内能的函数,特征矩阵中存在各压力偏导数,下面推导各压力偏导数的具体表达式以及平均压力偏导数的表达式。

采用总能与温度的显式表达式(7-4-13)来推导压力偏导数,即

$$T = \frac{1}{c_V}\Big(\frac{E}{\rho} - \frac{1}{2}(u^2 + v^2) - \sum_{i=1}^{N} Y_i \Delta h_{fi}^0\Big) \quad (7-4-13)$$

状态方程式(2-2-5)和式(7-4-13)联立得

$$\frac{\partial p}{\partial E} = \sum_{i=1}^{N} \frac{\rho_i}{W_i} R_u \frac{\partial T}{\partial E} \quad (7-4-14)$$

$$\frac{\partial p}{\partial \rho_i} = \frac{R_u T}{W_i} + \sum_{i=1}^{N} \frac{\rho_i}{W_i} R_u \frac{\partial T}{\partial \rho_i} \quad (7-4-15)$$

而代入式(1-3-4)得

$$\frac{\partial T}{\partial \rho_i} = -\frac{T c_{Vi}}{\rho c_V} + \frac{1}{\rho c_V}\Big[\frac{1}{2}(u^2 + v^2) - \Delta h_i^0\Big] \quad (7-4-16)$$

即

$$\frac{\partial p}{\partial E} = \sum_{i=1}^{N} \frac{Y_i R_u}{W_i c_V} \quad (7-4-17)$$

$$\frac{\partial p}{\partial \rho_i} = \frac{R_u}{W_i} T - \frac{p c_{Vi}}{\rho c_V} + p_E\Big(\frac{1}{2}(u^2 + v^2) - \Delta h_i^0\Big) \quad (7-4-18)$$

$$\frac{\partial p}{\partial \rho} = \sum_{i=1}^{N} Y_i \frac{\partial p}{\partial \rho_i} \quad (7-4-19)$$

化学反应流的 Roe 近似黎曼解算器如下计算:

$$u_{j+\frac{1}{2}} = \frac{u_j + Du_{j+1}}{1+D}, \quad v_{j+\frac{1}{2}} = \frac{v_j + Dv_{j+1}}{1+D}$$

$$H_{j+\frac{1}{2}} = \frac{H_j + DH_{j+1}}{1+D}, \quad Y^i_{j+\frac{1}{2}} = \frac{Y^i_j + DY^i_{j+1}}{1+D}$$

$$c^2_{j+\frac{1}{2}} = \left(\frac{\partial p}{\partial \rho}\bigg|_{m,n,E}\right)_{j+\frac{1}{2}} + \left(H_{j+\frac{1}{2}} - u^2_{j+\frac{1}{2}} - v^2_{j+\frac{1}{2}}\right)\left(\frac{\partial p}{\partial E}\bigg|_{\rho,m,n}\right)_{j+\frac{1}{2}}$$

$$(7-4-20)$$

### 7.4.3 温度的迭代计算

当 $n$ 时刻物理量均已知条件下，利用守恒方程式积分可求 $n+1$ 时刻的守恒变量 $U$，由此直接可得到 $\rho_i$、$u$、$v$、$w$，而压力 $p$ 必须用迭代法求出。由状态方程和总能量关系式可得

$$T = \left[\sum_{i=1}^{N}\rho_i h_i + \frac{1}{2}\rho(u^2+v^2+w^2) - e\right] \bigg/ \left(R_u \sum_{i=1}^{N}\frac{\rho_i}{W_i}\right) \quad (7-4-21)$$

由于 $\rho_i$、$u$、$v$、$w$ 和 $e$ 已知，故上式可写成：

$$T = a\sum_{i=1}^{N}\rho_i h_i + b \quad (7-4-22)$$

由式(7-4-22)、焓 $h_i^*$ 和温度 $T^*$ 的分段样条函数式(2-2-8)，用牛顿法迭代计算温度 $T$，然后代入状态方程式(2-2-5)即可计算得到压力 $p$。

### 7.4.4 扩散项的计算

扩散项处理是在不考虑其他作用（流动和化学反应）的情况下，扩散单独作用时的处理方法。这样扩散项的控制方程，可以写为

$$\frac{\partial(\rho_i)}{\partial t} = \frac{\partial}{\partial x}\left(\rho D_{im}\frac{\partial Y_i}{\partial x}\right) + \frac{\partial}{\partial y}\left(\rho D_{im}\frac{\partial Y_i}{\partial y}\right) \quad (7-4-23)$$

$$\frac{\partial E}{\partial t} = q_1 + q_2 \quad (7-4-24)$$

式中：$q_1$、$q_2$ 分别为

$$q_1 = \frac{\partial}{\partial x}\left(\lambda\frac{\partial T}{\partial x}\right) - \frac{\partial}{\partial x}\left(\sum_{i=1}^{N}\rho_i h_i u_{di}\right) \quad (7-4-25)$$

$$q_2 = \frac{\partial}{\partial y}\left(\lambda\frac{\partial T}{\partial y}\right) - \frac{\partial}{\partial y}\left(\sum_{i=1}^{N}\rho_i h_i v_{di}\right) \quad (7-4-26)$$

式中：$u$、$v$ 分别表示 $x$、$y$ 方向上的速度

式(7-4-25)右端的项表示由于浓度梯度的存在，组分 $i$ 相对于混合流扩散而形成的质量变化，式(7-4-26)右端的项表示由于扩散流所携带的焓值和由于温度梯度所引起的热传导导致能量的变化。

### 7.4.5 边界条件的处理

在数值模拟中主要考虑了四种边界条件：物面边界、入流边界、出流边界和轴对称边界。为了更方便地处理边界情况，在计算域外侧虚拟了一层内部网格的对称控制体，如图 7-4-1～图 7-4-4 中虚线所示的三角形。对于不同的边界类型，虚拟三角形的参数取值方法也不同。设内部三角形上的压力和速度矢量分别为 $p_i$、$v_i$，对称虚拟三角形上的压力、速度矢量分别为 $p_s$、$v_s$，$AB$ 为边界。

#### 1. 物面边界条件

物面边界条件是理想流体的壁面边界条件。由于理想流体无黏性，因此在流体与固壁相接触处不存在切向力，流体沿着固壁可以滑动。同时，流体在运动中不穿透固壁或者与固壁分离，故理想流体在固壁面上的边界条件应是 $v \cdot n = 0$，其中 $v$ 为壁面上流体的速度，$n$ 为壁面的外法线方向的单位矢量，该式表明流体相对于固壁的法向

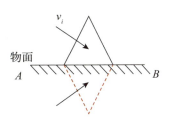

图 7-4-1 物面边界

速度为零。如图 7-4-1 所示，物面两侧的内部三角形和虚拟三角形中的流体流动可以视为镜面反射。因此对称虚拟三角形的参数值可取为

$$\begin{cases} \rho_{sj} = \rho_{ij} \\ p_s = p_i \\ v_{s,n} = -v_{i,n} \\ v_{s,\tau} = v_{s,\tau} \end{cases}, \quad j = 1, n \quad (7-4-27)$$

式中：$n$ 为组分数目；$\rho_j$ 为各组分的质量浓度；$(v_{i,n}, v_{i,\tau})$ 和 $(v_{s,n}, v_{s,\tau})$ 分别为内部三角形和对称虚拟三角形形心处的速度在边界上的法向和切向分量。

#### 2. 远场边界条件

数值计算中的网格只能取得有限远，而在实际情况中，物体所产生的扰动是传到无穷远的。在一个有限远的物理空间进行有限体积离散，并以均匀流场为初场作时间推进时，可以认为扰动波从物理面逐层地向远场传播，远场条件的处理必须能不反射这些扰动波，否则时间推进就可能不收敛。远场边界条件

分为自由入流条件和自由出流条件。

1）自由入流边界条件

如图 7-4-2 所示，有

$$\begin{cases} \rho_{ij} = \rho_{sj} = \rho_{\infty} \\ p_i = p_s = p_{\infty} \\ \bm{v}_i = \bm{v}_s = \bm{v}_{\infty} \end{cases} \quad (7-4-28)$$

式中：$\rho_{\infty}$、$p_{\infty}$ 和 $\bm{v}_{\infty}$ 是流场入口处的参数值。

2）自由出流条件

如图 7-4-3 所示，有

$$\begin{cases} \rho_{sj} = \rho_{ij} \\ p_s = p_i \\ \bm{v}_s = \bm{v}_i \end{cases} \quad (7-4-29)$$

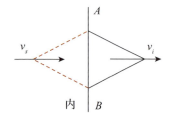

图 7-4-2　自由入流边界

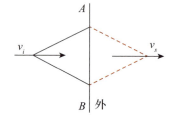

图 7-4-3　自由出流边界

### 3．对称边界条件

在对称边界上，虚拟控制体的参数值取法与物理边界条件相同。

网格参数的赋值在求解通量的过程中随之解决，内部节点的参数赋值时，取与它相邻的所有网格的相应参数的平均值，而位于边界上的节点参数赋值方法与内部节点的赋值方法不同，具体方法如下：

如图 7-4-4 所示，$AB$ 是边界，1、3 为内部三角形，2、4 为对称虚拟三角形。假设求■点的参数值 $M$，四个三角形的相应参数为 $M_i$，△1、△2 的公共边长为 $L_1$、$L_2$，△3、△4 的公共边长为 $L_3$、$L_4$，则 $M = \dfrac{\sum\limits_{i=1}^{4} M_i * L_i}{\sum\limits_{i=1}^{4} L_i}$。

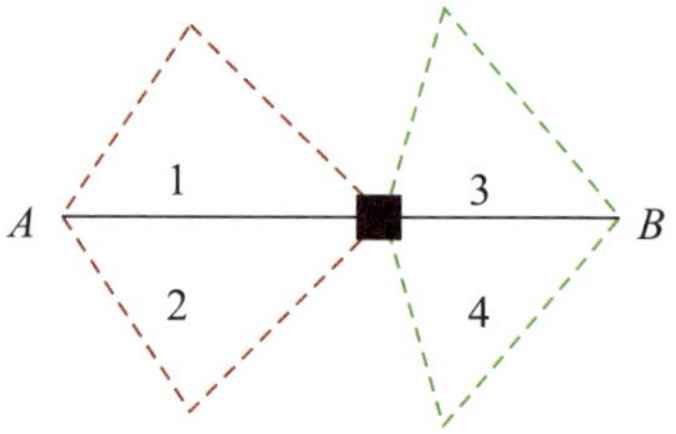

图 7-4-4　边界节点赋值示意图

## 7.5 算例分析

### 7.5.1 等容、等压化学平衡

对于化学热力学的计算，反应后的状态可以根据平衡常数法和最小自由能法进行计算。平衡常数法是采用化学平衡方程表示当达到化学平衡时，参加可逆反应的各物质的摩尔数与温度和压力之间的关系，据此计算在给定的温度和压强条件下，处于化学平衡的各物质的摩尔数。最小自由能法是根据熵增原理，在一定的条件下，例如在给定温度和压力的情况下，采用 Gibbs 自由能；而在给定温度和比容的情况下，采用 Helmholtz 自由能，系统达到平衡，其自由能必有最小值，在体系质量守恒的约束条件下，系统的自由能最小，据此可以求解在给定条件下多组分系统的平衡组成。

氢气与空气、甲烷与空气在等容或等压的条件下，燃烧后的状态参数可以根据化学热力学中的平衡计算方法来确定。混合物的初始条件：$p_0 = 1\text{atm}$，$T_0 = 298\text{K}$。定义反应系统混合物当量比（equivalence ratio）为

$$\Phi = [F/O]/[F/O]_{\text{stochi}} \tag{7-5-1}$$

式中：$[F/O]_{\text{stochi}}$ 为反应系统在化学当量条件下的燃料与氧化物之比；$[F/O]$ 为实际反应系统燃料与氧化物之比。

图 7-5-1 给出了在不同当量比情况下的氢气与空气混合物等容燃烧后的温度（单位为 K）。图 7-5-2 反映的是甲烷与空气混合物的结果。

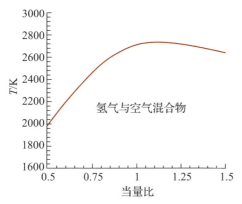 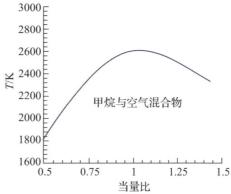

图 7-5-1　氢气与空气混合物当量比与等容燃烧温度关系图

图 7-5-2　甲烷与空气混合物当量比与定容燃烧温度关系图

对于等压燃烧的情况，采用氢气与空气(图7-5-3)、甲烷与空气(图7-5-4)作为算例进行平衡态的计算，初始条件与等容燃烧相同。

由计算结果图可知，反应系统在化学恰当比附近($\Phi \geqslant 1$)，温度达到最大值。之所以反应后的最高温度都发生在当量比稍微大于1的地方，这主要是由于在以上的反应物中，当燃料增加后，会使最终的反应产物中的单原子组分和双原子组分增加，使三原子组分和多原子组分减少，使得最终反应物的比热减小，这样反应产物的温度会有所提高。所以绝热火焰的最高温度一般出现在富燃料处，这与实验趋势是一致的。

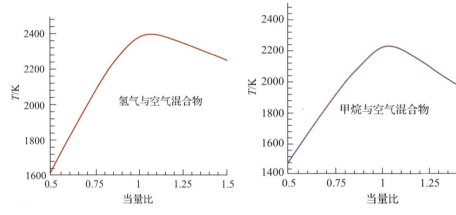

图7-5-3 氢气与空气混合物当量比与等压燃烧温度关系图

图7-5-4 甲烷与空气混合物当量比与等压燃烧温度关系图

## 7.5.2 C-J爆轰温度、压力和速度的计算

本节根据C-J爆轰的假设计算爆轰波后的参数。首先对氢、氧和氮的几种混合气体的爆轰速度和压力进行计算。设定混合气体初始条件为$p_0 = 1\text{atm}$，$T_0 = 291\text{K}$，表7-5-1中计算值与实验值的吻合很好。

表7-5-1 在氢、氧和氮的几种混合气体中，爆轰计算值与实验值的比较

| 可燃混合气体 | $p_2$/atm | $T_2$/K | 爆轰速度/(m/s) | |
|---|---|---|---|---|
| | | | 计算值 | 实验值 |
| $(2H_2 + O_2)$ | 19.3 | 3686 | 2844 | 2819 |
| $(2H_2 + O_2) + 1O_2$ | 18.3 | 3475 | 2326 | 2314 |
| $(2H_2 + O_2) + 3O_2$ | 16.3 | 3032 | 1936 | 1922 |
| $(2H_2 + O_2) + 1N_2$ | 18.3 | 3454 | 2400 | 2407 |
| $(2H_2 + O_2) + 3N_2$ | 16.6 | 3079 | 2052 | 2055 |
| $(2H_2 + O_2) + 2H_2$ | 18.4 | 3442 | 3411 | 3273 |

对不同当量比的甲烷与空气的混合物的爆温、爆压和爆速进行了计算，初始条件设为 $p_0 = 1\text{atm}$，$T_0 = 298\text{K}$；结果如图 7-5-5 所示。图 7-5-5 中最大的爆温和爆压仍然出现在富燃料的一方，相对与爆温和爆压，爆速的最大值所对应的当量比要大于爆温和爆压的最大值所对应的当量比，这主要是由于在相同的初始温度和压力下，过量的甲烷导致混合物密度较低，由于密度的减小会使爆轰波的波速有所增加。在这里需要说明的是，采用的甲烷的化学当量比所指的反应均为甲烷与氧气生成 $CO_2$ 和 $H_2O$ 的反应。当用碳氢化合物燃料做实验时，爆轰波速度最大时的燃料浓度接近于燃烧生成 $CO$ 和 $H_2O$ 时的化学恰当浓度，而远离生成 $CO_2$ 和 $H_2O$ 的化学恰当浓度。

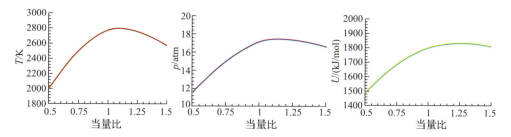

图 7-5-5　甲烷与空气混合物爆温、爆压和爆速与当量比的关系

### 7.5.3　超声速扩散火焰

超声速扩散火焰计算中，采用氧气参考状态为 $p_0 = 0.1\text{atm}$，$T_0 = 298.15\text{K}$；计算域如图 7-5-6 所示。A 区为氧气区域，初始条件为 $\rho = 2$，$p = 1$，$u = 3$，$Y_{O_2} = 1$，$Y_{H_2} = 0$；B 区为可燃气体区域，初始条件为 $p = 4$，$\rho = 0.2496$，$u = 5$，$Y_{O_2} = 0$，$Y_{H_2} = 1$。

图 7-5-6　超声速扩散火焰计算域示意图

计算的初始时刻要在 B 区的出口处设置点火区域，使得反应得以进行。当反应流场达到稳定时，流场中各参数分布如图 7-5-7 所示。反应主要发生在两个反应物 $H_2$[图 7-5-7(d)]和 $O_2$[图 7-5-7(e)]的分界区域，图 7-5-7(a)所表示的温度分布图以及图 7-5-7(f)所表示的生成物 $H_2O$ 分布图清晰地反映这一点。由于扩散、流动引起反应物的混合燃烧，并通过热传导使得周围反应物温度升高，反应得以进行和维持。

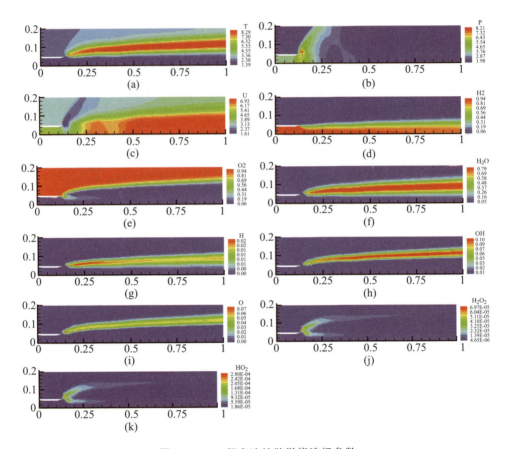

图 7-5-7 超声速扩散燃烧流场参数

## 7.5.4 驻定斜爆轰波数值计算

工程应用中经常会遇到超声速预混可燃气体的均匀来流沿着轴对称圆锥的轴线方向流动的问题。设想恒定超声速的均匀预混可燃气流过圆锥表面,当锥角和来流马赫数在一定范围内时,会在圆锥的顶端附着一道斜激波,波后温度升高,当达到点火温度时,预混可燃气体便迅速燃烧,释放大量热量。由于超声速燃烧本身的压缩作用,产物的流向将偏离壁面,燃烧波追上前置激波,促使爆轰波角增加,形成斜爆轰波,气体的波后流向与锥形壁面平行。这是一个典型的带激波的多组分化学反应流体流动问题,锥形弹丸诱导的斜爆轰波流场就是其中的一例。由于斜爆轰波是圆锥形的,所以它处处都与自由来流成相同的倾角,则锥角与斜爆轰波角的关系也就可以确定下来。斜爆轰波流场结构理想形态如图 7-5-8 所示(圆锥顶端采用简化的剖面图加以说明),$\theta$ 为半锥角,$\beta$ 为爆轰波角。

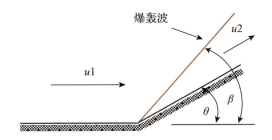

图 7-5-8 斜爆轰波流场示意图

驻定斜爆轰波特性研究是超燃推进技术的基础性研究。斜爆轰波的驻定条件、驻定斜爆轰波的特性和驻定斜爆轰波的稳定性等是研究超燃推进技术的关键问题。采用 TVD 有限体积格式，对 $H_2/Air$ 燃烧采用 7 组分 8 反应步，$CH_4/Air$ 燃烧采用 10 组分 12 反应步的化学反应机理，计算了圆锥绕流和锥形实验弹丸诱导的斜爆轰波流场，给出了数值模拟的部分结果。

### 1. $H_2/Air$ 斜爆轰波流场计算结果

图 7-5-9～图 7-5-14 示出了半锥角为 30°，来流马赫数为 7.0，来流温度为 298.15K，来流压力为 1atm，$H_2/Air$ 的当量比 $\varphi$ 分别为 0.5、0.75、1.0 的温度和密度等值线图。如图所示的计算结果，当来流马赫数和半锥角在斜爆轰波的驻定范围内时，来流当量比越大，即可燃气的含量越多，其与氧气的反应概率就越大，燃烧越充分，产生的热量也就越多，爆轰波后温度越高，爆轰波角越大。

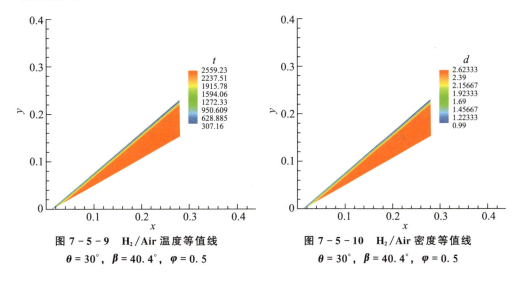

图 7-5-9　$H_2/Air$ 温度等值线
$\theta = 30°$，$\beta = 40.4°$，$\varphi = 0.5$

图 7-5-10　$H_2/Air$ 密度等值线
$\theta = 30°$，$\beta = 40.4°$，$\varphi = 0.5$

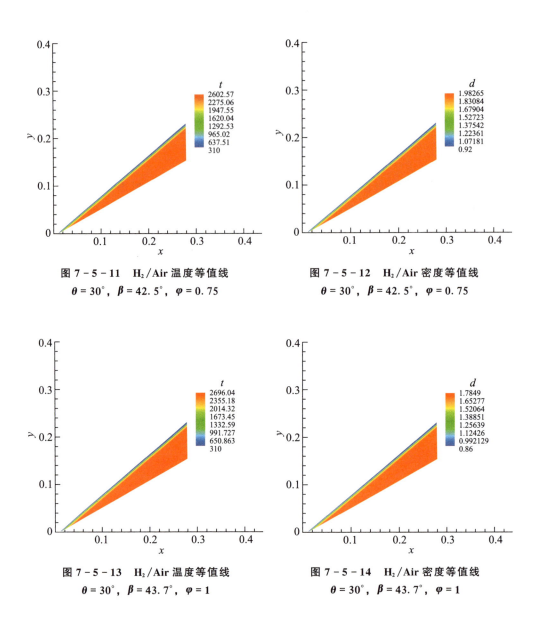

图 7-5-11　$H_2$/Air 温度等值线
$\theta = 30°$，$\beta = 42.5°$，$\varphi = 0.75$

图 7-5-12　$H_2$/Air 密度等值线
$\theta = 30°$，$\beta = 42.5°$，$\varphi = 0.75$

图 7-5-13　$H_2$/Air 温度等值线
$\theta = 30°$，$\beta = 43.7°$，$\varphi = 1$

图 7-5-14　$H_2$/Air 密度等值线
$\theta = 30°$，$\beta = 43.7°$，$\varphi = 1$

图 7-5-15～图 7-5-20 示出了来流马赫数为 7.0，来流温度为 298.15K，来流压力为 1atm，$H_2$/Air 的当量比 $\varphi$ 为 0.5，半锥角分别为 35°、40°、45°的温度和密度等值线。与图 7-5-9 和图 7-5-10 比较可以看出，在锥形斜爆轰波驻定允许范围内，半锥角越大，爆轰波后温度越高，爆轰波角越大。

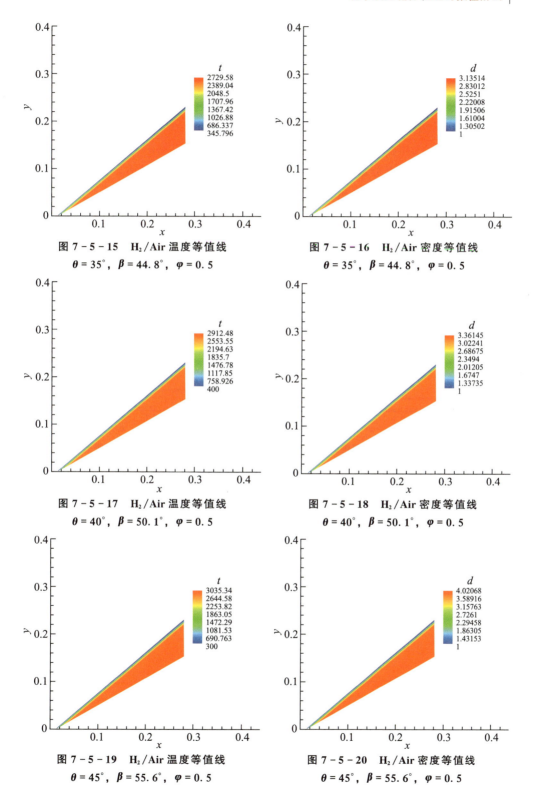

图 7-5-15  H$_2$/Air 温度等值线
$\theta = 35°$, $\beta = 44.8°$, $\varphi = 0.5$

图 7-5-16  H$_2$/Air 密度等值线
$\theta = 35°$, $\beta = 44.8°$, $\varphi = 0.5$

图 7-5-17  H$_2$/Air 温度等值线
$\theta = 40°$, $\beta = 50.1°$, $\varphi = 0.5$

图 7-5-18  H$_2$/Air 密度等值线
$\theta = 40°$, $\beta = 50.1°$, $\varphi = 0.5$

图 7-5-19  H$_2$/Air 温度等值线
$\theta = 45°$, $\beta = 55.6°$, $\varphi = 0.5$

图 7-5-20  H$_2$/Air 密度等值线
$\theta = 45°$, $\beta = 55.6°$, $\varphi = 0.5$

图 7-5-21 和图 7-5-22 给出了来流马赫数为 7.0，来流温度为 298.15K，来流压力为 1atm，$H_2/Air$ 的当量比 $\varphi$ 为 1.0，半锥角为 30°，沿圆锥表面各组分的质量百分数分布情况。图 7-5-23 和图 7-5-24 给出了来流马赫数为 7.0，来流温度为 298.15K，来流压力为 1atm，$H_2/Air$ 的当量比为 0.5，半锥角为 30°，沿圆锥表面各组分的质量百分数分布情况。由图中曲线的变化可以看出，预混可燃气体在圆锥顶端发生化学反应，此处反应物的质量百分数急剧下降，生成物的质量百分数急剧上升。而且 $H_2/Air$ 的当量比越大，反应后产物的含量越高、反应物的含量越低，表明混合气体的燃烧越充分，则产生的热量越高。

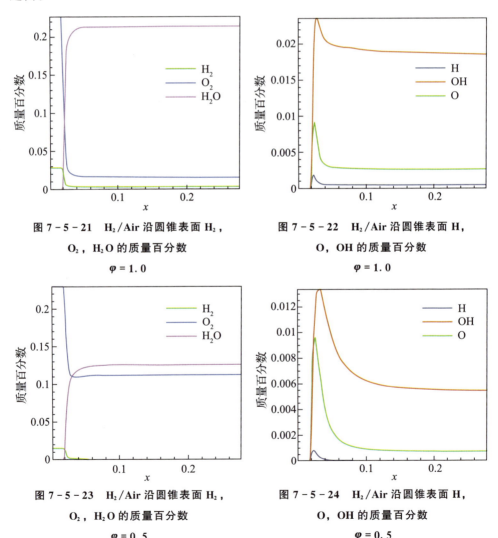

图 7-5-21　$H_2/Air$ 沿圆锥表面 $H_2$，$O_2$，$H_2O$ 的质量百分数　$\varphi = 1.0$

图 7-5-22　$H_2/Air$ 沿圆锥表面 H，O，OH 的质量百分数　$\varphi = 1.0$

图 7-5-23　$H_2/Air$ 沿圆锥表面 $H_2$，$O_2$，$H_2O$ 的质量百分数　$\varphi = 0.5$

图 7-5-24　$H_2/Air$ 沿圆锥表面 H，O，OH 的质量百分数　$\varphi = 0.5$

## 2. $CH_4$/Air 斜爆轰波流场计算结果

图 7-5-25～图 7-5-30 给出了半锥角为 30°，来流马赫数为 7.0，来流温度为 298.15K，来流压力为 1atm，$CH_4$/Air 的当量比分别为 0.5、0.75、1.0 的温度和密度等值线图。图中 $\theta$ 为半锥角，$\beta$ 为爆轰波角。由图可以看出，来流当量比越大，爆轰波后温度越高，爆轰波角越大。

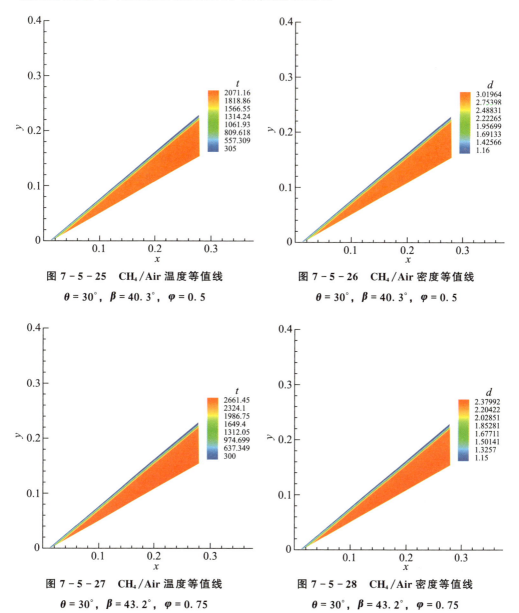

图 7-5-25　$CH_4$/Air 温度等值线
$\theta = 30°$，$\beta = 40.3°$，$\varphi = 0.5$

图 7-5-26　$CH_4$/Air 密度等值线
$\theta = 30°$，$\beta = 40.3°$，$\varphi = 0.5$

图 7-5-27　$CH_4$/Air 温度等值线
$\theta = 30°$，$\beta = 43.2°$，$\varphi = 0.75$

图 7-5-28　$CH_4$/Air 密度等值线
$\theta = 30°$，$\beta = 43.2°$，$\varphi = 0.75$

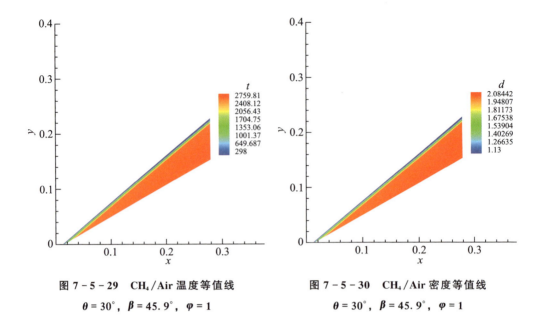

图 7-5-29　CH₄/Air 温度等值线
$\theta = 30°$, $\beta = 45.9°$, $\varphi = 1$

图 7-5-30　CH₄/Air 密度等值线
$\theta = 30°$, $\beta = 45.9°$, $\varphi = 1$

图 7-5-31～图 7-5-34 给出了来流马赫数为 7.0，来流温度为 298.15K，来流压力为 1atm，CH₄/Air 的当量比为 1.0，半锥角分别为 35°、40°的温度和密度等值线。图 7-5-29 和图 7-5-30 比较可以看出，在锥形斜爆轰波驻定允许范围内，半锥角越大，爆轰波后温度越高，爆轰波角越大。

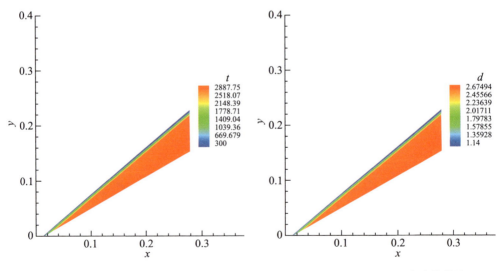

图 7-5-31　CH₄/Air 温度等值线
$\theta = 35°$, $\beta = 49.2°$, $\varphi = 1$

图 7-5-32　CH₄/Air 密度等值线
$\theta = 35°$, $\beta = 49.2°$, $\varphi = 1$

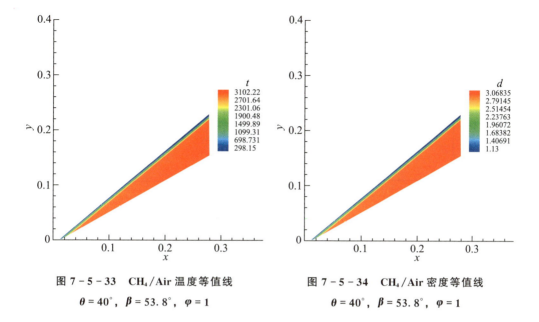

图 7-5-33　$CH_4/Air$ 温度等值线
$\theta = 40°$，$\beta = 53.8°$，$\varphi = 1$

图 7-5-34　$CH_4/Air$ 密度等值线
$\theta = 40°$，$\beta = 53.8°$，$\varphi = 1$

图 7-5-35 和图 7-5-36 给出了来流马赫数为 7.0，来流温度为 298.15K，来流压力为 1atm，$CH_4/Air$ 的当量比为 0.75，半锥角为 30°，沿圆锥表面各组分的质量百分数分布情况。图 7-5-37 和图 7-5-38 给出了来流马赫数为 7.0，来流温度为 298.15K，来流压力为 1atm，$CH_4/Air$ 的当量比为 1.0，半锥角为 30°，沿圆锥表面各组分的质量百分数分布情况。图中的曲线变化情况表明预混可燃气在圆锥顶端发生化学反应，$CH_4/Air$ 的当量比越大，燃烧越充分。

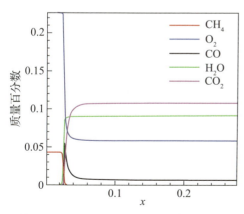

图 7-5-35　$CH_4/Air$ 沿圆锥表面 $CH_4$，
$O_2$，$CO$，$H_2O$，$CO_2$ 的质量百分数
$\varphi = 0.75$

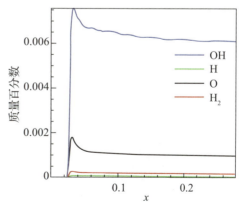

图 7-5-36　$CH_4/Air$ 沿圆锥表面 OH，
H，O，$H_2$ 的质量百分数
$\varphi = 0.75$

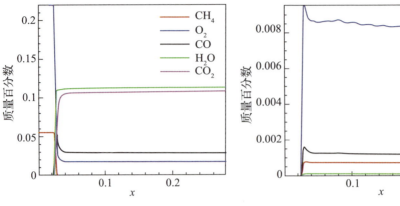

图 7-5-37　$CH_4/Air$ 沿圆锥表面 $CH_4$，$O_2$，$CO$，$H_2O$，$CO_2$ 的质量百分数　$\varphi = 1.0$

图 7-5-38　$CH_4/Air$ 沿圆锥表面 $OH$，$H$，$O$，$H_2$ 的质量百分数　$\varphi = 1.0$

对于锥形实验弹丸诱导的斜爆轰波流场，当弹丸顶角、可燃混合气体当量比、弹丸速度三者满足爆轰波驻定条件时，便可在弹丸顶部形成驻定斜爆轰波。由于化学反应，斜爆轰波的驻定较斜激波困难得多，而且形成驻定斜爆轰波需要较高的弹丸飞行速度（来流速度），高速流场和化学反应的强烈耦合也给驻定斜爆轰波的数值模拟带来很大的困难。采用前面章节介绍数值模拟方法，对几种不同顶角的弹丸爆轰流场进行了数值模拟，并将其密度分布云图与实验照片进行了比较，如图 7-5-39～图 7-5-42 所示，数值结果与实验照片基本吻合。弹丸流场的模拟条件与实验条件相同，用甲烷和空气的混合物为爆轰推进剂，混合气体的来流温度为 298.15K，来流压力为 1atm，$CH_4/Air$ 的当量比 $\varphi$ 为 1.0，来流速度 $v$ 和弹丸顶角 $\alpha$ 见图示。

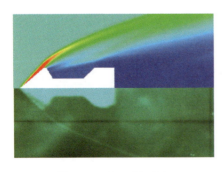

图 7-5-39　$CH_4/Air$　$\varphi = 1.0$，$\alpha = 80°$，$v = 2072m/s$

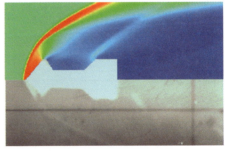

图 7-5-40　$CH_4/Air$　$\varphi = 1.0$，$\alpha = 100°$，$v = 1878m/s$

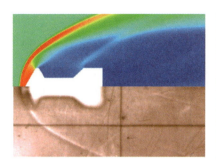 

图 7-5-41 CH₄/Air  　　图 7-5-42 CH₄/Air
$\varphi=1.0$, $\alpha=120°$, $v=1830\text{m/s}$　　$\varphi=1.0$, $\alpha=120°$, $v=1854\text{m/s}$

由图中可以看出，弹丸顶角的大小对形成驻定斜爆轰波影响很大，随着顶角的增加，弹丸头部的斜爆轰波会逐渐脱体。对于一定的弹丸速度和可燃混合气体当量比，弹丸顶角增大，对超声速来流的阻碍作用变大，形成的激波较强，容易点燃可燃混合气体形成驻定斜爆轰波，如图 7-5-39 所示，弹丸顶角为 80°时形成驻定斜爆轰波；弹丸顶角为 100°时，如图 7-5-40 所示，此时形成的爆轰波变斜率特征已经十分明显，在靠近弹丸前定心部处，斜爆轰波已呈弧形，有脱体的趋势；弹丸顶角过大将导致爆轰波脱体，如图 7-5-41、图 7-5-42 所示，弹丸顶角为 120°时形成脱体爆轰波。

### 3. 带有攻角飞行弹丸诱导的三维爆轰波数值模拟研究

在对驻定在高速飞行弹丸上的斜爆轰波流场数值模拟中，由于大多数弹丸是带有飞行攻角的，对驻定斜爆轰波的形成及结构都会产生一定的影响，弹丸飞行攻角 $\delta$ 的存在改变了锥形绕流实际锥角的大小，对驻定斜爆轰波的形成及结构都会产生一定的影响，尤其当飞行攻角比较大时流场和爆轰波结构都会发生显著的改变。图 7-5-43 为弹丸结构及飞行攻角示意图。

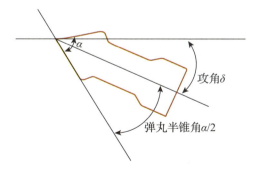

图 7-5-43　弹丸结构及飞行攻角示意图

图 7-5-44 是锥角为 60°的弹丸以攻角为 4°、速度为 1837m/s 飞入预混 $CH_4/Air$ 的实验照片,由于弹丸锥角和飞行攻角都比较小而在弹丸头部形成的附体锥形激波较弱难以诱导可燃气体混合物形成爆轰,只能形成驻定斜激波。当锥角为 50°的弹丸以速度为 2068m/s 时飞入预混气体时弹丸头部的锥形流动形成附体锥形激波很弱,难以诱导甲烷空气混合物形成爆轰,图 7-5-45 中的实验照片计算结果中出现爆轰现象,是由于存在一个 13°的弹丸攻角 $\delta$,流动就成了非对称的圆锥绕流,实际的最大半锥角 $\theta_{max}$ 已达 38°,形成的弹丸附体锥形激波要强得多,爆轰就是由这一激波诱导发生的。锥角为 70°和速度为 1940m/s 的实验中为了考察攻角的影响而人为地扩大了攻角 $\delta=24°$,此时实际半锥角为 $\theta_{min}=\alpha/2-\delta=11°$ 及 $\theta_{max}=\alpha/2+\delta=59°$。对应于半锥角 $\theta_{min}=11°$ 的流动,根

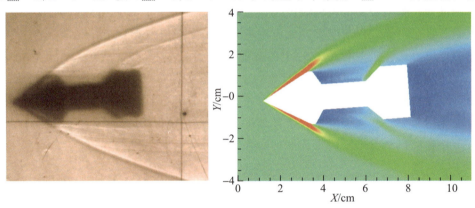

图 7-5-44 攻角为 4°的 60°锥角弹丸以速度 1837m/s 在 $CH_4/Air$ 中 ($\varphi=1.0$)飞行条件下的 $x-y$ 截面密度云图与实验结果比较

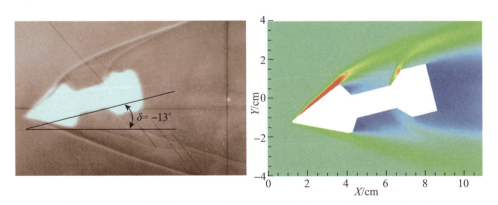

图 7-5-45 攻角为-13°的 50°锥角弹丸以速度 2068m/s 在 $CH_4/Air$ 中 ($\varphi=1.0$)飞行条件下的 $x-y$ 截面密度云图与实验结果比较

据斜激波理论分析 $\theta_{\min}$ 所形成的驻定锥形斜激波波角约为 16°，但现在从图 7-5-46 上测得实际激波角都大于 20°，表明这已不是一道由流动边界条件决定的斜激波。由于半锥角 $\theta_{\max}$ 形成强爆轰波，而其对流场的影响使半锥角 $\theta_{\min}$ 也形成斜爆轰波。当半锥角 $\theta$ 小于产生驻定超驱斜爆轰的临界半锥角时，改变下游的流动状态仍然可以形成驻定斜爆轰波。

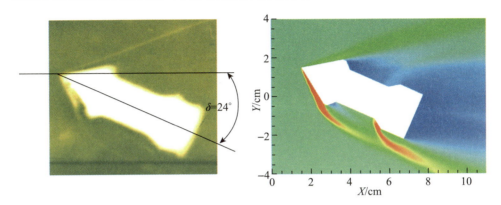

图 7-5-46　攻角为 24°的 70°锥角弹丸以速度 1940m/s 在 $CH_4/Air$ 中
($\varphi=1.0$)飞行条件下的 $x$-$y$ 截面密度云图与实验结果比较

从以上结果和分析可以得出，弹丸攻角的存在可以改变锥顶波系的结构和性质，甚至在 $\theta<\theta_{C-J}$ 的条件下，可以获得驻定斜爆轰波。因此在应用超驱斜爆轰推进技术时，应全面考虑流动条件和化学反应条件。

### 7.5.5　膛口流场数值模拟

当弹丸飞出枪炮膛口时，高温、高压的火药燃气被突然释放，在膛口外急剧膨胀，超越并包围弹丸，形成气动力结构异常复杂的膛口流场。膛口流场具有高度的瞬变性、强烈的方向性、波系结构和相互作用的复杂性、弹丸对射流的限制和对非定常性的影响等特点。数值模拟可以迅速方便地获得膛口流场全场所有参数的详尽信息，并可方便地进行数据处理，为实验和设计方案提供依据，数值模拟成为膛口流场研究的主要手段。

在膛口流场中，强的横向质量交换地进行，为火药燃气中的可燃成分提供了氧化剂，而复杂激波结构的存在，又使流场出现极利于混合气体着火及初始火焰传播的高温低速区域。所以说，膛口流场多激波的特征，为二次焰的点燃与传播提供了条件，而多切向间断的特征，又使得点燃过程变得更为复杂。为了进一步对膛口焰进行分析，根据流动特征把膛口射流划分为以下几个流动区域(如图 7-5-47 所示)：

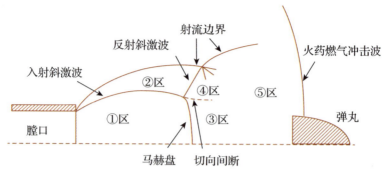

图 7-5-47 膛口射流

①区：激波瓶内的过度膨胀区，火药燃气自膛口的高温高压膨胀至马赫盘前的环境温度和压力以下，该区黏性影响很小，化学反应已基本冻结，可作为无黏等熵区处理。

②区：入射斜激波、射流边界和反射斜激波构成的超声速流区。在射流边界上，火药燃气与空气混合，在靠近激波处，黏性影响可以忽略，该区压力已接近环境压力，温度略高于环境温度，化学反应速率很小。

③区：马赫盘后滑移线与轴线之间的亚声速流区，火药燃气经马赫盘的再压缩后，压力略高于环境压力，温度突跃上升至膛口温度以上，速度突跃下降。因该区未与环境大气中的氧气混合，化学反应速率较小。随着滑移线两侧质量、动量和热量交换的进行，氧气逐渐扩散进来，化学反应速率激增。

④区：滑移线和射流边界之间，反射斜激波下游的超声速区。该区压力梯度很小，温度略高于环境温度，在射流边界上，火药燃气与环境大气发生湍流混合，在靠近滑移线处，由于横向质量、动量和热量交换的结果，温度逐步升高，速度逐步降低，出现一个化学反应速度很大的局部区域。

⑤区：膛口欠膨胀射流的混合段，与一般的湍流射流混合段类似，最大速度和温度均在轴线上。所不同的是，膛口欠膨胀射流受到火药燃气冲击波的约束，该区域的流动在后效期的早期阶段受冲击波的影响较大。

在膛口流场形成和发展过程中，膛口焰是膛口流场的主要特性之一，它是后效期具有剩余能量的火药燃气在膛口附近产生的可见光。膛口焰可分为三种：一次焰、中间焰和二次焰。二次焰是瓶状激波下游火药燃气与空气混合形成二次燃烧所产生的火焰，持续时间最长。二次焰的强度、范围和持续时间都比一次焰和中间焰要大得多，通常研究膛口焰主要是探讨二次焰的形成和性质，膛口射流燃烧流场如图 7-5-48 所示。

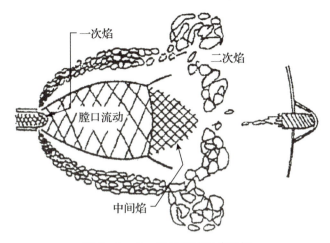

图 7-5-48 膛口射流燃烧流场

**1. 可燃成分浓度对二次燃烧影响**

膛口二次燃烧不仅取决于火药气体中含有可燃成分的内因，还依赖于膛口流场提供有利于着火的高温低速区的外部条件。本节研究了火药气体成分浓度和膛口压力对二次燃烧的点燃和传播范围的影响。

枪管内径 5.8mm，长度为 620mm，膛管内火药气体由内弹道气动力数学模型计算得到，其分布压力和速度分别为

$$p_x = p_d\left[1 + \frac{\omega}{2\varphi_1 q}\left(1 - \frac{x^2}{L^2}\right)\right] \quad (7-5-1)$$

$$v_x = \frac{x}{L}v_0 \quad (7-5-2)$$

式中：$p_x$，$v_x$ 分别为膛管内的压力和速度；$x$ 为离膛底的距离；$L$ 为膛管的长度；$\omega$ 为子弹装药量；$q$ 为弹体重量；$\frac{\omega}{2\varphi_1 q}$ 值为 0.15；$p_d$ 为弹丸到膛口时弹底压力；$v_0$ 为弹丸出膛口时速度；$p_d = 3.8 \times 10^7$Pa，$v_0 = 920$m/s，火药燃气平均密度 $\rho_0 = 88.261$kg/m³，其温度和能量可由热力学计算得到。表 7-5-2 示出了发射药燃气各组分的质量浓度比。

表 7-5-2  5.8 枪发射药膛内化学平衡计算结果

| 序号 | 组分 | 100%<br>质量分数 $Y_i$ | 95%+5%AN<br>质量分数 $Y_i$ | 90%+10%AN<br>质量分数 $Y_i$ | 85%+15%AN<br>质量分数 $Y_i$ |
|---|---|---|---|---|---|
| 1 | CO | 0.612248 | 0.539186 | 0.534408 | 0.494032 |
| 2 | $CO_2$ | 0.054472 | 0.060093 | 0.075196 | 0.087736 |

（续）

| 序号 | 组分 | 100%<br>质量分数 $Y_i$ | 95%＋5%AN<br>质量分数 $Y_i$ | 90%＋10%AN<br>质量分数 $Y_i$ | 85%＋15%AN<br>质量分数 $Y_i$ |
|---|---|---|---|---|---|
| 3 | $H_2$ | 0.008360 | 0.006822 | 0.006222 | 0.005272 |
| 4 | $H_2O$ | 0.192330 | 0.085578 | 0.229698 | 0.247212 |
| 5 | $N_2$ | 0.132590 | 0.308321 | 0.154476 | 0.165748 |

图 7-5-49～图 7-5-51 所示的实验结果中，在火药中加入硝酸铵（AN）能大量提高火药的氧平衡。而随着火药燃气可燃成分的减少，膛口流场二次燃烧的范围也相应减少，如图 7-5-49 中 100%火药时火焰最明亮，范围最大，如图 7-5-51 中 90%火药＋10%AN 时，二次燃烧现象只发生在很小的区域。

图 7-5-49  100%火药火焰照片

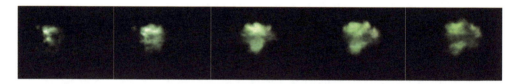

图 7-5-50  95%火药＋5%AN 火焰照片

图 7-5-51  90%火药＋10%AN 火焰照片

图 7-5-52～图 7-5-63 是不同可燃物成分浓度的膛口流场温度云图、$CO_2$ 质量分数云图和 $t=1040\mu s$ 组分质量分数云图。

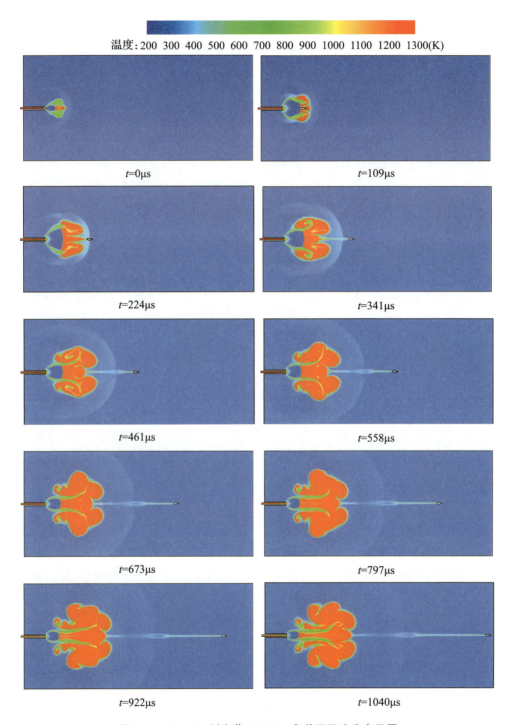

图 7-5-52　100%火药 380MPa 条件下温度分布云图

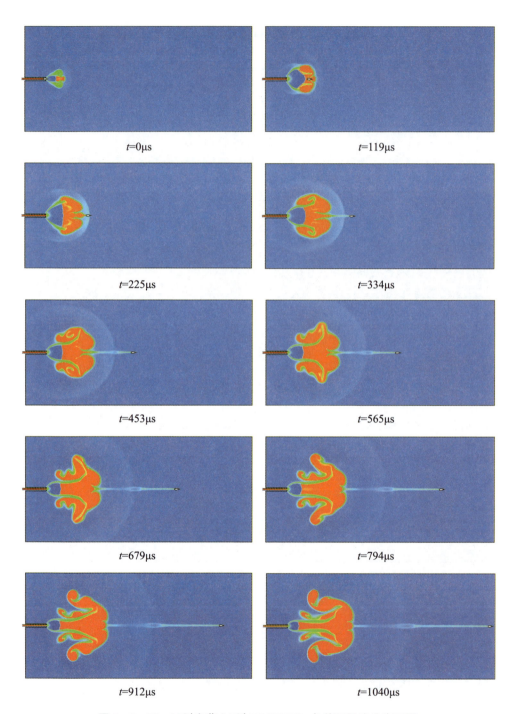

图 7-5-53 95%火药+5%AN 380MPa 条件下温度分布云图

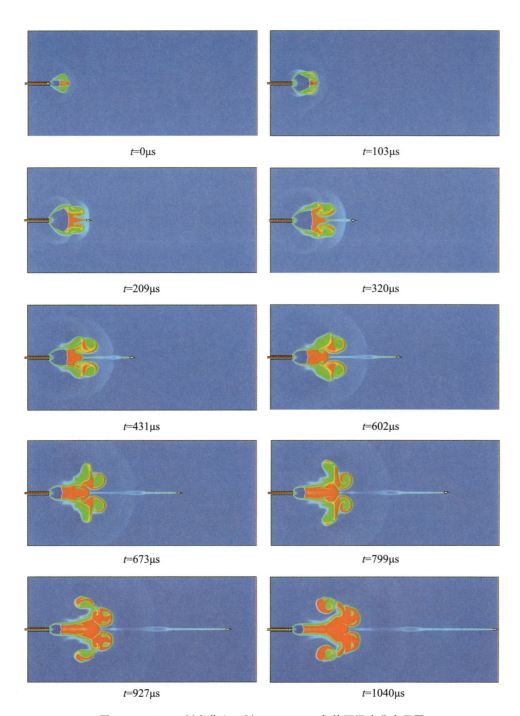

图 7-5-54　90％火药＋10％AN 380MPa 条件下温度分布云图

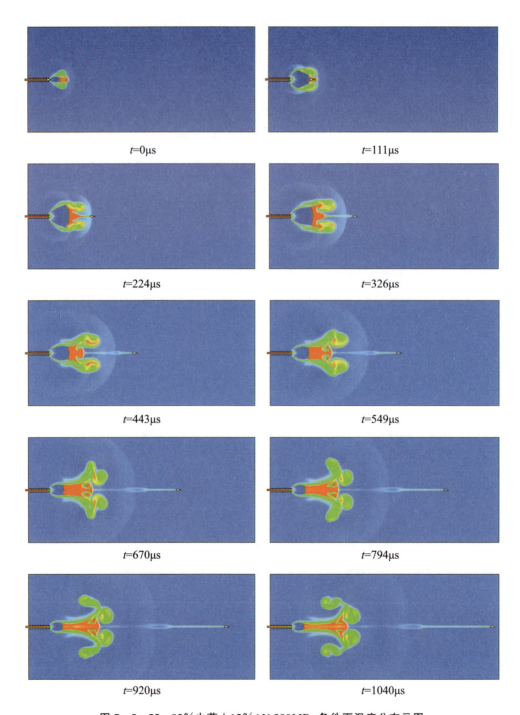

图 7-5-55　85%火药+15%AN 380MPa 条件下温度分布云图

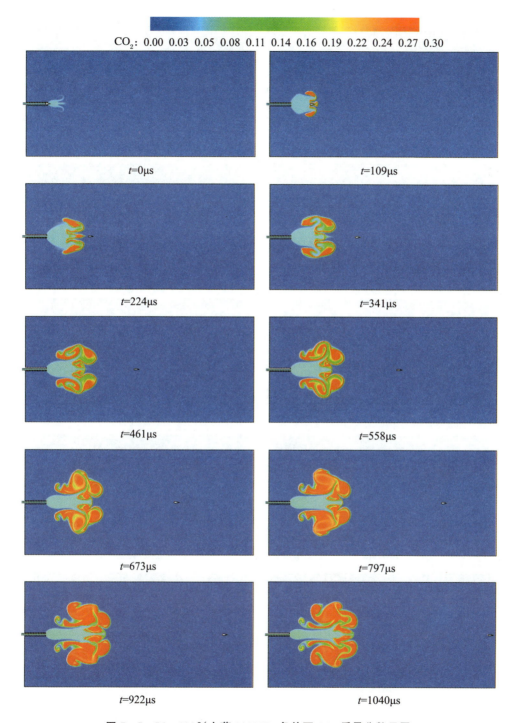

图 7-5-56　100%火药 380MPa 条件下 $CO_2$ 质量分数云图

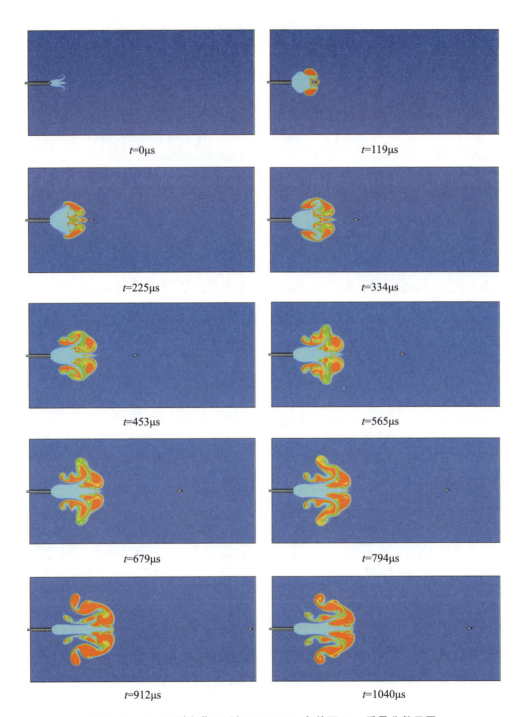

图 7-5-57　95％火药＋5％AN 380MPa 条件下 $CO_2$ 质量分数云图

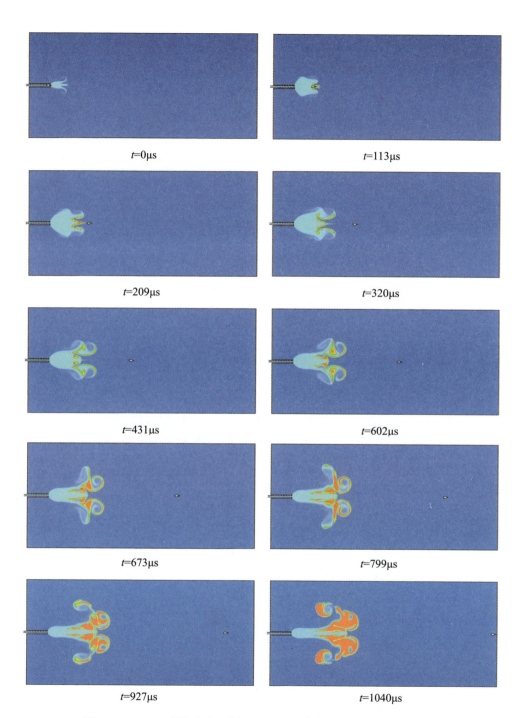

图 7-5-58　90%火药+10%AN 380MPa 条件下 $CO_2$ 质量分数云图

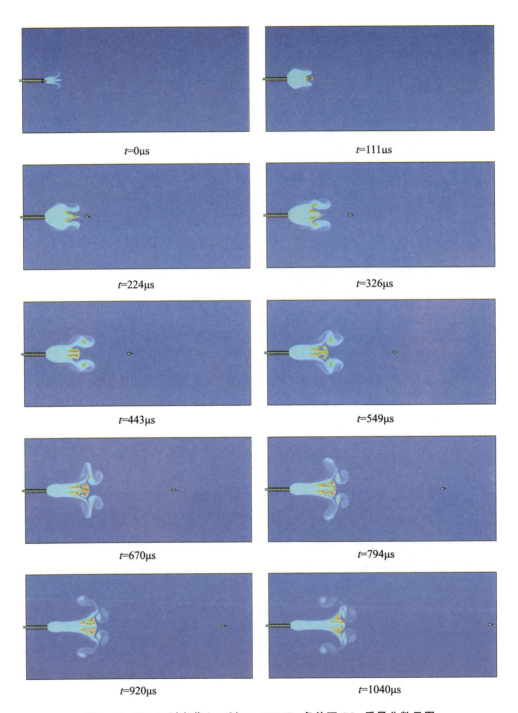

图 7-5-59　85%火药+15%AN 380MPa 条件下 $CO_2$ 质量分数云图

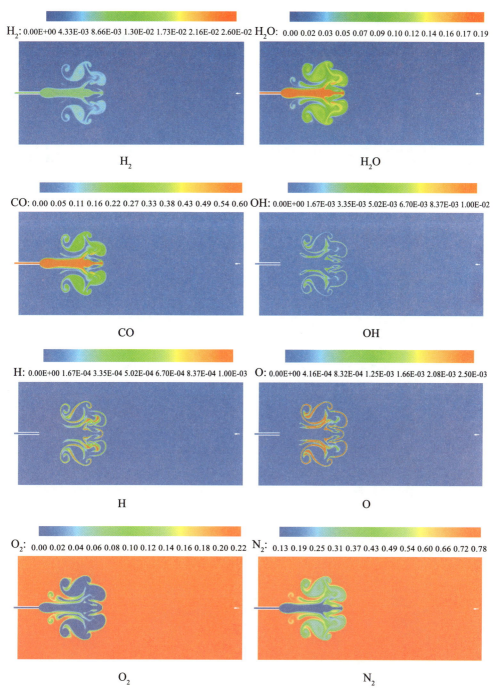

图 7-5-60 100%火药 1040μs 各组分质量分数云图

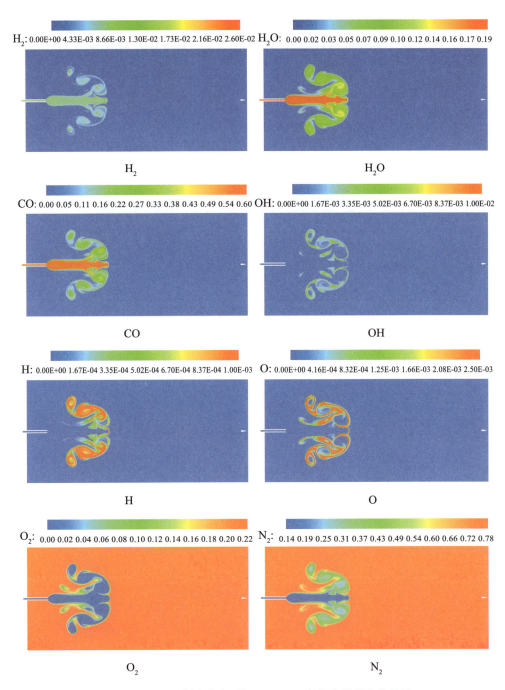

图 7-5-61  95%火药＋5%AN 1040μs 各组分质量分数云图

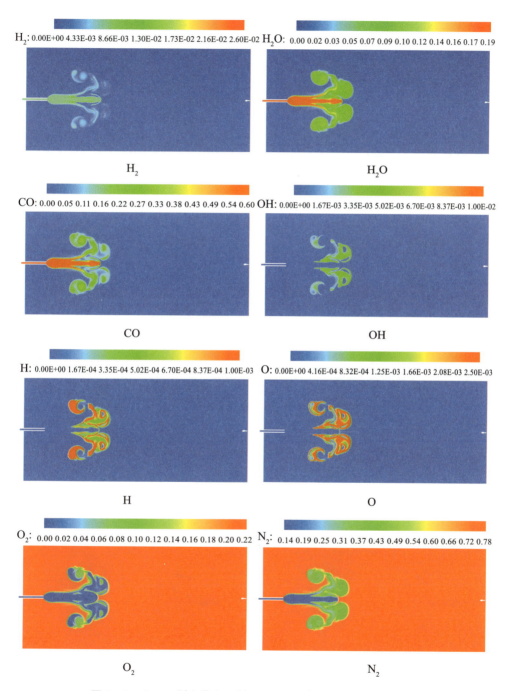

图7-5-62 90%火药+10%AN 1040μs 各组分质量分数云图

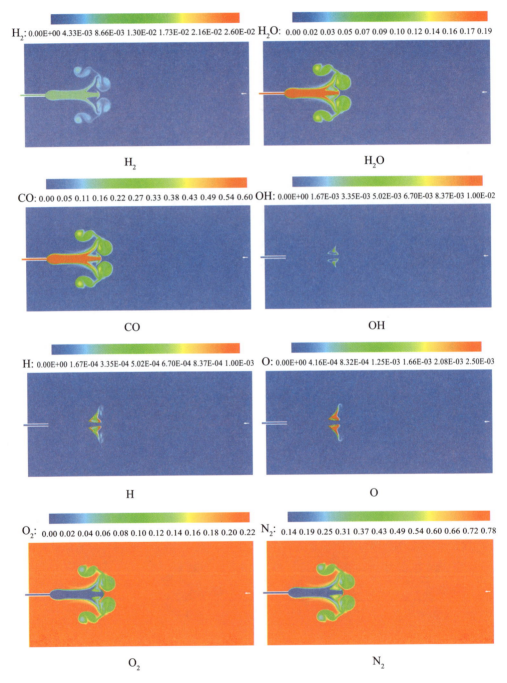

图 7-5-63  85％火药＋15％AN 1040μs 各组分质量分数云图

由于可燃成分浓度不同,其流场二次燃烧的程度也不同。图 7-5-52~图 7-5-63 为弹丸离开膛口后,膛内火药气体向外喷出过程中所形成的温度分布云图。由于膛内火药气体具有很高的压力,在喷出过程中迅速地破坏初始流场,形成外部伴有膛口冲击波的高度欠膨胀超声速射流结构。在膛口附近,火药燃气冲击波的发展受制于飞离中的弹丸和初始流场的相互作用。飞离中的弹丸会影响射流内核心流的早期发展,在计算结果图中也出现明显的双三波点结构。在弹丸飞离发展中的主火药燃气射流区后,马赫盘距离随时间连续增大。在后期冲击波与火药燃气射流边界分离,冲击波传播减速,火药燃气射流边界膨胀减慢。由于膛管内火药气体逐渐排出,膛管内火药气体压力密度逐渐降低,马赫盘距离随时间不断缩向膛口。

在 $H_2+CO+O_2$ 的分支链反应体系中,强吸热反应链分支反应的快速进行要求较高的温度,而链终止反应属两种原子间的化学反应,活化能很小,其反应速度基本与温度无关。要使链分支速度超过链终止速度,没有足够高的温度是不可能的,所以在流场的高温低速区域和可燃成分的加入才能发生自动加速的分支链反应。随着膛口流场的逐渐发展,温度的峰值出现在马赫盘的后方,此处火药气体与环境大气中 $O_2$ 的逐渐混合,首先产生了二次焰,温度急剧升高,同时组分 $CO$、$H_2$ 和 $O_2$ 浓度骤减,而组分 $CO_2$ 和 $H_2O$ 浓度骤增;在靠近膛口射流边界的周围由于组分的进一步扩散、混合及热量的传递,所以也较容易发生化学反应出现二次焰,可燃成分和氧化剂浓度骤减,而 $CO_2$ 质量分数骤然上升。二次燃烧区域随着膛口流场的发展进一步扩大。

图 7-5-52 是 100% 火药膛口流场温度分布图,图 7-5-56 为组分 $CO_2$ 的分布图,火药气体含有 65% 的可燃成分($H_2+CO$),与环境大气中的 $O_2$ 发生化学反应最为剧烈,二次燃烧的范围最大。

图 7-5-53 是 95% 火药+5%AN 膛口流场温度分布图,图 7-5-57 为组分 $CO_2$ 的分布图,火药燃气中含有约 60% 的可燃成分,可燃成分的减少和 AN 的加入导致化学反应程度减弱,二次燃烧区域也减小。

图 7-5-54 是 90% 火药+10%AN 膛口流场温度分布图,图 7-5-58 为组分 $CO_2$ 的分布图,火药燃气中含有约 50% 的 $H_2+CO$,整个区域内没有特别剧烈的二次燃烧现象,组分 $CO_2$ 已没有 100% 火药膛口流场增加那么多。

图 7-5-55 是 85% 火药+15%AN 膛口流场温度分布图,图中只存在马赫盘后一个高温区(中间焰),基本没有明显二次燃烧现象。图 7-5-59 为组分 $CO_2$ 的分布图,组分 $CO_2$ 没有明显变化,几乎没有剧烈的化学反应发生,表明

没有形成二次焰。

在图中计算初期阶段在弹丸的尾部也能够观察到二次焰,这是因为弹丸在飞行的过程中,带动了一部分周围火药气体和热量冲出了射流燃烧区域。

如图 7-5-60～图 7-5-63 所示,射流与化学反应共同作用时,射流近场仍然是流动特性占主导地位,其间化学反应对流场的影响不明显。在有二次燃烧的高温燃气射流近场区域内,射流不断卷吸进外界空气,混合层中的高温燃气就近与氧气发生化学反应,几乎耗尽了被卷进的空气中的氧气,这样射流核心区的高温气体没有与氧气进行混合的机会,所以基本不发生化学反应。氧气密度的急剧变化只发生在混合层内,这也表明化学反应主要发生在混合层内。中间产物 OH、H、O 依然大量存在于射流与空气的混合层内,但由于在流动过程中的化学反应又消耗掉部分中间产物,使其在混合层中的含量增加,$H_2$、CO 含量则急剧减少。由 $H_2O$ 的质量分数图不能明显地看出 $H_2O$ 质量的增加,这是因为在膛口火药气体中,$H_2$ 相对于 CO 所占的质量分数非常少,当同时生成 $H_2O$ 和 $CO_2$ 时,$H_2O$ 质量的增加没有总质量增加的多,所以从质量分数图来看没有明显的变化。

### 2. 膛口压力对二次燃烧影响

二次焰的形成不仅取决于火药气体中含有可燃成分的内因,还依赖于膛口流场提供有利于着火的外部条件,膛口二次焰的形成与膛口气流的流动状态有关。火药燃气出膛口时压力有大小之分,这样形成马赫盘的强弱也就不同,马赫盘对气流的再压缩作用就有强有弱,从而对二次焰的着火及传播都产生了不同程度的影响。

图 7-5-64 为膛口减压 20%($p=304$MPa)时的温度分布云图,图 7-5-66 为 $CO_2$ 质量分数云图,由于出口压力和出口温度的降低,马赫盘的强度大大减弱,其后的高温区虽能点燃混气,有二次燃烧现象产生,但与 100% 出口压力计算结果相比二次燃烧的传播范围和持续时间都明显减少。

图 7-5-65 为膛口减压 30%($p=266$MPa)时的温度分布云图,由于火药燃气出口压力的进一步减小,马赫盘后的高温区已不能点燃混合气体,图 7-5-67 中 $CO_2$ 没有明显变化,基本无二次燃烧现象。

图 7-5-68、图 7-5-69 分别为 100% 火药在 304MPa、266MPa 条件下($t=1040\mu$s)的组分质量分数云图。

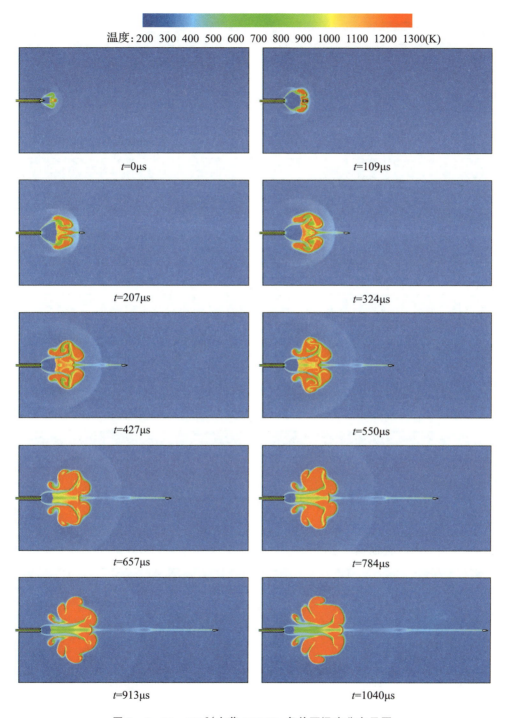

图 7-5-64　100％火药 304MPa 条件下温度分布云图

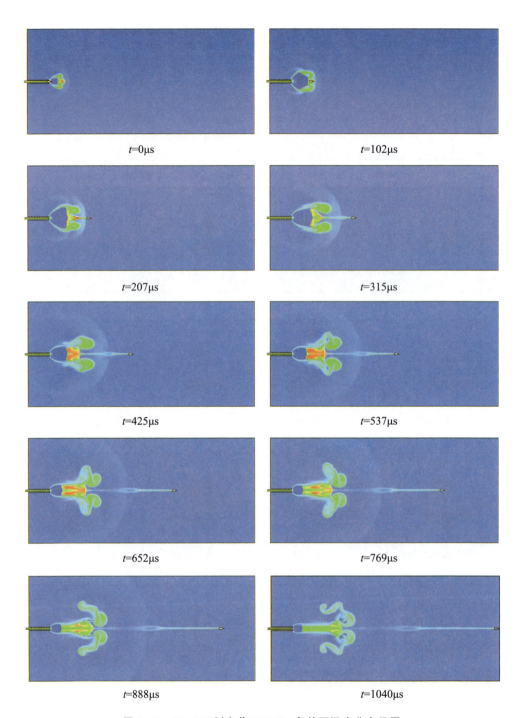

图 7-5-65  100%火药 266MPa 条件下温度分布云图

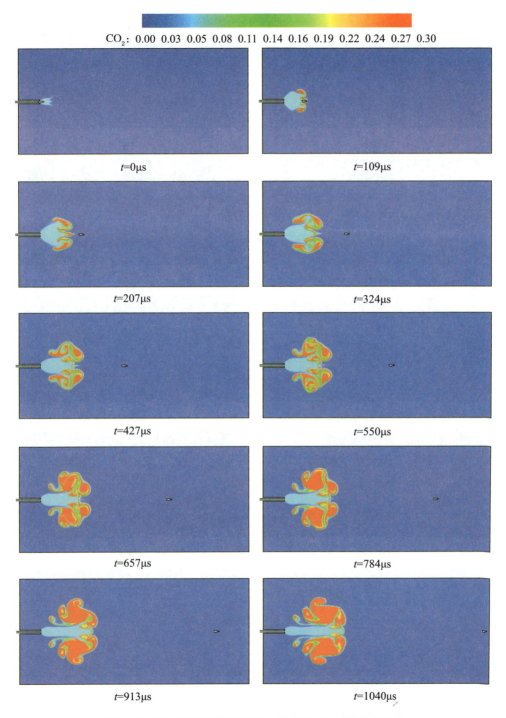

图 7-5-66 100%火药 304MPa 条件下 $CO_2$ 质量分数云图

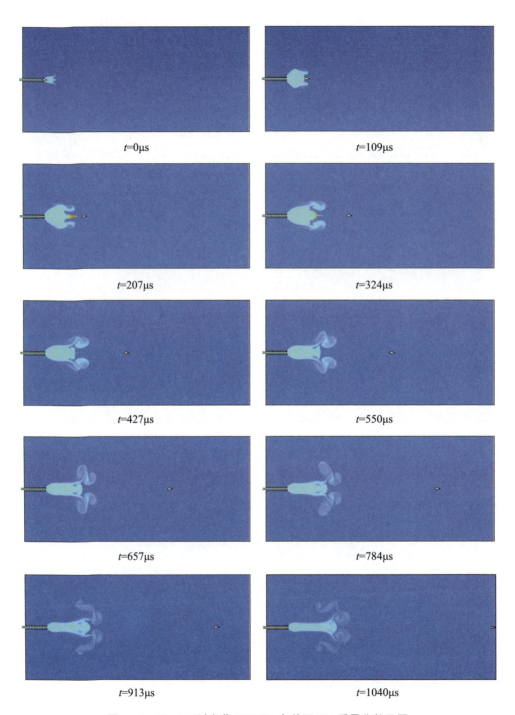

图 7-5-67 100%火药 266MPa 条件下 $CO_2$ 质量分数云图

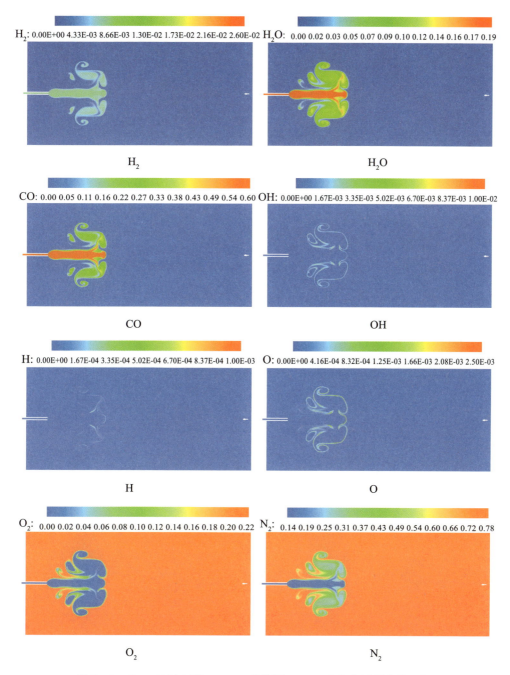

图 7-5-68　100%火药 304MPa 条件下 1040μs 各组分质量分数云图

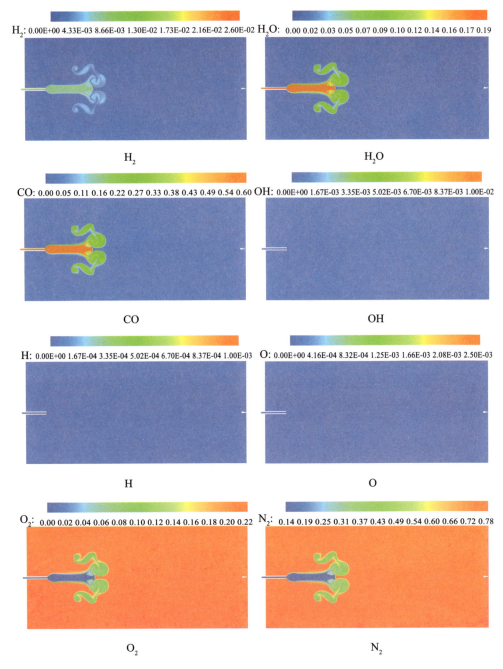

图 7-5-69　100%火药 266MPa 条件下 1040μs 各组分质量分数云图

## 参考文献

[1] 张德良.计算流体力学教程[M].北京:高等教育出版社,2010.
[2] 刘君,周松柏,徐春光.超声速流动中燃烧现象的数值模拟方法及应用[M].长沙:国防科技大学出版社,2008.
[3] 王振国,孙明波.超声速湍流流动、燃烧的建模与大涡模拟[M].北京:科学出版社,2013.
[4] 任登凤.驻定斜爆轰波形态分析与数值模拟[D].南京:南京理工大学,2003.
[5] 刘宏灿.反应流场中的化学热、动力学计算与应用[D].南京:南京理工大学,2004.
[6] 张福祥.火箭燃气射流动力学[M].哈尔滨:哈尔滨工程大学出版社,2004.
[7] 苗瑞生.发射气体动力学[M].北京:国防工业出版社,2006.
[8] 许厚谦.膛口二次燃烧点燃的机理研究及数字模拟[D].南京:华东工学院,1982.
[9] 代淑兰.复杂化学反应流并行数值模拟[D].南京:南京理工大学,2008.
[10] 范宝春.两相系统的燃烧、爆炸和爆轰[M].北京:国防工业出版社,1998.